教育部高职高专规划教材

高职高专化工技术类

U0285806

化工设计概论

（项目化教学用书）

第三版

侯文顺　编著　　陈炳和　主审

化学工业出版社

·北京·

本书以项目化的理念、思维、方法、设计、课程、考核的角度，将化工设计概论课程的内容设计成6个项目、16个子项目，通过教学实施验证，总结提炼编写而成。

　　本书将化工设计的基本程序、生产方法选择、工艺流程设计、流程图绘制、典型自控方案确定、物料衡算、热量衡算、设备计算与选型、车间布置设计、管路设计说明书、概算书、工艺设计与非工艺设计的关系、设计说明书的编写等内容作为项目的支撑知识融合到各项目中，并在各项目中介绍计算机在设计中的应用及实例。同时，在各项目的实施过程中增加了思维导图、实施过程、考核方案及拓展知识等内容。体现了"项目载体、任务驱动"和"做中学、做中教"的课改要求。

　　本书可作为高职化工工艺类专业教学用书，也可以作为从事化工生产的工程技术人员的参考书。

图书在版编目（CIP）数据

化工设计概论/侯文顺编著.—3 版.—北京：
化学工业出版社，2011.7（2021.1 重印）
教育部高职高专规划教材
ISBN 978-7-122-11608-6

Ⅰ.化…　Ⅱ.侯…　Ⅲ.化工设计-高等职业教育-教材　Ⅳ.TQ02

中国版本图书馆 CIP 数据核字（2011）第 122902 号

责任编辑：何　丽　于　卉　杜进祥　　　　　　　文字编辑：丁建华
责任校对：陶燕华　　　　　　　　　　　　　　　装帧设计：尹琳琳

出版发行：化学工业出版社（北京市东城区青年湖南街 13 号　邮政编码 100011）
印　　刷：北京京华铭诚工贸有限公司
装　　订：三河市振勇印装有限公司
787mm×1092mm　1/16　印张 18¾　插页 5　字数 519 千字　2021 年 1 月北京第 3 版第 8 次印刷

购书咨询：010-64518888　　售后服务：010-64518899
网　　址：http://www.cip.com.cn
凡购买本书，如有缺损质量问题，本社销售中心负责调换。

定　　价：46.00 元

出版说明

　　高职高专教材建设工作是整个高职高专教学工作中的重要组成部分。改革开放以来，在各级教育行政部门、有关学校和出版社的共同努力下，各地先后出版了一些高职高专教育教材。但从整体上看，具有高职高专教育特色的教材极其匮乏，不少院校尚在借用本科或中专教材，教材建设落后于高职高专教育的发展需要。为此，1999 年教育部组织制定了《高职高专教育专门课课程基本要求》（以下简称《基本要求》）和《高职高专教育专业人才培养目标及规格》（以下简称《培养规格》），通过推荐、招标及遴选，组织了一批学术水平高、教学经验丰富、实践能力强的教师，成立了"教育部高职高专规划教材"编写队伍，并在有关出版社的积极配合下，推出一批"教育部高职高专规划教材"。

　　"教育部高职高专规划教材"计划出版 500 种，用 5 年左右时间完成。这 500 种教材中，专门课（专业基础课、专业理论与专业能力课）教材将占很高的比例。专门课教材建设在很大程度上影响着高职高专教学质量。专门课教材是按照《培养规格》的要求，在对有关专业的人才培养模式和教学内容体系改革进行充分调查研究和论证的基础上，充分吸取高职、高专和成人高等学校在探索培养技术应用型专门人才方面取得的成功经验和教学成果编写而成的。这套教材充分体现了高等职业教育的应用特色和能力本位，调整了新世纪人才必须具备的文化基础和技术基础，突出了人才的创新素质和创新能力的培养。在有关课程开发委员会组织下，专门课教材建设得到了举办高职高专教育的广大院校的积极支持。我们计划先用 2～3 年的时间，在继承原有高职高专和成人高等学校教材建设成果的基础上，充分汲取近几年来各类学校在探索培养技术应用型专门人才方面取得的成功经验，解决新形势下高职高专教育教材的有无问题；然后再用 2～3 年的时间，在《新世纪高职高专教育人才培养模式和教学内容体系改革与建设项目计划》立项研究的基础上，通过研究、改革和建设，推出一大批教育部高职高专规划教材，从而形成优化配套的高职高专教育教材体系。

　　本套教材适用于各级各类举办高职高专教育的院校使用。希望各用书学校积极选用这批经过系统论证、严格审查、正式出版的规划教材，并组织本校教师以对事业的责任感对教材教学开展研究工作，不断推动规划教材建设工作的发展与提高。

教育部高等教育司

第三版前言

本书是按项目化教学实施过程编写而成。全书以顺丁橡胶（BR）聚合车间工艺设计初步设计说明书的审核为总项目，具体从工艺路线确定、原料路线选择、影响因素分析、工艺流程图绘制、工艺计算、设备选型、非工艺设计的条件、车间布置、管路布置、概算等方面内容对初步设计阶段的结果进行审核。在审核的过程中，学习化工工艺设计的相关知识，促进学生各种素质的养成，训练学生的工艺设计能力及工程实践能力。

由于化工产品繁多，其工艺设计过程各有特点，但设计的基本程序大同小异，各职业技术院校可以根据本地化工生产情况，选择合适的设计项目对教材中的总项目进行更换，目的是体现学生学习的针对性，充分发挥学生是课堂主体的作用，体现工作过程导向的"做中学，做中教"，调动学生主动学习的积极性，边做边学，边探索，学有所用。

全书共设计有课内完成的 6 个项目，包括 16 个子项目。其中，项目 1 为顺丁橡胶生产工艺路线设计结果的审核，包括 3 个子项目；项目 2 为顺丁橡胶生产工艺流程图绘制结果的审核，包括 4 个子项目；项目 3 为顺丁橡胶生产装置工艺计算结果的审核，包括 3 个子项目；项目 4 为顺丁橡胶生产车间相关问题确定结果的审核，包括 3 个子项目；项目 5 为顺丁橡胶生产车间布置、管路布置的设计审核，包括 2 个子项目；项目 6 为顺丁橡胶聚合车间工艺设计初步设计阶段说明编制内容、格式的审核。课内全部子项目的完成时间为 32～36 学时。另外，为了巩固学生课内教学项目的学习效果，使学生进一步熟练学到技能、技巧与方法，建议安排课外学生自主项目，利用课外时间自主完成。

为便于教师了解具体的内容，仅以项目 1 为例说明如下。

项目 1 所涉及的内容主要是以顺丁橡胶（BR）生产车间工艺设计初步设计阶段说明书中的文字综述部分内容为主，对应原《化工设计概论》的内容就是化工设计过程中的车间工艺路线的选择与设计。项目 1 具体分解为：子项目"1.1 聚合方法选择结果的审核"、子项目"1.2 单体、溶剂、引发剂选择结果的审核"、子项目"1.3 聚合机理、影响因素、原料指标、产品指标分析结果的审核"。课内学时为 6 学时，课外总学时约为 6 学时。

项目实施前，由指导教师与上课班级签订项目协议书，明确师生的身份与责任；并将顺丁橡胶（BR）生产车间工艺设计初步设计阶段说明书（也可由上课教师选用其他设计说明书）印刷好发给学生。项目实施中，学生根据协议书中的任务切割范围，针对需求审核的具体内容，参照行动导向"六步法"进行，找出存在的问题，应用工艺设计的方法与原则再加以解决。项目实施后，提出审核结论，补充细化原设计样本内容，写出详细项目完成报告；并填写能力测评表格。

本书主要内容由笔者完成，胡英杰高级工程师对"年产 1.1 万吨顺丁橡胶聚合车间的工艺设计"、"年产 30 万吨合成氨厂的工艺设计"、"年产 6 万吨丙烯精制塔的工艺设计"实例进行整理。笔者在对全部内容进行完整项目化教学实施的基础上，对原《化工设计概论》涉及的基本内容，按项目进展的需要进行了重新切割，在保持一、二版书优点及知识点范围的基础上，对各子项目的拓展知识进行了补充。另外，项目化教学实施过程的一些内容，如思维导图、过程步骤等仅供同行参考使用，力争有所创新。

由于项目化教学探索是永无止境的事情，因此，希望各兄弟院校在使用过程中，对出现问题及时反馈给笔者，以便再版时加以调整、更新。本书为方便教学，配备有电子教学课件，欢迎授课教师索取。

侯文顺

2011 年 4 月于常州

第二版前言

《化工设计概论》第二版是在第一版基础上改编而成，主要依据对全国化工高职化学工艺、有机化工、无机化工、精细化工、高分子化工、石油炼制等专业教学计划和指导性教学大纲的要求编写的。该教材不但是上述各专业的一门主要选修课教材，而且是学生毕业后从事生产实践时经常使用的参考资料。

在第二版编写过程中，除了对原内容进行必要的修改外，增加新版 AutoCAD 在化工设计中的应用内容和二个设计实例，可以作为化工类高职学生的课程设计和毕业设计样本使用。

本书共分十章。绪论简要介绍化工设计的意义、作用、特点及发展；第一章介绍化工设计的基本程序和内容；第二章介绍生产方法选择、工艺流程设计、流程图绘制、典型自控方案确定的方法与步骤；第三章介绍物料衡算、热量衡算、设备计算与选型的程序以及注意事项；第四章介绍车间布置设计的类型、原则、方法；第五章较详细介绍化工管路设计的相关知识与规定；第六章介绍工艺设计与非工艺设计的关系及提供的条件；第七章介绍设计说明书、概算书的编写程序与内容；第八章从物性数据查找、模拟计算、设备计算、AutoCAD等方面介绍计算机在化工设计中的应用；第九章较详细介绍三个典型的化工工艺设计的全过程。另外，根据需要在书后有针对性的收录一些常用仪表、化工设备等图例，以供学生在实践中参考。

在本书编写过程中由辽宁石化职业技术学院侯文顺对第一版的绪论、第一、二、三、四、五、六、七、八章、第九章设计实例一、附录进行必要的修改；辽宁石化职业技术学院武海滨编写第八章第四节及附图，张立新编写第九章设计实例二、三，全书由侯文顺主编。

限于编者水平，书中难免存在错误与不妥之处，恳请读者批评指正。

编　者
2005 年 1 月

第一版前言

《化工设计概论》是根据全国化工中专化学工艺、有机化工、无机化工、精细化工、高分子化工、石油炼制等专业教学计划和指导性教学大纲的要求而编写，是上述各专业的主要选修课教材。

化工设计实践性强，涉及的知识面较宽，过程复杂，参考资料繁多。为了帮助学生顺利进行化工设计，达到教学目的，本书在编写内容上，注意以化工车间（工段）工艺设计为对象，比较系统地、完整地阐述了化工设计的基本程序、内容、方法，力求实用性、参考性及指导性。在编写时也适当考虑了化工类高职班及非工艺专业的需要，内容略多，各校可按需要适当选择讲授，部分章节也可作为学生自学内容。

全书共分十部分。在第二～五章中引入了石油化工行业的最新设计标准及规定，更换了设计实例的全部内容。以化工生产中应用最广的釜式反应器设计为核心，较详细介绍了设计的全过程。另外，根据需要在书后有针对性的附了一些常用仪表、化工设备等图例，以供参考。

参加本书编写的有辽宁省石油化工学校侯文顺（绪论、第一、二、三、六、七、八、九章、附录），河北化工学校陈瑞珍（第四、五章）。全书由侯文顺主编，吉林化工学校赵杰民主审。参加审稿会的有：泸州化工学校凌光祖，陕西省化工学校刘宝鸿，常州化工学校王玉琴，兰州化工学校杨西萍，北京市化工学校刘同卷，上海化工学校沙伟，山东化工学校张敏，吉林化工学校李晓林，南京化工学校周立青等。本书编写过程中，得到了山东化工学校、北京市化工学校等单位的热情帮助和支持，锦州石化公司李居石同志对第三、九章的编写提供大量数据及参考性意见，在此一并表示衷心的感谢。

限于编者水平，书中难免有不妥之处，恳请读者批评指正。

编　者
1999 年 3 月

目 录

1

顺丁橡胶(BR)生产工艺路线设计结果的审核

★ **总教学目的**

通过对项目 1 顺丁橡胶（BR）生产工艺路线设计结果的审核，使学生能运用化工产品工艺路线确定的思路与方法解决车间工艺设计初步阶段中工艺路线确定的实际问题。

★ **总能力目标**

- 能够查阅各种纸制图书资料和网络资料，并加以分析、汇总与处理；
- 能够按化工产品工艺路线确定的方法审核顺丁橡胶（BR）生产工艺路线的设计结果；
- 能够运用计算机系统制作 PPT 展示材料，并加以阐述；
- 能够运用所学的专业知识对工艺设计问题进行综合分析；
- 能够运用项目中所学到方法、技巧解决其他类似的化工工艺设计中的工艺路线确定问题。

★ **总知识目标**

- 学习并初步掌握化工产品生产工艺路线确定的程序；
- 学习并初步掌握顺丁橡胶（BR）生产路线确定时的各种分析方法；
- 灵活运用本课程以前学过的专业基础知识、专业知识解决实际问题；
- 灵活运用计算机技术处理专业问题。

★ **总素质目标**

- 培养学生安全意识、环保意识、经济意识；
- 培养学生自我学习、自我提高、终生学习意识；
- 培养学生阐述问题、分析问题的应变意识；
- 培养学生在解决实际问题中的团队意识；
- 培养学生灵活运用专业外语解决实际问题的能力。

★ **总实施要求**

- 设立项目实施的情景，体现工学结合的气氛，转变师生的身份，明确师生的行为动作与结果；
- 项目实施过程基本遵照"资讯—决策（计划）—实施—检查—评价—推广"过程加以实施；
- 资讯阶段　主要利用课外时间完成。针对项目要求的内容，组内可以对工作进行预安排（工作计划草案），并组织组内成员利用图书馆资源、网络资源，收集工艺路线确定的技术资料或深入生产现场进行实地调研形成各自的初步材料；

- 决策阶段　由项目组招集讨论会议，讨论个人收集的资料，形成完整工作计划；
- 实施阶段　针对项目要求的内容，组织审核实施，并形成结论与 PPT 展示材料；
- 检查阶段　采用两种检查形式，一是项目组长对本组成员准备情况的检查，并填写工作日记，二是指导教师对所有人员的检查，并做好记录，为过程点评、技术点评、成绩评定奠定基础；
- 评价阶段　采用三种评价形式，一是项目委托方代表评价，主要评价项目完成情况的成与败；二是指导教师评价，主要针对项目完成过程中存在的问题加以指导，便于学生完善项目；三是项目组相互评价，提出对同一问题的不同看法，促进各种能力的提高；另外在项目结束以后，学生填写自我评价表、组长评价表，第三方评价表，以供教师汇总分析项目教学效果的优劣；
- 推广阶段　由学生利用在项目完成过程所学到的知识、技能、技巧，自己寻找相对独立的类似的项目并加以独立的实施；
- 指导教师在组织教学前作好各子项目的设计方案、实施课件、基础素材课件、理论课件、考核评价表等基础材料；
- 提前将相对完整的顺丁橡胶（BR）生产车间工艺设计的初步设计说明书印刷好发给学生；
- 项目实施过程中必须突出学生的主体作用。

1.1　聚合方法选择结果的审核

▲ **教学目的**

通过对 BR 车间初步工艺设计说明书中聚合方法选择结果的审核，使学生明确审核的程序与过程，能够应用工艺设计过程的工艺路线设计方法，对其进行判断、分析，进而掌握工艺路线设计时的原则、方法、技巧，学会处理工艺设计问题的基本思路。

▲ **能力目标**

- 能够对 BR 车间初步设计说明书中的聚合方法选择结果进行审核；
- 能够运用工艺路线设计中的原则、方法处理实际问题；
- 能够熟练地查阅各种资料，并加以汇总、筛选、分析。

▲ **知识目标**

- 学习并初步掌握化工工艺设计中工艺路线的设计原则、步骤；
- 进一步学习应用各种聚合机理、工业实施方法；
- 初步掌握完整工艺路线的分析与确定方法。

▲ **素质目标**

- 能够利用各种形式进行信息的获取；
- 能在做事过程中与其他人员进行讨论、合作；
- 能准确地阐述自己的观点；
- 建立经济意识、环境保护意识、安全生产意识；
- 求真务实，对工作高度负责。

▲ **实施要求**

- 总体按项目 1 总实施要求进行落实；
- 各组可以按思维导图提示的内容展开；
- 注意分工与协作、成功与失败的关系处理。

1.1.1　项目分析

1.1.1.1　需要审核的具体内容——聚合方法选择结果

根据产物结构要求从自由基聚合、阴离子聚合、阳离子聚合、配位聚合等反应机理中选择出配位聚合，同时从配位聚合所用原料、引发剂、传热、物料输送、产物溶解、回收、操作方式等方面综合考虑选择溶液聚合实施方法。该工艺路线包括了如反应活性中心的形成过程；特殊引发剂组分的安全防护；由于溶剂的存在必然要考虑的回收、循环利用；反应的终止方式；产品防老化处理等特点。操作方式为连续操作。

1.1.1.2　项目分析——思维导图

顺丁橡胶（BR）生产工艺设计初步说明书中涉及的聚合方法选择结果如前面所示，建议按图1-1顺丁橡胶（BR）生产工艺路线选择的思维导图中分析过程与方法将聚合方法选择结果进行审核，并加以细化。

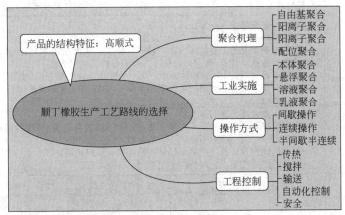

图 1-1　顺丁橡胶（BR）生产工艺路线选择的思维导图

1.1.2　项目实施

1.1.2.1　项目实施展示的画面

子项目 1.1 实施展示的画面如图 1-2 所示。

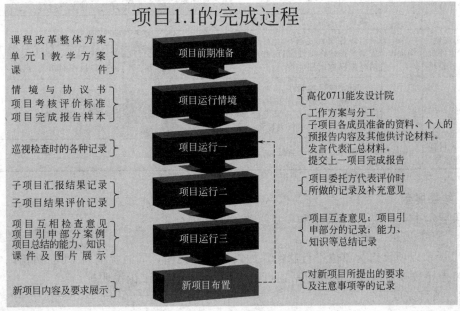

图 1-2　子项目 1.1 实施展示的画面

1.1.2.2　建议采用的实施步骤

建议实施过程采用表 1-1 中的步骤。

表 1-1　子项目 1.1 的实施过程

步骤	名称	时间	指导教师活动与结果			学生活动与结果
一	项目解释方案制订学生准备	提前1周	项目内涵解释、注意事项；提示学生按项目组制订工作方案，明确组内成员的任务；组长检查记录	审核任务检查记录	工作方案个人准备	明确项目任务，各项目组制订初步工作方案（如何开展、人员分工、时间安排等），并按方案加以准备、实施
二	第一次讨论检查	12min	组织学生第一次讨论，检查学生准备情况	检查记录	工作日记汇报提纲	各项目组讨论、填写工作日记、整理汇报材料
三	第一次发言评价	12min	组织学生汇报聚合方法审核结果并做内容评价	实况记录初步评价	汇报提纲记录问题	各项目组发言代表汇报倾听项目委托方代表评价
四	第一次指导修改	15min	针对汇报中出现的问题进行指导，提出修改性意见	问题设想实际问题	记录发言	学生可以听为主，可以参加讨论，提出自己的想法
四	第一次指导修改	15min	设想的问题或思路：（扒皮法或排除法） 产品的结构要求（关键）——高顺式（含量＞98％）结构 →各种连锁聚合的工业实施方法比较——分别查找出本体聚合、溶液聚合、乳液聚合、悬浮聚合的体系组成与特点，确定可以使丁二烯聚合的工业用方法 →能够形成高顺式 BR 结构的生产方法——配位阴离子聚合（其他聚合方法？） →配位阴离子聚合必须用的引发剂体系——Ni-B-Al 三元引发剂体系 →适合 Ni-B-Al 三元引发剂体系的工业实施方法——有机溶液聚合法（其他工业实施方法多有水存在而破坏引发剂体系？） →有机溶液聚合的特点——溶解产物、利于传热、物料输送、操作容易、易于控制、连续操作（生产能力大）、工艺成熟；不足——溶剂回收、工艺路线长 →聚合机理初步分析——确定链终止的方式？——终止剂？ →产品的使用性能——产品防老化处理——防老剂			
五	第二次讨论修改	5min	巡视学生再次讨论的过程，对问题进行记录	记录问题	补充修改意见	学生根据指导教师的指导意见，对第一次汇报内容进行补充修改，完善第二次汇报内容
六	第二次发言评价	10min	组织进行第二次汇报 记录学生未考虑到的内容，并给出评价意见	记录评价意见	发言提纲记录	学生倾听项目委托方代表的评价，记录相关问题
七	第一次指导修改	15min	针对各项目组第二次汇报的内容进行第二次指导	记录结果未改问题	记录发言	学生以听为主，可以参加讨论，提出自己的想法，对局部进行修补，做好终结性发言材料
七	第一次指导修改	15min	按第一次指导的思路，对各项目组未处理问题加以指导			
八	第三次发言评价报告整理	10min	组织各项目发言代表对项目完成情况进行终结性发言，并对最终结果加以肯定性评价	记录结论	发言稿记录	各项目组发言代表做终结性发言，倾听指导教师的评价，同时，完善项目报告的相关内容
九	归纳总结	20min	项目完成过程总结 结合化工设计程序和内容部分的教学课件对相关知识进行总结性解释。适当展示相关材料	总结提纲理论课件	记录领悟	学生以听为主，可以提出自己的观点，参加必要的讨论
十	新项目任务解释	1min	子项目 1.2 单体原料、溶剂路线、引发剂选择结果的审核			

注：实施过程表中所列时间为参考时间，使用教师可以根据情况适当调节。

1.1.3　结果展示

结果展示主要采用 PPT 展示和项目报告的形式进行。

1.1.3.1　PPT 展示

PPT 展示以项目组为单位进行制作并加以展示和说明，同时提前将 PPT 初稿以电子稿形式发给指导教师预审核。内容包括项目组工作安排，审核结论说明等。

1.1.3.2　项目完成报告

项目完成报告为学生做完项目后分别提交的技术材料，项目报告参考格式如下。

项目编号：

××××××学院

化工设计概论课程

项目（任务）完成报告

项目名称：

具体承担的任务名称：

下达任务的时间：　　　年　月　日

完成任务的时间：　　　年　月　日～　　　年　月　日

子项目（或任务）组别：

子项目（或任务）执行经理：

子项目（或任务）组成员：

子项目（或任务）汇报人：

报告提交人：

年　　月　　日

★项目（或任务）提出的原则要求（或用途或指标）：

　　（简述对项目（或任务）原则要求的理解，究竟要做什么？）

★审核的依据（怎么做的？或是可行性论证）：

　•资料借鉴

文字资料：（标明资料名称、作者、出版社、出版时间、参考内容的页码）

　网络资料：（网站名称、网址、刊物名称、作者、发表时间）

　•审核时所借鉴的方法、理论、标准简要描述

★审核的结果（做了以后的结果）：

　•存在的问题

　•修改意见

　•新结果展示

★在选择确定过程中组内争议最大（或最多）的问题：

★体会最大的事（或过程或技术或能力或知识）：

××××××集团（班）总经理（班长）（签字）：　　　　　　　年　月　日

1.1.4　考核评价

考核评价建议采用如下形式进行，内容包括过程查检评价和结果评价两部分。其中过程评价体现在项目组工作日记、平时检查表中；结果评价体现在项目完成报告、项目完成情况考核评分表、能力测评表之中。

1.1.4.1　项目组工作日记

项目线填写的工作日记建议采用表 1-2 的格式。

表 1-2　《化工设计概论》项目化教学实施过程各项目组工作日记

项目编号：　　项目名称：　　　　　　组别：　　项目执行经理：　　　　检查时间：

工作方案	工作过程简述： 任务分工： 　　主发言人： 完成时间：			
过程检查	姓名	准备评价	质量评价	相关的记录
项目汇报材料汇总（组内讨论的记录和集中意见）	审核结论： 修改建议： 新增内容：			

注：工程过程简述必须经过组内讨论确定，结果可以用框图＋箭头表示，也可以文字加箭头表示；

任务分工必须注明各人员分别负责什么具体事项；

各项目组主要发言人员确定时每次不超过 2 人（含 2 人），但每次的人员都不一样，要确保每位学生都有发言的机会；

准备评价可填写有无，质量评价可以填写好、较好、一般、差，相关记录主要填写能体现真实情况或非常优秀的内容；

审核结论同意什么？缺少什么？怎么修改？新增加什么？

1.1.4.2　平时检查表

平时检查表主要由指导教师填写，建议采用表 1-3 的格式。

表 1-3　《化工设计概论》课程项目化教学平时检查表

项目：　　时间：　年　月　日　第　　周　　节　　地点：

组别	姓名	汇报发言人	准备情况	补充发言自由发言	表现	提问回答情况
一						
二						
三						

1.1.4.3　项目完成情况考核评分表

项目报告评分表建议采用表 1-4 的格式。

表 1-4　子项目（任务）完成情况考核评分表

班级：　　　　　姓名：　　　　　　　　　　　项目号：　　　　　　　任务号：

序号	考核项目	权重	评 分 标 准					单项成绩合计
			优秀 100分	良好 80分	中等 70分	及格 60分	不及格 50分	
1	完成项目（或任务）的态度	10％						
2	项目（或任务）报告的质量	40％						
3	分析能力	5％						
4	判断能力	5％						
5	文字能力	5％						
6	资料查阅、汇总、分析能力	5％						
7	知识运用能力	5％						
8	计算能力	5％						
9	回答问题的质量	2％						
10	应变能力	2％						
11	语言表达能力	2％						
12	辩解技巧与能力	2％						
13	外语能力	2％						
14	自学能力	2％						
15	与人合作	2％						
16	经济意识	2％						
17	环保意识	2％						
18	遵守纪律	2％						

注：与人合作得分由子项目执行经理（小组组长评定）。

1.1.4.4　能力测评表

能力测评表建议采用表 1-5 的格式。此表可以用于学生个人测评、组长对组员的评价，还可以用于第三方的评价。测评时间一般是该项目或子项目进行完后填写。

表 1-5　能力测评表

姓名　　　　　　　　　　项目组

评价内容	项目1	项目2	项目3	项目4	项目5	项目6	项目7	项目8	项目9	项目10	项目n
项目（或任务）报告的质量											
分析能力											
判断能力											
文字能力											
资料查阅、汇总、分析能力											
知识运用能力											
计算能力											
回答问题的质量											
应变能力											
语言表达能力											
辩解技巧与能力											
外语能力											
自学能力											
与人合作											
经济意识											
环保意识											
遵守纪律											

注：每一单元格内分别设立高、中、低三个点位，由测评者根据情况填写。

1.1.5　支撑知识

1.1.5.1　化工设计程序

按照基本建设的实施程序，一个基建项目从申请建厂到投入生产，其全部进程大体要经过如图 1-3 所示程序。

按照我国目前的化工设计情况，可将上述全部程序划分为编制设计任务书、初步设计、施工图设计和现场施工中的设计代表工作四个阶段。其中由于初步设计和施工图设计的工作量最大，任务最繁重，参加设计工作的人员也最多，故一般也把整个设计过程划分为初步设计和施工图设计两大阶段。对于简单、成熟的小型装置，可简化设计内容，直接进行施工图设计。

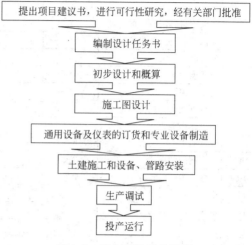

图 1-3　基本建设实施程序

（1）编制设计任务书　设计任务书是一项指令性文件，它是整个设计工作的依据。一般由主管部门或基建单位编制，也可以委托设计部门编制。

编写工作的任务是要确保建设规模、投资、建厂地址、建设速度、原材料供应、动力与燃料的供应，以及协作关系和设计分工等重大问题。因此，设计任务书应包含下列内容。

- 设计项目名称；
- 生产规模（主要产品的产量和品种等）；
- 建厂地点和占地面积；
- 建设依据（水文、地质资料，原料及燃料供应，运输条件，生活资料及劳动力资源等）；
- 主要协作关系（协作产品，资源综合利用，水、电、蒸汽用量及规格要求，运输条件等）；
- 主要技术经济指标（总投资、消耗定额、成本估算和总定员）；
- 三废治理和综合利用；
- 建设工程分期及建设速度；
- 设计单位分工，设计速度；
- 有关技术资料。

编制设计任务书是一项重要而细致的工作，在编制前需要进行大量调查研究工作，并进行可行性研究，以确保设计的正确性。设计任务书编制完后，应报送上级主管部门，经审批之后再下达给设计单位，据此进行设计。

（2）初步设计　根据下达的设计任务书进行初步设计。初步设计的最终成果是编制初步设计文件。待审批通过后，便可以进行主要设备和材料的订货、审批和控制总概算，做基建准备，并为施工图设计提供依据。

a. 工艺专业初步设计文件的内容　概述、设计依据、指导思想等。车间概况及特点，并论证其技术先进性和经济合理性等，即进行过程评价。车间组成、设计范围、项目等。生产制度、年操作日、连续或间歇生产情况、生产班数等。成品、原料、辅助原料和中间产品的主要技术规格及包装方式。按生产过程叙述物料经过工艺设备的顺序及生成物的去向，原料和产品的运输及贮存方式，主要操作条件（如温度、压力、流量、配比等）简述生产流程。说明高温、高压、超低温及特殊防腐蚀等主要设备的材质选择和设计原则；说明采用新技术等情况；说明主要设备的规格、能力和需要数量；主要设备的工艺计算和以表格形式列出非定型设备的计算选择结果。

总定员；生产控制分析；设备表、材料表；物料流程图、工艺流程图、设备布置图、关键设备总图等；环境保护；存在问题。

以上内容就是在初步设计阶段应当完成的任务，同时，还应当作出总概算。

b. 初步设计的工作程序　一般按以下工作程序进行。

设计准备阶段：由各专业进行设计准备。

工艺专业设计方案的确定：要认真选定工艺路线和设计生产流程，这是决定全局概貌的关键步骤。

以工艺专业为主导，协调各专业之间的条件，并确定总体方案。其中工艺专业应主动为其他专业提供方便，创造有利条件。

各专业完成各自的具体工作：工艺专业应从方案设计开始到这一阶段为止，陆续完成物料衡算、能量衡算、设备计算和布置设计，最后完善流程设计，绘出带控制点工艺流程图。其他专业也应完成这一阶段的工作任务。此外，还要组织好中间审核及最后校核，及时发现和纠正差错，确保设计质量。

各专业进行有关图纸的汇签：在各专业完成各自的设计文件和图纸，并进行审核之后，由各专业进行有关图纸的汇签，以解决各专业间发生的漏失、重复、顶撞等问题，确保设计质量。

编制初步设计总概算，论证设计的经济合理性。

审定设计文件，并报上级主管部门组织审批，审批核准的初步设计文件，作为施工图设计阶段开展工作的依据。

（3）施工图设计　施工图设计的任务是根据初步设计审批意见，解决初步设计阶段待定的各种问题，并以它作为施工单位编制施工组织、施工设计、施工预算和进行施工的依据。

a. 施工图设计的工作内容　在初步设计的基础上，完善流程图设计和车间布置设计，进而完成管路布置设计和设备、管路的保温及防腐设计。其详细内容包括：图纸总目录、工艺图纸目录、带控制点工艺流程图、首页图、设备布置图、设备图、设备表、管路安装图、综合材料表、设备管口方位图、设备及管路的保温与防腐设计等。

b. 施工图设计阶段的工作程序　此阶段的工作大致上与初步设计相同。所不同的是在这个阶段里，图纸工作量特别大；各专业之间关系十分密切，工作内容关联多，设计条件往返多，必须很好地协同配合。

（4）现场施工中的设计代表工作　在施工图设计完成之后，进入现场施工阶段和试车投产阶段，需要有少量的各专业设计代表参加工作。其任务是参加基建的现场施工和安装、调试工作、做技术指导，使装置达到设计所规定的各项指标要求。当全部工作结束后，设计代表搞好工程总结，积累工作经验，以利于设计质量的不断提高。

对于简单的工程设计，亦可不派专业设计代表参加现场工作，而通过设计单位与施工单位的联系，协调施工中出现的有关问题。

1.1.5.2　化工生产车间工艺设计内容

化工车间（装置）设计是化工厂设计的核心内容，它是由工艺专业与非工艺专业密切协作共同完成的。在化工设计工作中，工艺设计决定整个设计的概貌，起着组织与协调各个非工艺专业互相配合的主导作用。

化工生产车间工艺设计的主要内容如下。

（1）生产方法的选择　选择合适的生产方法是设计人员在接受设计任务后，首先要解决的一个问题。这就要求设计人员通过研究设计任务书，全面深入地领会设计任务书所提出的要求和所提供的条件；根据设计内容和设计进度，制订出总体工作计划；按照设计要求主要查阅、摘录与工艺路线、工艺流程和主要设备有关的文献资料；深入生产与试验现场调查研究，尽可能广泛地收集、整理可靠的原始数据。最后要面对现实、面对当地、当时的物质条件，根据掌握的各种资料和有关的理论知识，对不同的生产方法和生产流程进行技术经济比较，着重评价总投资和总成本，从而选择一条技术上先进、经济上合理、安全上可靠、三废得到治理的切实可行的生产方法，为下一步的工艺流程设计提供依据。

（2）工艺流程设计　工艺流程设计是确定生产过程的具体内容、顺序和组合方式，并以图解的方式表示出整个生产过程的全貌，也就是由原料转变为产品需要经过哪些过程和设备，这些设备之间相互的联系与衔接，以及它们的位差如何，并对流程作出详细的叙述。一般情况，生产工艺流程设计开始得最早而结束得最晚。

（3）工艺计算　工艺计算是工艺设计的中心环节。它主要包括物料衡算、热量衡算、设备计算与选型三部分内容；并在此基础之上，绘制物料流程图、主要设备总图和必要部件图，以及带控制点的工艺流程图。

在这一阶段要用到大量的基础理论、基本概念和基本技能（数据处理、计算技能、绘图能力等）。它是理论联系实际，学会发现问题和解决问题，进一步锻炼独立思考和独立工作能力的主要阶段。搞好工艺计算的必要条件是概念清楚、方法正确、数据齐全可靠。同时还要按照一定步骤进行，以便进行校核。

（4）车间布置设计　车间布置设计是工艺设计人员的主要工作之一，同时也是决定车间面貌的重要设计项目。它的主要任务是确定整个工艺流程中的全部设备在平面和空间中的具体位置，相应地确定厂房或框架的结构形式。车间布置对生产的正常进行和经济指标都有重要的影响。并且，为土建、采暖通风、电气、自控、供排水、外管等专业开展设计提供重要依据。因此，车间布置设计要反复全面考虑，多方征求意见，还要和非工艺设计人员大力协作，才能做好这项工作。

车间布置设计是在完成了工艺计算并绘制出工艺流程图之后进行的，最后要绘制车间平面布置图和立面布置图。

（5）化工管路设计　该项设计是在工艺流程设计与车间布置设计都已完成的基础上进行的，是施工图设计中最主要的设计内容，工作量非常大，需要绘制大量图纸，汇编大量表格。这一阶段工艺专业与非工艺专业的工作交叉多，条件交换频繁，工作中需要细致周到、密切协同。

管路设计的任务是确定装置的全部管线、阀件、管件及各种管架的位置，以满足生产工艺的要求。管路设计应注意节约管材，便于操作、检查和安装检修，且整齐美观。

（6）提供设计条件　设计条件是各专业进行具体设计工作的依据。为了正确贯彻执行各项方针政策和确定的设计方案，保证设计质量，工艺专业设计人员在各项工艺设计的基础上，应认真负责地编制各专业的设计条件，并确保其完整性和正确性。

提供设计条件的内容包括总图、土建、运输、外管、非定型设备、自控、电气、电信、电加热、采暖通风、给排水等非工艺专业的设计条件。

（7）编制概算书及设计文件

a. 概算书的编制　概算是在初步设计阶段的工程投资的大概计算，是国家对基本建设单位拨款的依据。概算书主要提供工程建筑、设备及安装工程费用等。

通过编制概算书可以帮助判断和促进设计的经济合理性，经济是否合理是衡量一项工程设计质量的重要标志。经济考核工作自始至终贯穿于全部设计之中，例如编制设计任务书和选择厂址阶段就进行了大量的经济考察，进入初步设计阶段之后，无论是选定生产方法还是设计生产流程，都反复进行技术经济指标的比较，进行设备设计和车间布置设计也都仔细考虑经济合理性。设计者应明确技术上的先进性是由经济上的合理性来体现的，只有每一步都重视经济因素，力求经济上合理，最后才能做出既经济又合理可行的概算来。

设计中经常进行分析比较的技术经济指标有产品成本、基建投资、劳动生产率、投资回收率、消耗定额、劳动力需要量和工资总额等。

b. 设计文件的编制　初步设计阶段与施工图设计阶段的设计工作完成后都要编制设计文件。它是设计成果的汇总，是进行下一步工作的依据。内容包括设计说明书、附图（流程图、布置图、设备图等）和附表（设备一览表、材料汇总表等）。对设计文件和图纸要进行认真的自校和复校。对文字说明部分，要求做到内容正确、严谨、重点突出、概念清楚、条理性强、完整易懂；对设计图纸则要求消灭错误，整洁清楚，图面安排合理，考虑了施工、安装、生产和维修的需要，能满足生产工艺要求。

以上是工艺设计的大致内容，介绍的顺序也就是一般的工作顺序。但实际设计过程中内容可以简化，顺序可以变动，有些工作往往是交错进行的。

1.1.5.3　生产方法的选择

选择生产方法就是选择工艺路线。由于选择的结果将决定整个生产工艺能否达到技术上先进、经济上合理的要求，所以它是决定设计质量的关键。因此，设计人员要全力以赴、认真做好。若某个产品的生产只有一种固定的生产方法，就无需选择；若有几种不同的生产方法，就要进行分析研究，通过多方面比较，从中找出一个最好的方法，以此作为下一步进行工艺流程设计的依据。

（1）基本工作步骤　生产方法的选择可以按下面步骤进行。

a. 设计基础资料的收集　全面收集国内外生产该产品的各种方法、工艺流程以及生产技术、经济等方面的资料。具体包括：

- 各种生产方法及其工艺流程设计资料。
- 各种生产方法的技术经济资料：原料来源及成品应用情况；试验研究报告；原料、中间产品、产品、副产品的规格和性质；安全技术及劳动保护措施；综合利用和三废处理；生产技术先进、机械化、自动化的水平；装备的大型化与制造、运输情况；基本建设投资、产品成本、占地面积；水、电、气、燃料的用量及供应，主要基建材料的用量及供应；厂址、地质、水文、气象等方面资料；车间（装置）现场周围环境情况；其他相关资料等。
- 物料衡算资料：生产步骤和主副反应方程；各生产步骤所用原料、中间体、副产品的规格和物化数据；产品的规格和物化数据；各生产步骤的产率；每批加料量或单位时间的进料量；物料衡算的计算方法及有关公式。
- 热量衡算资料：计算热量用的物化参数，如比热容、摩尔热容、潜热、生成热和燃烧热等；计算加热和冷却用的热力学数据；各种温度、压力、流量、液面和时间参数及生产控制；传热计算用的热导率、给热系数、传热系数数据等；热量计算方法和有关公式。
- 设备计算资料：生产工艺流程图；物料计算和热量计算资料；计算流体力学参数，如黏度、管路阻力、阻力系数、过滤常数和分离因子等；计算化工过程用的参数，如汽-液平衡数据、传质系数、干燥速度曲线等；国家有关产品手册资料；化工流体介质对设备材料的腐蚀性能资料；有关设备选择和计算方法资料。
- 车间布置资料：生产工艺流程图；各种厂房形式资料；工艺设备的平面、剖面图；化工厂房防热、防毒、防爆等资料；当地水文、气候、风向等资料；动力消耗和公用工程资料；车间人员资料。
- 管路设计资料：生产工艺流程图；设备布置的平面、剖面图；设备施工图、管口方位图；物料衡算和热量衡算资料；管路配置、管径计算、流体常用流速表；管路支架、保温、防腐和油漆等资料；阀门和管件等资料；厂区地质条件资料，如地下水位、冰冻层深度等；地区气候资料；其他有关资料，如水源、蒸汽参数和压缩空气参数等。

• 非工艺设计资料：自动控制、仪器仪表资料；供电资料；土建、通风采暖、供排水、供热、三废治理资料。

• 其他有关资料：概算等经济指标资料；原料供应、产品销售、总图运输等资料；劳保、安全和防火等资料。

b. 生产方法的比较与确定　在仔细领会设计任务所提出的各项原则要求基础上，对收集到的资料进行加工整理，提炼出能够反映出本质的、突出主要优缺点的数据资料，作为比较依据，从各种生产方法的技术、经济、安全等方面进行全面分析，反复从主观和客观条件进行详细比较，从中选出优点最多，又符合国情地情的切实可行的生产方法。并邀请有关方面的专家对选定的生产方法进行讨论，集思广益，以求进一步修改完善，最后将确定下来的生产方法作为工艺流程设计的依据。

（2）选择时应注意的事项　注意在有几种不同的生产方法时，必须从中选出能够满足产品性能规格要求的生产方法。

注意利用新技术、新工艺，尽力采用国内外先进的生产装置和专门技术。

注意解决处理好流程中的关键性技术难关，以保证足够的开工时数、有效的操作控制、稳定的产品质量，确保选用的生产方法必须具备工业化生产条件。

注意从投资、产品成本、消耗定额和劳动生产率等方面进行比较。好的工艺路线，不但技术上先进，而且经济指标更应该合理。这反映在生产过程中就是物料损耗少、循环量少、能量消耗少、回收利用好、设备投资少、生产能力大、产品收率高。

注意大规模生产尽量采用连续化生产。对规模较小、产品种类较多且生产能力低，或不具备连续生产条件时，可采用间歇操作。

注意生产能力较大的生产过程装置大型化不仅可以提高劳动生产率，同时与相同生产能力的数个小型装置相比，基建投资少，占地面积小、布局紧凑、节能、经济效益好等特点都非常明显，此外还便于实施计算机控制与管理。但是装置大型化也受到机械设计与制造和运输等方面的限制。另外，装置大型化还有一些不足，如大型附属设备贵，没有备用设备，一旦出故障只好停车，倘若勉强开车就不安全。如果以单生产线的大型装置与生产能力相同的双生产线小型装置相比，开工率高时，则大型装置的经济效益好；假如开工不足或生产负荷常变动，尤其是几种牌号的产品经常换产时，则小型装置的经济效益好。

注意对生产过程中排出的三废（废水、废气、废渣）必须治理。设法回收利用或者进行综合治理，否则会污染大气、水源和土壤，破坏自然生态环境，直接危害人民健康和工农业生产，必须充分重视，切实贯彻"全面规划、合理布局、综合利用、化害为利、依靠群众、大家动手、保护环境、造福人民"的方针以及基本建设项目必须严格执行的环境保护有关规定，实行三废处理工程与主体工程同时设计、同时施工、同时投产。

注意运用计算机等先进自动控制方法，为生产和管理实现高速化、大型化、综合化、自动化和最佳化创造了条件。因此，有条件时可以采用 DCS 控制系统。

1.1.5.4　计算机在设计中的应用

由于电子计算机具有快速计算、逻辑判断、贮存等多种功能，是当代最卓越的科学技术成就之一，现已广泛用于各行各业。

电子计算机在化工方面的应用主要包括生产过程的监测和控制，生产操作的优化，辅助生产管理和决策；新产品、新工艺、新装置的研究、开发、设计、工程建设；操作人员的培训等方面。因此，作为工艺技术人员有必要熟悉和掌握计算机应用技术。下面结合毕业设计环节，介绍有关方面内容。

电子计算机在化工设计方面的应用几乎可以说贯穿于设计过程中的各个方面，诸如化工产品专利技术文献资料的检索；工程项目规划方案评估，工程投资估算，投资项目可盈利利率分析；化工物性数据的检索与推算，化工流程模拟与优化，工艺过程的物料衡算、热量衡算、设备计算，化工管路应力分析计算；物料流程图（PFD）和带控制点工艺流程图（PID）的绘制，管路布置图与轴测图的绘制，各类化工设备的订货或制造图纸，仪表盘布置图和控制回路图；工艺设备、控制仪表、管路材料汇总表；各种设计文件的编制；设计单位的计划、财务、人事、资料管理等。

目前，国内有条件的设计部门借鉴国外的经验广泛引入了计算机辅助设计（CAD）系统，使设计计算、绘图、编制文件、管理等方面取得了较好的效果，其主要表现有以下几个方面。

（1）提高设计效率　设计中的单项工作与未采用计算机辅助设计系统时相比，一般使用一年左右可以提高设计效率 3 倍左右，在某些特定情况下（如设计修改）甚至可以达 1～20 倍。就整个工程项目的总工时而言，采用计算机辅助设计系统后可以节省 1/3 左右时间（美国 UCC 公司的经验可节省 27%，FLUOR 公司的经验可节省 38%）。

（2）提高设计水平，优化方案　采用计算机辅助设计系统后，繁杂的绘图工作都由 CAD 系统按设计者的意图快速准确地完成，设计者可以更多地发挥其聪明才智和创造性，提高设计水平，并可方便地通过多种设计方案的比较而得到优化的设计方案，取得更好的投资效果。如在换热器设计中，可在满足热负荷、温差及压降等条件下作出多个方案，从中选取传热面或投资最少的方案，在传热面积和管子参数确定后，还可以使管板布置优化，做到紧凑合理。

（3）避免差错，保证质量　通过使用 CAD 系统，便于统一贯彻各项设计规范标准，各专业之间的设计条件及有关信息能正确迅速传递，也就是说在系统上能预防或减少出现差错，从而保证质量，而且有些三维 CAD 系统还能进行干扰碰撞检查，在设计时便能检查出有无碰撞的情况（例如工艺管路与土建结构相碰撞等），查出碰撞后可立即修改设计，这就进一步避免了差错，提高了设计质量。这样就可以减少现场修改设计工作量（有的约减少80%），节省安装材料费用，并有利于缩短施工周期。

由上可见，计算机技术已渗透到化工设计的各个方面。

1.1.6　拓展知识

1.1.6.1　化工设计的意义、作用、特点、发展趋势

（1）化工设计的意义和作用　随着化工行业的发展，化工设计的任务越来越重，因为无论是生产、科学研究或基本建设都离不开设计工作这一环。

a. 化工生产方面　化工厂（车间）的改建和扩建都需对单元操作设备或整个装置进行生产能力标定和技术经济指标评定；对工艺流程进行评价；发现薄弱环节和不合理现象以及挖掘生产潜力等，这都要应用到化工设计方面的知识和方法。

b. 科学研究方面　从小型试验，到中试放大，以至后来的工业生产，都离不开设计，从近代石油化学工业发展过程来看，科学研究工作日益占有重要地位。而要使科学研究成果形成生产力即实现工业化，必须把科研与设计紧密结合起来进行新工艺、新产品以及新设备等的开发工作。

c. 基本建设方面　设计是基本建设的首要环节，是现场施工的依据。从单个设备到全套装置，从一个小型化工厂（车间）到大型石油化工企业，它们在建设施工之前都必须先搞好工程设计。要想建成一个质量优等、水平先进的化工装置，重要的先决条件就是要有一个高质量、高水平的设计。提高设计的质量和速度对基本建设事业的发展起着关键性的促进作用。

总之，化工设计对新厂（车间或装置）建设，老厂改造挖潜，小试或中试装置建立都具

有极其重要的作用。也可以说，设计是生产的前导，是科研成果转化为工业化大生产的必经途径。因此，设计质量的好坏，对化工行业的发展影响很大，一定要给予充分重视。

（2）化工设计的特点　化工产品生产与其他产品生产一样都具有一整套生产过程，使得化工设计也具有一般工程设计的共同点，但由于化工生产的物料性质、工艺条件、技术要求的特殊性，给设计带来种种影响，从而形成化工设计的某些特点。

a. 政策性强　化工设计是政治、经济和技术紧密结合的综合性很强的一门科学。在设计工作的整个过程都必须遵循国家的各项有关方针政策和法规；从我国国情出发，充分利用人力和物力资源；确保安全生产；保护环境不被污染；保障工人有良好的操作条件，减轻工人的劳动强度。

b. 技术性强　化工生产的操作条件多在高温、高压或低温、真空下进行，处理的物料多具有腐蚀性，且化学反应中副产物较多，这些对于设备材料的选用、设备防腐和分离方法上都提出了更高的技术要求，需要设计者尽力采用国内外最新技术成果，不断提高生产技术水平。

c. 经济性强　化工生产过程大都较为复杂，所需原材料种类多，能量消耗大，因而基建费用高。对此，化工设计人员要有经济观点，在确定生产方法、设备选型、车间布置、管路布置时都要认真进行技术经济分析，重视经济效果，做到技术上先进，经济上合理。

d. 综合性强　化工设计内容涉及面广，尤其对大型化工企业的生产过程更显化工设计综合性强的特点。一般情况，一个化工工程项目的设计包括：工艺、机械、自控、电气、运输、土建、采暖、给排水、三废处理及技术经济等多种专业。为了完成此项设计，要求各专业之间紧密合作，协同配合，其中化工工艺设计起着贯穿全过程，并组织协调各专业设计工作的作用。

作为化工设计工作者，要想使设计体现上述特点，就必须具有扎实的理论基础，丰富的实践经验，熟练的专业技能和运用电子计算机、模型设计等先进设计手段的能力；只有这样，才有可能做出高质量的化工设计来。

（3）化工设计的发展趋势　化工设计的发展趋势与石油化学工业技术的发展有直接关系。就石油化工技术而言，从技术角度看，由于新型催化剂的研制；化学工程原理与技术水平的提高；化工机械制造水平的提高；电子计算机的广泛应用，使石油化工生产技术出现了新的局面，实现了装置大型化、工厂整体化、系统最优化、控制自动化等。与此同时，化工设计水平也有了极大的提高，突出表现在化学工程与化工系统工程学理论的广泛运用。它一方面指导设计与科研的有机结合，大大加快了过程开发的速度；另一方面还大大提高了设计质量，使设计出来的化工装置能在最优状态下运转，因而，对资源、能源的利用都更合理，经济效果十分显著。设计技术水平提高的又一个重要标志是电子计算机的广泛应用。由于在化工设计的各个环节、各个专业领域都普遍使用了这个强大有力的工具，从而大大加快了设计的速度，保障了设计的质量，使先进的技术理论得以实用。除了上述两项之外，像模型设计的推广应用，标准化、定型化工作的进展等，也体现了设计水平的提高。所以说，设计工作的现代化也必将推动科学技术的现代化。

目前，我国的化工设计技术水平与国外先进水平相比还有差距。虽然，在某些方面进行了改革与更新，但普及与应用水平不高。还需要在设计与科研的结合上，加大力度。在设计队伍的建设上，加强理论学习与计算机技术的掌握；分工专业化。加强设计数据库、程序库、计算机网络、情报资料、标准化、改革设计工具、模型化等工作。

有关化工设计方面的知识和技能，不仅对专门从事化工设计的人员需要学习和掌握，而且，对从事化工生产，科学实验和技术管理方面的人员，也同样需要具备。因此，对化工工

表 1-6　缩聚反应的工业实施方法的比较

实施方法	反应前主要组成	特点	控制条件	主要应用
熔融缩聚	单体、催化剂	高温，时间长，惰性气体保护，高真空度	配料比、温度、氧、杂质、催化剂	聚酯、聚酰胺、聚氨酯等
固相缩聚	单体	反应慢，扩散控制，原料结构影响大，可反应成型	配料比，温度，添加物，原料粒度	聚酰胺、聚酯、聚亚苯基硫醚、聚苯并咪唑等
溶液缩聚	单体、溶剂	平稳，易于移出反应热，产物溶液可直接使用，需要分离与回收等	配料比，反应程度，单体浓度，温度，溶剂，催化剂	聚砜、聚酰亚胺、聚苯并咪唑等
界面缩聚	单体、溶剂	复相反应，扩散控制，不可逆	配料比，温度，溶剂性质，pH 值，乳化剂	聚酰胺、聚脲、聚砜、含磷缩聚物、螯合形缩聚物等
乳液缩聚	单体、乳化剂、水、分散相	多相体系中进行均相反应	配料比，单体浓度，温度，搅拌速度，盐析剂和接受体，有机相种类，副反应	聚芳酯、聚酰胺等

表 1-7　连锁聚合反应的工业实施方法比较

实施方法	反应前主要组成	特点	控制条件	主要应用
本体聚合	单体、引发剂	简单，反应热难排除，产品纯度高	反应热，产物出料	PMMA、PS、LDPE 等
悬浮聚合	单体、引发剂、水、分散剂	反应热容易排除，质量稳定，纯度较高，工艺技术成熟，不能连续生产	分散剂种类、用量，搅拌速度	PVC、PMMA、PS 等
溶液聚合	单体、引发剂、溶剂	反应热容易排除，能消除自动加速现象，质量均一，产物可直接使用	溶剂的溶解性，转移反应，离子型聚合时溶剂的性质	PVCA、PMA、PP、橡胶等
乳液聚合	单体、引发剂、水、乳化剂	安全、连续，聚合速率快，聚合度大，产品可直接使用	乳化剂种类、用量，搅拌速度，含固量，pH	PVAC、丁苯橡胶、丁腈橡胶等

艺类专业的学生，学习并掌握一定的化工设计方面的基础知识是非常必要的。

从教学出发，对学生进行化工设计方面的基本训练，有助于培养学生综合运用多学科基础理论，联系生产实际，提高学生查阅文献资料、收集和整理数据的能力；有助于提高学生的运算能力和设计绘图能力。总之，经过初步训练，具有一定的化工设计能力后，在从事生产、基建、科研和管理等方面，一定会发挥出更好的作用。

当然，设计能力的培养和深化，有赖于更多的实践。只有通过实践，积累经验，才能培养思维、想象和创造能力，才能促进设计能力的不断提高。

1.1.6.2 聚合反应工业实施方法的比较

常见的缩聚反应与连锁聚合反应的工业实施方法如表 1-6 和表 1-7 所示。

1.2 单体、溶剂、引发剂选择结果的审核

▲ 教学目的

通过对 BR 车间初步工艺设计说明书中单体生产路线选择结果、溶剂选择结果和引发剂选择结果的审核，使学生明确这三种原料审核的程序与过程，继续应用工艺设计过程的工艺路线设计方法，对其选择的方法进行判断、分析，进而掌握工艺路线设计时的原则、方法、技巧，学会处理工艺设计问题的基本思路。

▲ 能力目标

• 能够对 BR 车间初步设计说明书中的单体原料生产选择结果、溶剂选择结果、引发剂选择结果进行审核；

• 能够运用工艺路线设计中的原则、方法处理实际问题；

• 能够熟练地查阅各种资料，并加以汇总、筛选、分析。

▲ 知识目标

• 化工工艺设计中工艺路线的设计原则、步骤；

• 丁二烯单体的生产方法；

• 溶剂选择的原则；

• 引发剂选择的原则与方法；

• 完整工艺路线的分析与确定。

▲ 素质目标

• 能够利用各种形式进行信息的获取；

• 在做事过程中如何与其他人员进行讨论、合作；

• 如何阐述自己的观点；

• 经济意识、环境保护意识、安全生产意识。

▲ 实施要求

• 总体按项目 1 总实施要求进行落实；

• 各组分别按单体、溶剂、引发剂三条线展开；

• 注意分工后交叉互补。

1.2.1 项目分析

1.2.1.1 需要审核的具体内容——单体、溶剂、引发剂选择结果

（1）单体原料路线的确定　通过比较乙炔法、乙醇法、丁烷一步脱氢法、丁烯氧化脱氢法、丁烯催化脱氢法、石油高温裂解回收法等生产方法的优缺点，结合当地情况，因地制宜

地选择合适的丁烯氧化脱氢制丁二烯原料路线。

（2）**溶剂的选择**　各种溶剂对反应原料、产物及反应所用各种引发剂的溶解能力不同。从溶解度参数、体系黏度、工程上传热与搅拌、生产能力提高、回收难易、毒性大小、来源、输送等几方面对苯、甲苯、甲苯-庚烷、溶剂油等，进行综合比较，确定选择溶剂油。

（3）**引发剂的选择**　从适合顺丁橡胶生产的引发剂共性入手，如定向能力高、稳定性好、易贮存、高效、用量少、易分离及残存对产物性能无影响等，对常用的四大类型引发剂Li系、Ti系、Co系、Ni系进行比较，选择Ni系引发剂，其组分主引发剂为环烷酸镍，助引发剂为以异丁基铝，第三组分为三氟化硼·乙醚络合物。

（4）**引发剂活性中心的形成方式——陈化方式**　陈化是指为了提高引发活性，充分发挥各组分的作用，在聚合前事先把引发剂各组分按一定配比，在一定的条件下进行的预混合反应。国内对上述引发体系曾采用过三种陈化方式，即三元陈化、双二元陈化、稀硼（B）单加。通过比较确定最佳方式为稀硼单加。

1.2.1.2　项目分析——思维导图

顺丁橡胶（BR）生产工艺设计初步说明书中涉及的单体、溶剂、引发剂及陈化选择的结果如前面所示，建议按图 1-4 单体生产路线选择思维导图、图 1-5 溶剂路线选择思维导图、图 1-6 引发剂体系选择思维导图涉及的范围对需要审核的具体内容——单体、溶剂、引发剂选择结果进行审核，并加以细化。

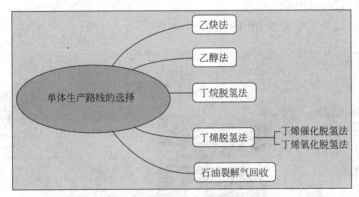

图 1-4　单体生产路线选择思维导图

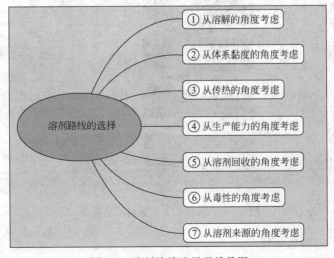

图 1-5　溶剂路线选择思维导图

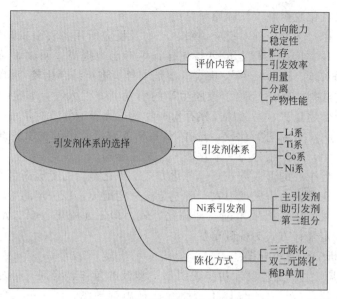

图 1-6 引发剂体系选择思维导图

1.2.2 项目实施

1.2.2.1 项目实施展示的画面

子项目 1.2 实施展示的画面如图 1-7 所示。

图 1-7 子项目 1.2 实施展示的画面

1.2.2.2 建议采用的实施步骤

建议实施过程采用表 1-8 中的步骤。

表 1-8　子项目 1.2 的实施过程

步骤	名称	时间	指导教师活动与结果			学生活动与结果
一	项目解释方案制订学生准备	提前1周	项目内涵解释、注意事项；提示学生按项目组制订工作方案，明确组内成员的任务；组长检查记录	审核任务检查记录	工作方案个人准备	明确项目任务，各项目组制订初步工作方案（如何开展、人员分工、时间安排等），并按方案加以准备、实施
二	第一次讨论检查	15min	组织学生第一次讨论，检查学生准备情况	检查记录	工作日记汇报提纲	各项目组讨论、填写工作日记、整理汇报材料
三	第一次发言评价	15min	组织学生汇报对单体原料生产路线、溶剂选择、引发剂选择结果进行审核，并做内容评价	实况记录初步评价	汇报提纲记录问题	各项目组发言代表汇报倾听项目委托方代表评价
四	第一次指导修改	15min	针对汇报中出现的问题进行指导，提出修改性意见	问题设想实际问题	记录发言	学生以听为主，可以参加讨论，提出自己的想法
			设想的问题或思路：(扒皮法或排除法) 单体生产路线 →各种丁二烯生产方法比较——分别查找出乙炔法、乙醇法、丁烷一步脱氢法、丁烯氧化脱氢法、丁烯催化脱氢法、石油高温裂解回收法的反应原理、工艺特点、实施的难易、成本高低、环境污染、原料来源等角度加以对比，再确定选择什么方法进行生产。 溶剂的选择 →可供高顺式 BR 生产用的溶剂类型——苯、甲苯、甲苯-庚烷、溶剂油等。要从溶解度、体系黏度、传热与搅拌、生产能力、回收难易、毒性大小、来源、输送等方面进行比较分析，重点考虑工业实施时的操作控制（黏度、传热、搅拌、生产能力）、环境保护（毒性）、成本（回收、来源、输送）等问题，再加以选择确定。 引发剂体系 →各种丁二烯聚合时的引发剂体系比较——然后主要考虑能否形成高顺式的 BR 橡胶，再做判断选择。			
五	第二次讨论修改	10min	巡视学生再次讨论的过程，对问题进行记录	记录问题	补充修改意见	学生根据指导教师的指导意见，对第一次汇报内容进行补充修改，完善第二次汇报内容
六	第二次发言评价	5min	组织进行第二次汇报记录学生未考虑到的内容，并给出评价意见	记录评价意见	发言提纲记录	学生倾听项目委托方代表的评价，记录相关问题
七	第二次指导修改	5min	针对各项目组第二次汇报的内容进行第二次指导	记录结果未改问题	记录发言	学生以听为主，可以参加讨论，提出自己的想法，对局部进行修补，做好终结性发言材料
			按第一次指导的思路，对各项目组未处理问题加以指导			
八	第三次发言评价报告整理	8min	组织各项目发言代表对项目完成情况进行终结性发言，并对最终结果加以肯定性评价	记录结论	发言稿记录	各项目组发言代表做终结性发言，倾听指导教师的评价，同时，完善项目报告的相关内容
九	归纳总结	15min	项目完成过程总结结合化工设计程序和内容部分的教学课件对相关知识进行总结性解释。适当展示相关材料	总结提纲理论课件	记录领悟	学生以听为主，可以提出自己的观点，参加必要的讨论
十	新项目任务解释	3min	子项目 1.3 聚合机理、影响因素、原产品性质分析结果的审核			

1.2.3　结果展示

结果展示主要采用 PPT 展示和项目报告的形式进行。其中 PPT 展示材料以电子稿形式上交，项目报告参考格式见子项目 1.1 项目报告样本。

1.2.4　考核评价

考核评价过程与内容与子项目1.1考核评价相同。

1.2.5　支撑知识

1.2.5.1　工艺流程设计的内容

当生产工艺路线选定后，便可以进行工艺流程设计。它和车间布置设计是决定整个车间（装置）基本面貌的关键步骤，对设备设计和管路设计等单项设计也起着决定性的作用。

工艺流程设计的主要内容包括两个方面：一是确定生产流程中各个生产过程的具体组成、顺序、和组合方式，达到加工原料以制取所需产品的目的；二是绘制工艺流程图，以图解的形式表示出生产过程中原料经过各个单元操作过程制得产品时，物料和能量发生的变化及其流向，以及采取了哪些化工过程和设备，再进一步通过图解形式表示出化工管路流程和仪表控制流程。为了使所设计出的工艺流程能够达到优质、高产、低消耗和安全生产的要求，应解决好以下问题。

（1）确定整个流程的组成　工艺流程反映了由原料到产品的全过程，应确定采用多少生产过程或工序来构成全过程，并确定每个单元过程的具体任务（即物料通过时要发生什么物理变化、化学变化以及能量变化），以及每个生产过程或工序之间如何联接。

（2）确定每个过程或工序的组成　应采用多少和由哪些设备来完成这一生产过程，以及各设备之间应如何连接，并明确每台设备的作用和它的主要工艺参数。

（3）确定操作条件　为了使每个过程、每台设备都能起到预定作用，应当确定整个生产工序或每台设备的各个不同部位要达到和保持的操作条件。

（4）确定控制方案　为了正确实现并保持各生产工序和每台设备的操作条件，以及实现各生产过程之间、各设备之间的正确联系，需要确定正确的控制方案，选用合适的控制仪表。

（5）合理利用原料及能量，计算出整个装置的技术经济指标　应当合理地确定各个生产过程的效率，得出全装置的最佳总收率，同时要合理地做好能量回收与综合利用，降低能耗。据此确定水、电、蒸汽和燃料的消耗。

（6）确定三废的治理方法　对全流程所排出的三废要尽量综合利用，对于那些暂时无法利用的，则须进行妥善处理。

（7）确定安全生产措施　遵照国家的有关规定，结合以往的经验教训，对所设计的化工装置在开车、停车、长期运转以及检修过程中可能存在的不安全因素进行认真分析，制订出切实可行的安全措施，例如设置防火、防爆措施（设置安全阀、防爆膜、阻火器和事故贮槽等）。

1.2.5.2　工艺流程的设计方法

（1）充分做好准备工作　在对设计任务内容和要求充分了解的基础上，参加具体的实际生产和实验，广泛进行调查研究，对生产全过程和存在的问题作更深入了解，在掌握第一手资料的基础上，根据设计要求，深入研究、细致考虑、反复评比，以便能够对现场生产流程加以改进提高，把设计搞得更好。

（2）确定生产线数目　确定生产线数目是工艺流程设计的第一步。对于生产规模较大，涉及是否实施大型化时需仔细分析比较。如产品的种类多、换产次数多，则采用几条生产线同时生产为宜，这样当某一条生产线出现故障停止生产时，其他生产线仍然可以生产。

（3）操作方式　在确定每个生产过程的同时，必须确定该过程的生产操作方式。在可能的情况下，尽量采用连续化操作方式。有时也采用间歇操作与连续操作组合在一起的联合操作方式，如悬浮法生产聚氯乙烯或聚苯乙烯就采用这种方式。此外，有些过程采用间歇操作反而更有利，像利用蒸馏釜处理精馏塔塔釜的高沸点残液，由于塔釜残液数量很少，要经相当长的时间才能贮存到一定数量，再送去蒸馏釜进行回收，这时采用间歇操作会更有利。

（4）确定主要生产过程　从工业化生产的角度出发既要满足生产上的要求，又要满足经济、安全等方面的要求，正确确定全流程中的各个生产过程（包括主要的和辅助的）以及它们之间的连接组合。对同一生产过程可用几种不同的方法来实现，例如浆液分离可用离心分离、真空吸滤、沉降分离等几种方法；同一过程且同一方法也可用不同设备来实现，如反应装置就有釜式反应器和管式反应器两种。为此就需要从各个方面进行比较，从中选出最适宜的。

在确定主要过程时，首先抓住全流程的核心——反应过程，从它入手来逐个建立与之相关的生产过程。把反应过程中的所有化学反应方程式写出来，标明反应条件和热效应，对反应历程及特点进行分析，由此向前推到原料和催化剂等准备过程，向后依次推到产品的分离、提纯和后加工等各个过程。总而言之，流程中的各个生产过程都不是孤立存在的，它们是为了实现共同的目的（使某些原料变成人们所需要的某些既定的产品），满足同样的要求（优质、高产、低耗、低成本、安全可靠地进行工业化生产），而有机组合在一起的，弄清各个过程之间的内在联系后，就可以迅速地正确确定相关的过程。

（5）合理利用物料和能量，确定辅助过程　为了降低能耗，提高能量利用率，要认真检查分析整个工艺流程中可以回收利用的能量，特别是反应放出的能量，以及位能、净压能等。为了充分利用热能，可以依情况的不同选择设置废热锅炉、蒸汽透平、热泵等；还要认真考虑对换热流程及方案的研究，注意采取交叉换热、逆流换热，注意安排好换热顺序，提高传热速率等。要充分利用静压能进料，如高压下物料进入低压设备；减压设备靠真空自动抽进物料等。要注意设备位置的相对高低，充分利用位能输送物料。但不能一味追求用位能来输送物料，因为设备的相对高低位置要影响到车间布置设计和厂房建筑的合理性（减少厂房层数可以减少建筑费用）。此外，从减压设备出料时，必须设置相应高度的液封。

对未转化物料应采用分离、回收手段，以提高总收率。对采用溶剂和载体的单元操作，一般应建立回收系统。

对三废进行回收和处理，即可以增加经济效益，既可以消除污染。当三废处理过程较复杂时，也可以单独设立一个辅助工段或装置，不把它包括在本装置的流程中。

为了稳定生产操作，需要考虑某些物料的贮存或中间输送过程，有时候这些中间贮罐或产品贮罐（仓库）的容量大小对于生产过程的调节能起相当大的作用，需要给予适当的考虑。

（6）合理确定操作条件　在确定各个生产过程及设备的同时，还要合理确定操作条件，因为它对生产过程与设备的确立及其作用的发挥和控制方案的确定都有直接关系。如高压反应过程，要求在原料贮罐到反应器中间必须设立升压过程和相应的压缩机，而在反应器到产品之间又必须设立减压过程和相应的设备。又如，确定了反应器内的操作温度和允许波动范围，就要求相应地设立供热或移热设施及手段（如夹套、内冷管等），同时建立自动调节温度的控制系统等。

（7）流程的弹性和设备设计　全流程设计要考虑综合生产能力的弹性。为此，应当估计到全年生产的不均衡性和各个过程之间所选设备的操作周期及其不均衡性，还要考虑由于生产管理和外部条件等因素可以产生的负荷波动,这些都要通过调查研究和参加生产实践来确定弹性的适宜幅度。

设计中应当尽可能采用新技术、新设备和通用部件,努力提高设计水平,使设备余度不要太大。原则上对设备余度的考虑是保证设计产量既不超过又不少于设计负荷,并且尽可能使各台设备的能力一致,以避免由于设备能力不平衡而造成浪费。在考虑了全流程的弹性和各个设备的余度以后,就可以正确地进行设备选型和设计计算。

(8) 控制系统的确定 在整个流程的各个过程及设备确定后,要全面检查,认真分析流程中各个过程之间是如何连接的,各个过程又是靠什么操作手段来实现的等。然后根据这些来确定它们的控制系统。要考虑正常生产、开停车和检修所需要的各个过程的连接方法,此外还要增补遗漏的管线、阀门、过滤密封系统,以及采样、放净、排空、连通等设施,逐步完善控制系统。注意在这个过程中,与自控专业共同讨论商定控制水平,进而设计出全流程的控制方案和仪表系统,画出带控制点的工艺流程图。

(9) 工艺流程的逐步完善与简化 要从各个方面着手来逐步完善和简化设计出来的工艺流程。

考虑到开停车和事故处理等问题,要设置事故贮罐,增加备用设备,以便必要时切换使用。尽量简化对水、汽、冷冻系统的要求,尽可能采用单一系统;当装置本身需要用到几种不同压力的蒸汽时,应当尽可能简化或统一对蒸汽压力的要求。尽量减少物料循环量,在切实可行的基础上采用新技术,提高单程转化率以简化流程等。

(10) 进行多种流程设计方案比较,评选出最优方案 应当尽量从实际可能出发,多搞出一些流程设计方案,然后进行全面的综合比较,从中评选出最优方案。

1.2.6 拓展知识——典型引发剂体系的对比

用于丁二烯聚合反应的四大典型引发剂体系所得产物的比较如表 1-9 所示。

表 1-9 配位聚合典型引发剂所得聚丁二烯的结构与性能比较

分类	具体引发剂体系	微观结构含量/%			T_g /℃	凝胶含量 /%	$[\eta]$	$\overline{M_w}$ /万	HI	支化	灰分 /%	冷流性	辊筒加工性能		
		顺式-1,4	反式-1,4	1,2									包辊性	成片性	自黏性
Ti系	三烷基铝-四碘化钛-碘-氯化钛	94	3	3	−105	1~2	3.0	39	窄	少	0.17~0.2	中~大	差	可	良
Co系	一氯二烷基铝-二氯化钴	98	1	1	−105	1	2.7	37	较窄	较少	0.15	很小	可	中	良
Ni系	三烷基铝-环烷酸镍-三氟化硼乙醚络合物	97	1	2	−105	1	2.7	38	较窄	较少	0.10	很小	可	可	良
Li系	丁基锂	35	57.5	7.5	−93	1	2.6~2.9	28~35	很窄	很少	<0.1	中~很大	劣	中	差

1.3 聚合机理、影响因素、原料指标、产品指标分析结果的审核

▲ 教学目的

通过对 BR 车间初步工艺设计说明书中聚合机理与影响因素分析结果、原料及产品性质

分析及技术指标分析结果的审核，使学生明确审核的程序与过程，继续应用工艺设计过程的工艺路线设计方法，对其选择的方法进行判断、分析，进而掌握工艺路线设计时的原则、方法、技巧，学会处理工艺设计问题的基本思路。

▲ **能力目标**

• 能够对 BR 车间初步设计说明书中的聚合机理与影响因素分析结果、原料及产品性质分析及技术指标分析结果的审核；

• 能够运用工艺路线设计中的原则、方法处理实际问题；

• 能够熟练地查阅各种资料，并加以汇总、筛选、分析。

▲ **知识目标**

• 学习并掌握化工工艺设计中工艺路线的设计原则、步骤；

• 巩固应用专业知识如引发剂体系对聚合影响、聚合机理与影响因素分析、原料性质对聚合影响、产品性质对聚合要求等；

• 掌握技术指标的确定方法。

▲ **素质目标**

• 能够利用各种形式进行信息的获取；

• 在做事过程中如何与其他人员进行讨论、合作；

• 能正确阐述自己的观点，并能正确评价自己；

• 经济意识、环境保护意识、安全生产意识。

▲ **实施要求**

• 先找到要审核内容的问题，再按思维导图提示的内容进行细化；

• 机理部分内容较深，因此注意查找资料与选取；

• 各指标注意查找相关标准和手册。

1.3.1 项目分析

1.3.1.1 需要审核的具体内容——聚合机理、影响因素、原料指标、产品指标确定结果

（1）聚合反应机理 丁二烯聚合反应的机理属于连锁聚合反应，遵循配位阴离子的链引发、链增长、链终止及链转移等基元反应机理。其总反应式为：

$$nCH_2 = CH - CH = CH_2 \longrightarrow \{CH_2 - CH = CH - CH_2\}_n$$

（2）影响反应的因素 影响聚合反应的因素主要有引发剂的陈化方式，引发剂配制浓度，引发剂用量、配比，通过几方面进行分析。最后得出比较合适配方为：

镍/丁二烯$\leqslant 2.0 \times 10^{-5}$，铝/丁二烯$\leqslant 1.0 \times 10^{-4}$，硼/丁二烯$\leqslant 2.0 \times 10^{-4}$，铝/硼$>$0.25，醇/铝$=6$，铝/镍$=3\sim 8$。

单体浓度 提高单体浓度聚合反应速度增加，有利于提高产量。从传热、搅拌、物料输送等方面综合考虑单体浓度（丁二烯浓）控制范围为 $10\% \sim 15\%$。

温度 聚合温度升高，会使反应速度加快，产物分子量下降，但过高的温度会造成大分子产生支化，影响胶的质量。因此，要严格控制。一般首釜不大于 95℃，末釜不大于 110℃。

杂质 体系中的杂质主要有乙腈、水分、炔烃和空气中的氧等，这些杂质主要对引发剂的活性、诱导期的长短、体系的稳定性、聚合速度产生影响，因此，要严格控制在一定指标以下。

（3）原料的物理化学性质及技术指标 生产顺丁橡胶的主要原料：单体为丁二烯；溶剂为溶剂油；引发剂为环烷酸镍、三异丁基铝、三氟化硼·乙醚络合物；终止剂为乙醇；防老剂为 2,6-二叔丁基-4-甲基苯酚（简称 2.6.4）。其化学名称、分子式、结构式、物理化学性质、来源（原料路线确定）、用途等可以查阅《有机化工原料手册》、《有机化工原料中间体便览》、《有机化学》及有关资料等获得。设计时采用的各种原料质量指标如下：

丁二烯 纯度≥99%；丁烯<1%；水值<20mg/kg；醛酮总量 20mg/kg；二聚物<50mg/kg；乙腈检不出。

溶剂油（C6 油） 组分 C_5^0 2.1%、C_6^0 57.8%、C_7^0 40.1%；馏程 60～90℃；碘值<0.2g/100g；水值<20mg/kg。

环烷酸镍 镍含量>7%～8%；水分<0.1%；不皂化物无。

三异丁基铝 外观浅黄透明；无悬浮物；活性铝含量≥50%。

三氟化硼乙醚络合物 BF_3 含量>46%；沸点 124.5～126℃。

终止剂 纯度95%；含水5%；恒沸点78.2℃；密度810kg/m³。

防老剂 熔点69～71℃；游离甲酚<0.04%；灰分<0.03%；油溶性合格。

（4）生成物——顺丁橡胶的物理化学性质及技术指标 顺丁橡胶的物理化学性质与其结构直接相关。这种结构又分为分子内结构和分子间结构（聚集态结构）。

（5）顺丁橡胶结构 还有反式 1,4 结构和 1,2 位加成产物。利用环烷酸镍-三异丁基铝-三氟化硼乙醚络合物引发体系使丁二烯聚合后的产物中含 96%～98% 的顺式 1,4 结构，含 1%～2% 反式 1,4 结构和 1%～2% 的 1,2 结构加成物。这种以顺式 1,4 结构为主的聚合物具有分子链长，自然状态下为无规线团状；分子内存在独立双键使大分子链的柔性大，同时易于硫化处理的特点。

顺式 1,4 结构

由于顺式 1,4 结构含量大，使得大分子的规整性好，同时又由于分子链无取代基，造成对称性好，但因其重复结构单元之间距离大，而使顺式 1,4 结构聚丁二烯比反式 1,4 结构聚丁二烯更难于结晶。即便能结晶，其熔点也低（顺式 1,4 含量为 98.5% 的产物，熔点为 0℃），因此，在常温下无结晶态，只以无定形形态存在。相反，反式结构产物易结晶。故此，前者是高弹性体，后者无弹性。

（6）顺丁橡胶性能 通过与天然橡胶相比，顺丁橡胶具有弹性高、耐低温性好、耐磨性佳、滞后损失和生热性小、耐挠曲性及动态性能好以及耐老化、耐永久性好等特点。被广泛用于轮胎加工行业。但它也有加工性欠佳、强度较差、抗湿滑性不好、有冷流性倾向等不足。

顺丁橡胶的性能一看生胶的性能（可塑性、加工性、外观、颜色等）好坏，影响因素有聚合方法、引发剂系统、生胶的分子结构、门尼黏度、平均分子量、分子量分布、凝胶含量、灰分、挥发分等。二看硫化后的硫化胶性能（抗张强度、300% 定拉伸强力、伸长率、硬度、回弹性、生成热、永久变形、磨耗量等），影响硫化胶的因素有门尼黏度、凝胶含量、加工用的配合剂（种类、用量、配方）加工方法等。上述这些可以用表格列出数据对常见橡胶进行比较显示。

（7）顺丁橡胶用途　主要用于轮胎加工行业，另外，还用于输送带、传动带、模压制品、鞋底、胶鞋及海绵胶等方面。

（8）生产中成品胶质量指标　生产中成品胶质量指标如表 1-10 所示。

表 1-10　成品胶质量指标

项　目		优级品	一级品	合格品
挥发分/%		≤0.75	≤1.00	≤1.30
灰分/%		≤0.30	≤0.30	≤0.30
生胶门尼黏度 $M_{1+4}^{100℃}$		45±5	45±5	45±7
混炼胶门尼黏度 $M_{1+4}^{100℃}$		≤68	≤73	≤73
300%定伸应力/MPa	25min	6.5～10.5	6.2～10.7	6.0～11.0
	35min	7.0～11.0	6.7～11.2	6.5～11.5
	50min	6.8～10.8	6.5～11.0	6.3～11.3
拉伸强度/MPa	35min	≥14.2	≥13.7	≥13.2
伸长率/%	35min	≥450	≥430	≥430

1.3.1.2　项目分析——思维导图

顺丁橡胶（BR）生产工艺设计初步说明书中涉及的聚合机理、影响因素、原料指标、产品指标确定结果如前面所示，建议按图 1-8 配位聚合机理与影响因素分析思维导图、图 1-9 原料性质确认思维导图、图 1-10 产品性质确认思维导图对需要审核的具体内容进行审核，并加以细化。

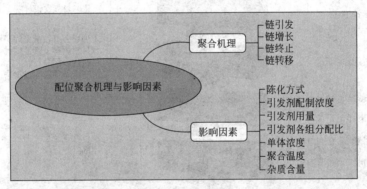

图 1-8　配位聚合机理与影响因素分析思维导图

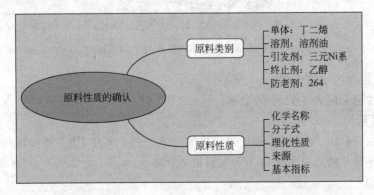

图 1-9　原料性质确认思维导图

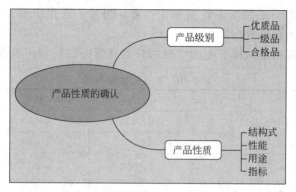

图 1-10　产品性质确认思维导图

1.3.2　项目实施

1.3.2.1　项目实施展示的画面

子项目 1.3 实施展示的画面如图 1-11 所示。

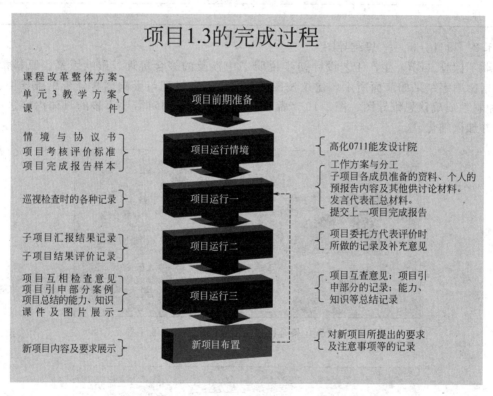

图 1-11　子项目 1.3 实施展示的画面

1.3.2.2　建议采用的实施步骤

建议实施过程采用表 1-11 中的步骤。

1.3.3　结果展示

结果展示主要采用 PPT 展示和项目报告的形式进行。其中 PPT 展示材料以电子稿形式上交，项目报告参考格式见子项目 1.1 项目报告样本。

1.3.4　考核评价

考核评价过程与内容与子项目 1.1 考核评价相同。

表 1-11　子项目 1.3 的实施过程

步骤	名称	时间	指导教师活动与结果			学生活动与结果
一	项目解释 方案制订 学生准备	提前 1周	项目内涵解释、注意事项；提示学生按项目组制订工作方案，明确组内成员的任务；组长检查记录	审核任务 检查记录	工作方案 个人准备	明确项目任务，各项目组制订初步工作方案（如何开展、人员分工、时间安排等），并按方案加以准备、实施
二	第一次 讨论检查	15min	组织学生第一次讨论，检查学生准备情况	检查记录	工作日记 汇报提纲	各项目组讨论、填写工作日记、整理汇报材料
三	第一次 发言评价	15min	组织学生汇报对单体原料生产路线、溶剂选择结果进行审核，并做内容评价	实况记录 初步评价	汇报提纲 记录问题	各项目组发言代表汇报 倾听项目委托方代表评价
四	第一次 指导修改	15min	针对汇报中出现的问题进行指导，提出修改性意见	问题设想 实际问题	记录 发言	学生以听为主，可以参加讨论，提出自己的想法
			设想的问题或思路：（扒皮法或排除法） 引发剂体系 →各种丁二烯聚合时的引发剂体系比较——然后主要考虑能否形成高顺式的 BR 橡胶，再做判断选择。 聚合机理与影响因素 →聚合机理——用 Ni-B-Al 三元体系引发丁二烯的机理主要是 II 烯丙基聚合机理，要求完整的写出反应方程式。 →影响因素 ——引发剂的陈化方式（主要有三种形式）——稀硼单加为好。 ——引发剂各组分的配比、浓度 ——单体浓度——浓度与生产能力、黏度、控制的关系 ——温度——T 高低对聚合的影响 ——杂质——对聚合活性中心寿命的影响或终止作用 →原材料性质——查找相关资料确定各种原材料的性质与技术指标 →产品结构 ——高顺式结构 ——BR 的性能 ——BR 成品胶质量指标（尽量按最新的标准确定）			
五	第二次 讨论修改	10min	巡视学生再次讨论的过程，对问题进行记录	记录问题	补充修改 意见	学生根据指导教师的指导意见，对第一次汇报内容进行补充修改，完善第二次汇报内容
六	第二次 发言评价	5min	组织进行第二次汇报 记录学生未考虑到的内容，并给出评价意见	记录 评价意见	发言提纲 记录	学生倾听项目委托方代表的评价，记录相关问题
七	第二次 指导修改	5min	针对各项目组第二次汇报的内容进行第二次指导	记录结果 未改问题	记录 发言	学生以听为主，可以参加讨论，提出自己的想法，对局部进行修补，做好终结性发言材料
			按第一次指导的思路，对各项目组未处理问题加以指导			
八	第三次 发言评价 报告整理	8min	组织各项目发言代表对项目完成情况进行终结性发言，并对最终结果加以肯定性评价	记录 结论	发言稿 记录	各项目组发言代表做终结性发言，倾听指导教师的评价，同时，完善项目报告的相关内容
九	归纳总结	15min	项目完成过程总结 结合《化工设计概论》化工设计程序和内容部分的教学课件对相关知识进行总结性解释。适当展示相关材料	总结提纲 理论课件	记录 领悟	学生以听为主，可以提出自己的观点，参加必要的讨论
十	新项目任 务解释	3min	子项目 2.1 对车间组成、生产制度、工艺流程草图的审核			

1.3.5　支撑知识——利用计算机进行物性数据的查找

物性数据是化工设计、科学研究等工作不可缺少的基础数据。化学物质的数目及物性数据，随着科学技术的发展正在不断增加，据统计目前已发现的化学物质达六百万种以上，其物性数据更是不可胜数。在工艺设计中需要用到许多化合物的物性数据，尤其在热力学和动力学的计算中，需要对大量的平衡常数、焓、熵等物性数据进行推算，这要耗费工艺设计人员大量精力，而这些数据的可靠性和精确程度对于装置的技术经济性能又有很大关系。因此，对收集到的物性数据要进行严格的审核、关联、分析与合成，使一些由于测试手段、样品等的不同带来的不一致和混乱的实测数据得到圆整与规律化，避免数据误差。

1.3.5.1　化工物性数据库简介

应用计算机进行物性数据的检索与推算，往往建立一些物性数据系统或独立的系统，或者作为流程模拟系统的一个子系统。它通常包括物性数据库、物性数据推算程序。小型的物性数据库包括 60～200 种化合物，中型的包括 300～800 种化合物，大型的包括 1000～5000 种化合物。

利用计算机技术集中贮存大量的数据，建立化学工业数据库是必然的发展。它的优点有如下几点。

- 数据共享，避免不必要的重复劳动。
- 数据规格化，系统化。
- 数据可靠性高，便于快速准确检索。

世界上发达国家对于数据库的建设，尤其对科学数据的收集、评价、分析研究给予高度的重视。如美国的国家数据分析中心 CINDAS（信息和数据分析与综合中心）就是专门进行数据研究工作的。表 1-12 列举了一部分国际上有名的化工物性数据库，其中有一些是与化工流程模拟系统相联用的。

表 1-12　国际上重要的化工物性数据库举例

国别	研制单位	数据库名	物质个数	物性个数	备　注
英国	化学工程师学会与国立工程研究所	PPDS	860	20	与 PROCESS 流程模拟相联用
英国	ICI 公司	PEDB	500	40	与 DESIGN MASTER 流程模拟联用
英国	PROSYS 软件公司	PRODABAS			与 ASPEN PLUS 流程模拟联用
美国	普度大学	CINDAS	14000		主要是材料性质数据库
美国	孟山都公司	Data Bank in Micro FLOWTRAN	183	25	与 FLOWTRAN 模拟联用
美国	美国石油学会与热力学研究中心	TRC Data Bank	1800	30	用于出版石油化工物性数据手册
美国	COADE 公司	Data Bank in Micro CHESS	98	20	与 Micro CHESS 流程模拟联用
美国	堪萨斯州立大学	PASS-PRO-1	1000	16	与 PASS 流程模拟联用
日本	日本科技联盟	AESOPP	3000		
日本	东京大学	EROICA	7500	11	
日本	神户大学	Database	340	7	
联邦德国	DECHEMA	DSD-DSC	400	45	
欧洲	全欧冶金工作者联盟	无机物热力学性质数据库	2500		

我国一些大型石油化工单位已从国外引进如 ASPEN PLUS，PROCDESS Micro-CHESS 等流程模拟系统及其配套的化工物性数据库。国内从 20 世纪 80 年代初开始建立自己的数据库系统，已通过国家鉴定并投入应用的部分化学化工物性数据库列于表 1-13 中。

表 1-13   国内开发的部分化工物性数据库

开 发 单 位	数 据 库 名	物质个数	功能数目	硬 件 环 境
北京化工大学	大型化工物性数据库 CEPPDS	3417	12	ACOS-400
南京化工公司研究院	大型化工物性数据库 CPPDS1	3866		西门子 7730
大连理工大学化工学院计算中心	微型机上化工物性数据库 MCEDB	327	18	IBM-PC 及其兼容机
中国科学院化工冶金研究所	非电解质体系汽液	750	62	VAX-11/780
	相平衡数据库 NEDB	749	15	VAX-11/780
	无机热化学数据库 ITDB	2008	16	VAX-11/780 VT125 图像终端
	水溶液热力学 数据库 ATDB	879 种离子、 287 种分子	14	VAX-11/780 VT125 图像终端

表 1-13 中的微型机上化工物性数据库，可以在 IBM/PC 系列及其兼容机上运行，操作灵活方便，已经在化工行业的大专院校、科研、生产、设计等单位推广应用。在国外许多高等学校应用数据库的教学已经进入课堂。在国内，很多高等学校已经开始建立或引进数据库，培养学生应用数据库已列为教学计划之中。这里对微型机上化工数据库 MCEDB 的应用做一点介绍。

MCEDB 的总体结构见图 1-12，主要包括以下四大数据库：纯化学物质物性数据库；二元体系交互作用参数数据库；基团贡献值数据库；汽液相平衡实验数据库及十二个功能模块。

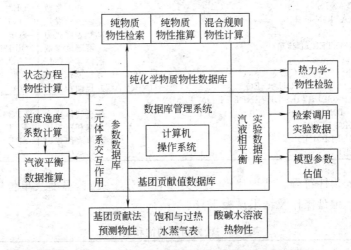

图 1-12   微型机上化工物性数据库总体结构示意图

用户使用数据库可以通过两种方式进行：一种方式是调用检查模块或推算模块，用户在键盘上输入需查物质的名称（结构代码式）、物性符号及温度、压力条件等，计算机立即响应，自动调取库存参数或找出计算模型进行计算，输出检索或推算结果，屏幕显示或打印。第二种方式是应用子程序包，用软件提供的检索和推算子程序包，选用需要的子程序与用户程序相连接，实现从数据库调用所需的物性数据或调用模型计算出数据，输入到用户程序中，满足工程计算要求。

下面简要说明调用检索模块或推算模块的应用方法。

1.3.5.2　纯物质物性检索

调用纯物质模块查物性，键入文件名 RETM 屏幕提示三种检索途径：结构代码、物质英文命名和分子式，供选择。见表 1-14。

屏幕显示检索项目菜单见表 1-15。

表 1-14 PROPERTY RETRIEVING WAY：检索系统

PLEASE SELECT RETRIEVING WAY：	请选检索途径：	No
Structure Code	结构代码	1
Substance Name	物质英文命名	2
Molecular Formula	分子式	3
Return	退出	4

注：No 表示选用结构代码，代码编写法则见表 1-19。

表 1-15 检索项目菜单

物 性 名 称		SYMBOL 物性符号
不随温度而变化的物性常数(PROPERTY CONSTANTS INDEPENDENT OF TEMP)		
MOLECULAR WEIGHT	相对分子质量	MW
FREEZING POINT	熔点	TF
MORMAL BOILING POINT	正常沸点	TB
LIQUID DENSITY at TD	液体密度	LD TD
CRITICAL TEMP,PRESSURE& VOLUME	临界温度,压力,体积	TC,PC,VC
CRITICAL COMPRESSIBILITY FACTOR	临界压缩系数	ZC
SOLUBILITY IN WATER at 20℃	20℃水中溶解度	SL/W
WATER CONTEENT at 20℃	20℃含水量	W/SL
ACENTRRICAL FACTOR	偏心因子	OMG
REFRACTIVE INDEX at TN	分子折射率	ND TN
STANDARD HEAT OF FORMATION	标准生成热	HF
STANDARD GIBB'S FREE ENERGY	标准自由能	HG
DIPOLE MOMENT	偶极矩	DIP
DIELECTRIC CONSTANTS	介电常数	DE
HEAT OF VAPORIZATION at TB	沸点蒸发热	HVB TB
SURFACE TENSION at 20℃	20℃表面张力	SOF
SOLUBH ITY PARAMETER at 25℃	溶解度参数	SILP
LIQUID MOL,VOLUME at 25℃	液体摩尔体积	VL
VOL PARAMETER in UNIQUAC EQ	UNIQUAC 方程体积参数	RV
SURFACE PARAMETER in UNIQUAC EQ	UNIQUAC 方程面积参数	QA
随温度而变化的物性(PROPERTIES DEPENDENT ON TEMP)		
HEAT CAPACITY of IDEAL GAS	理想气体热容	CPGT
SATURATED VAPOR PRESSURE	饱和蒸气压	VPT
SUPFACE TENSION of LIQUID	液体表面张力	SFT
VISCOSITY of LIQUID	液体黏度	VSLT

屏幕提示输入物性符号、结构代码（英文命名或分子式）、温度及单位等。以查丙醇的饱和蒸气压为例，键盘操作及结果见表 1-16。

表 1-16 检索丙醇的饱和蒸气压

输入数据：
    Please enter property symbol＝? VPT
    Please enter structure code＝? C3;OH
    How many temperature points(1——20)＝? 4
    Available temperature range：14.29——116.29C
        T(1)＝20.5   T(2)＝30.3
        T(3)＝55.4   T(4)＝97.3

输出结果：
    CODE:C3;OH   NAME:1-PROPANOL
    Retrieved property:Saturated Vapor Pressure
        $PVT(T)=10**(7.84767-1499.210/(T^+(-68.510)))$ T:227.45——389.45K

T[K]	T[C]	T[F]	VPT[mmHg]	VPT[MPa]
293.660	20.500	68.900	0.1545E+02	2.0598E-03
303.460	30.300	86.540	0.2929E+02	3.9050E-03
328.560	55.400	131.720	0.1209E+03	1.6119E-02
367.460	97.300	207.140	0.7631E+03	1.0174E-01

Ref:TRC Selected Values of Properties of Chemical Compounds V2.k

利用检索子程序包可动态调取所需物性数据，并输入用户程序中。

1.3.5.3　纯物质物性推算

调用纯物质物性推算模块 ESTM 估算物性。键入文件名 ESTM，屏幕显示菜单见表 1-17。

表 1-17　纯物质物性推算系统

* * *PROPERTY ESTIMATION SYSTEM OF PURE SUBSTANCES* * *

You can calculate the following properties:

PHYSICAL PROPERTIES	物性名称	物性符号
CRITICAL TEMPERATURE	临界温度	TC
CRITICAL PRESSURE	临界压力	PC
CRITICAL VOLUME	临界体积	VC
CRITICAL COMPRESSIBILITY	临界压缩系数	ZC
ACENTRICAL FACTIR	偏心因子	OMG
HEAT of VAPORIZATION at TB	正常沸点汽化热	HVB
LIQUID MOLAR PRESSURE	液体摩尔体积	VLT
LIQUID DENSITY	液体密度	LDT
SATURATED VAPOR PRESSURE	饱和蒸气压	VPT
LIQUID HEAT CAPACITY at con't. P	液体比定压热容	CPLT
VISCOSITY of GAS at ordinary P	常压气体黏度	VSGT
VISCOSITY of GAS at high P	高压气体黏度	VSGP
VISCOSITY of LIQUID	液体黏度	VSLT
GAS HEAT CONDUCTIVITY	常压气体热导率	KGT
GAS HEAT CONDUCTIVITY at high P	高压气体热导率	KGP
LIQUID HEAT CONDUCTIVITY	常压液体热导率	KLT
LIQUID HEAT CONDUCTIVITY at high P	高压液体热导率	KLP
SURFACE TENSION of LIQUID	表面张力	SFT
HEAT of VAPORIZATION at T	汽化热	HVT

Please enter prop·symbol!（请输入物性符号）

以推算 2-甲基丙烷的蒸发热为例，输入与输出的数据见表 1-18。

表 1-18　推算 2-甲基丙烷的蒸发热

输入数据：

PROP＝HVT　　　　　　　　　　　　　　　　　　　　CODE＝2-M！C3
How many T points(1——10)？4　　　　　　　　　　Unit of T(C/K)？K
T(1)＝244.27　　　　　　　　　　　　　　　　　　　T(2)＝260.94
T(3)＝283.16　　　　　　　　　　　　　　　　　　　T(4)＝333.16

输出数据：

CODE:2-M！C3　　　　　　　　　　　　　　　Name:2-METHYLPROPANE

Recalled data from data band:

HVB	TB	TC
5.090	261.3000	408.1000

Estimated heat of vaporization:

T[K]	T[C]	P[atm]	P[MPa]	HVT[kcal/mol]	HVT[kJ/mol]
244.27	−28.89	1.000	0.1013	0.5324E+01	0.2228E+02
260.94	−12.22	1.000	0.1013	0.5095E+01	0.2132E+02
283.16	10.00	1.000	0.1013	0.4764E+01	0.1993E+02
283.1	60.00	1.000	0.1013	0.3864E+01	0.1617E+02

Method:Watson eq. :HVT＝HVB*((1−Tr)/(1−TBr))¯a

用户仅输入物性代码和结构代码，程序便可自动选择适当的推算方法，并自动向数据库调用推算需用数据，输出调用的数据、计算结果和选用的方法。

利用物性推算子程序包可将推算结果直接输入用户程序中。

1.3.5.4 化学物质结构代码简介

为了便于人和计算机对话，交换化学结构信息，国际上已有多种化学物质代码被应用于数据库中。在 MCEDB 数据库中设计了一种容易被化学家掌握的结构代码，作为人机对话传递化学结构信息的语言。它是以 IUPAC 系统命名法为基础，并考虑化学结构特征进行代码设计。代码规则简明易懂，见表 1-19。代码通式由三段组成，中部为主干化合物，如：主碳链以 Cn 表示（n 为碳原子数），苯环用 B6 表，环烃则用 Ln 表示，"!"号左边为前缀取代基，如：甲基—M，丙基—P，氟基—F，氯基—Cl 等。";"或"!"右边为各种官能团，如：羟基—OH，羧基—QOH 等。

表 1-19　结构代码简介

代码通式	前缀取代基		主干化合物或官能团	
主干化合物	Cn—饱和烃		Cn=a1,a2—烯烃(a1,a2—双键位号)	
	Ln—环烃		Cn#a1,a2—烯烃(a1,a2—双键位号)	
	B6—苯环		B66—萘环	
	A6ZN—a1,a2—杂氮环(a1,a2—氮原子位号)			
	CnZS—a1,a2—杂硫链(a1,a2—硫原子位号)			
前缀取代基	M—甲基	E—乙基	P—丙基	iP—异丙基
	B—丁基	iB—异丙基	iB—仲丁基	tB—叔丁基
	F—氟基	Cl—氯基	Br—溴基	I—碘基
官能团	OH—羟基	QH—醛基	QOH—羧基	OCn—醚基
	ZQ—酮基	QOCn—酯基	ND—氨基	NHCn—仲氨基
	NX—硝基	SH—硫醇基	SCn—硫醚基	ZS—杂硫
	ZN—杂氮	ZO—杂氧	等(Q=CO,D=H₂,X=O₂)	
代码举例	2-甲基丙烷	2-M! C3	丁二烯	C4=1,3
	正丙醇	C3;OH	环己酮	L6ZQ-1
	异丁酸	1-M! C2;QOH	丙酮	C3ZQ-2
	丁胺	C4;ND	乙醚	C1;OC1
	硝基苯	B6;NX	硫乙醇	C2;O-1,2
	丙三醇	C3;OH-1,2,3	环氧乙烷	C2;O-1,4
	1,4-二甲苯	1,4-N! B6	苯醌	B6;O-1,4

2

顺丁橡胶（BR）生产工艺流程图绘制结果的审核

★ **总教学目的**

通过项目 2 顺丁橡胶（BR）生产工艺流程图绘制结果的审核，使学生能运用工艺流程图绘制的原则、方法与技巧，绘制出符合要求的工艺流程草图、物料流程图、带控制点工艺流程图。

★ **总能力目标**

- 能读懂流程图，并能找出存在的问题；
- 能正确绘制符合要求的车间或工段工艺流程草图；
- 能正确绘制符合要求的车间或工段物料流程图；
- 能正确绘制符合要求的车间或工段带控制点工艺流程图；
- 能运用 CAD 绘图工具绘制各种流程图。

★ **总知识目标**

- 学习并初步掌握化工生产车间工艺组成设计方法；
- 学习并初步掌握车间或工段工艺流程草图的绘制程序与方法；
- 学习并初步掌握车间或工段物料流程图的绘制程序与方法；
- 学习并初步掌握车间或工段带控制点工艺流程图的绘制程序与方法；
- 灵活运用 CAD 绘图软件进行图纸绘制。

★ **总素质目标**

- 树立全局观念与局部分工的意识；
- 建立严格执行标准与优化美观的意识；
- 培养严谨细致的工作作风；
- 自觉执行国家法令、法规；
- 团队合作。

★ **总实施要求**

- 基本要求同子项目 1.1 的实施要求；
- 针对此部分内容图纸较多的特点，各项目组一定要做好任务分工（保持相对完整），同时一定要关注前后的密切联系；
- 各种图纸必须由学生亲自绘制。

2.1　车间组成、生产制度确定结果的审核及流程草图的绘制

▲ **教学目的**

通过对 BR 车间初步工艺设计说明书中车间组成及生产制度确定的结果进行审核，使学生明确车间组成确定、生产制度确定的原则，并绘制工艺流程草图，进而掌握工艺路线设计时的原则、方法、技巧。

▲ **能力目标**

- 能够对 BR 车间初步设计说明书中的车间组成及生产制度确定的结果进行审核；
- 能够正确运用国家的相关法律与政策处理实际问题；
- 能够熟练地查阅各种资料，并加以汇总、筛选、分析；
- 能够正确绘制车间或工段流程草图。

▲ **知识目标**

- 学习并初步掌握车间组成确定的原则；
- 学习并初步掌握生产制度确定的法律依据；
- 学习并初步掌握工艺流程草图绘制的方法与步骤。

▲ **素质目标**

- 能够利用各种形式进行信息的获取；
- 在做事过程中如何与其他人员进行讨论、合作；
- 如何阐述自己的观点；
- 经济意识、环境保护意识、安全生产、法律意识。

▲ **实施要求**

- 车间组成确定一定要针对产品生产过程特点而定；
- 生产制度必须符合国家的相关法令；
- 流程草图要相对完整。

2.1.1　项目分析

2.1.1.1　需要审核的具体内容——车间组成、生产制度、流程草图审核

（1）车间组成　该车间主要由聚合工段和后处理工段组成。

聚合工段主要由罐区、计量、聚合、配制、黏度等岗位组成。后处理工段主要由混胶、凝聚、干燥、压块、薄膜、纸袋等岗位组成。

设计范围包括：聚合工段至后处理工段的物料衡算、聚合过程的热量衡算、聚合工段各种设备的选型，物料流程图、带控制点工艺流程图、聚合釜装配图、平面布置图等。

车间设备采用露天与厂房内布置相结合的原则。其中罐区、凝聚采用露天布置，其他全部采用厂房内布置。

（2）生产制度　考虑装置的大修，采用年开工时间为 8000h。

全装置主要采用连续操作方式，局部采用间歇操作方式。

全装置采用五班三倒制，每班 8 小时工作制。

（3）流程草图　原初步设计说明中没有附加流程草图。

2.1.1.2　项目分析——思维导图

顺丁橡胶（BR）生产工艺设计初步说明书中涉及的车间组成、生产制度及流程草图确定结果如前面所示，但没有提供车间流程草图。建议按图 2-1 车间组成与设计范围确定思维

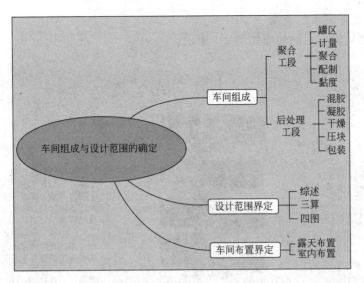

图 2-1　车间组成与设计范围确定思维导图

导图、图 2-2 生产制度确定思维导图、图 2-3 流程草图设计与绘制思维导图对原结果进行审核，并加以细化。对流程草图部分进行重新绘制。

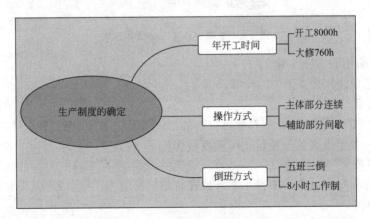

图 2-2　生产制度确定思维导图

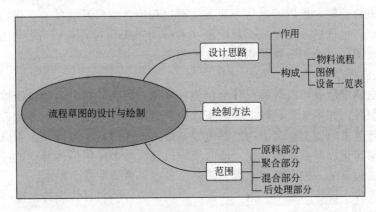

图 2-3　流程草图设计与绘制思维导图

2.1.2　项目实施

2.1.2.1　项目实施展示的画面

子项目 2.1 实施展示的画面如图 2-4 所示。

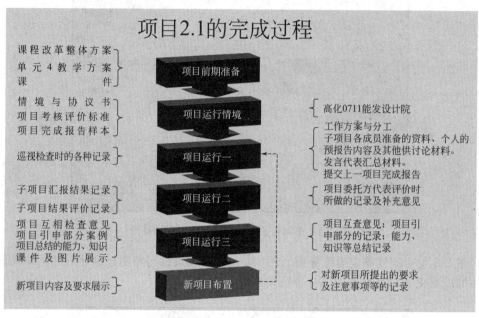

图 2-4　子项目 2.1 实施展示画面

2.1.2.2　建议采用的实施步骤

实施过程建议采用表 2-1 中的步骤。

2.1.3　结果展示

结果展示主要采用 PPT 展示和项目报告的形式进行。其中 PPT 展示材料以电子稿形式上交，项目报告参考格式见子项目 1.1 项目报告样本。

2.1.4　考核评价

考核评价过程与内容与子项目 1.1 考核评价相同。

2.1.5　支撑知识

2.1.5.1　工艺流程图的绘制

工艺流程图是一种示意性的图样，它以形象的图形、符号、代号表示出化工设备、管路、附件和仪表自控等，借以表达一个化工生产过程中，物料及能量的变化始末。工艺流程图设计最先开始，也最后才能完成。其绘制一般分为三个阶段进行：先绘制工艺流程草图，后绘制物料流程图，再绘制带控制点的工艺流程图。

2.1.5.2　工艺流程草图

当生产方法确定后就可以开始设计绘制流程草图，因为它只是为物料衡算及部分设备计算和能量计算服务，并不编入设计文件，所以绘制时不要在绘图技术上多花费时间，而把主要精力用在工艺技术问题上。又因为绘制流程草图时尚未进行定量计算，所以它只是定性地标出物料由原料转化成产品时的变化、流向顺序以及生产中采用的各种化工过程与设备。

生产工艺流程草图一般由物料流程、图例、设备一览表三部分组成。

（1）物料流程　设备示意图　由于在此阶段尚未进行物料计算和设备设计，不可能按比例画出设备外形图，只需按设备的大致几何形状画出设备示意图（或方块图）。设备的相对位置高低也不要求准确，但要标出设备名称及位号。

表 2-1　子项目 2.1 的实施过程

步骤	名称	时间	指导教师活动与结果		学生活动与结果	
一	项目解释 方案制订 学生准备	提前 1周	项目内涵解释、注意事项；提示学生按项目组订工作方案，明确组内成员的任务；组长检查记录	审核任务 检查记录	工作方案 个人准备	明确项目任务，各项目组制订初步工作方案（如何开展、人员分工、时间安排等），并按方案加以准备、实施
二	第一次 讨论检查	15min	组织学生第一次讨论，检查学生准备情况	检查记录	工作日记 汇报提纲	各项目组讨论、填写工作日记、整理汇报材料
三	第一次 发言评价	15min	组织学生汇报对车间组成设计的原则与结果进行审核，对生产制度的审核意见，并做内容评价	实况记录 初步评价	汇报提纲 记录问题	各项目组发言代表汇报 倾听项目委托方代表评价
四	第一次 指导修改	15min	针对汇报中出现的问题进行指导，提出修改性意见	问题设想 实际问题	记录 发言	学生以听为主，可以参加讨论，提出自己的想法
			设想的问题或思路：（类推法） 车间组成设计 →按高顺式 BR 橡胶生产过程中的化学变化与物理变化过程进行大的切割——聚合工段、后处理工段。 →聚合工段——原料罐区、原料计量、聚合、引发剂等配制、黏度等岗位（原则按物料流动过程） →后处理工段——混胶、凝聚、干燥、压块、包装等岗位 生产制度设计 →年开工时间——7200～8000h，充分考虑装置大修时间 →操作方式——连续操作（连续操作的特点） →倒班制度——四班三倒或五班三倒（自己安排一下每月上班的时间），每班 8 小时工作制 工艺流程草图的绘制 按组成顺序关系，以流程草图的形式进行绘制，参照相关的绘制方法			
五	第二次 讨论修改	10min	巡视学生再次讨论的过程，对问题进行记录	记录问题	补充修 改意见	学生根据指导教师的指导意见，对第一次汇报内容进行补充修改，完善第二次汇报内容
六	第二次 发言评价	5min	组织进行第二次汇报记录学生未考虑到的内容，并给出评价意见	记录 评价意见	发言提纲 记录	学生倾听项目委托方代表的评价，记录相关问题
七	第二次 指导修改	5min	针对各项目组第二次汇报的内容进行第二次指导	记录结果 未改问题	记录 发言	学生以听为主，可以参加讨论，提出自己的想法，对局部进行修补，做好终结性发言材料
			按第一次指导的思路，对各项目组未处理问题加以指导			
八	第三次 发言评价 报告整理	8min	组织各项目发言代表对项目完成情况进行终结性发言，并对最终结果加以肯定性评价	记录 结论	发言稿 记录	各项目组发言代表做终结性发言，倾听指导教师的评价，同时，完善项目报告的相关内容
九	归纳总结	15min	项目完成过程总结，结合流程组成设计和工艺流程图绘制部分的教学课件对相关知识进行总结性解释。适当展示相关材料	总结提纲 理论课件	记录 领悟	学生以听为主，可以提出自己的观点，参加必要的讨论
十	新项目任 务解释	3min	子项目 2.2 物料流程图绘制结果的审核			

流程管线及流向箭头　绘出全部物料管线和部分辅助管线（如水、蒸汽、压缩空气、真空等）。
文字注解　只写必要的内容，如设备名称、物料名称、来处和去处等。

（2）图例　画在图纸的右上方，只要求标出管线图例即可，至于阀门、仪表等无需标出。

（3）设备一览表　标题栏画在图纸的右下角，设备一览表紧接其上。设备一览表只列出序号、位号、设备名称和备注即可。

生产工艺流程草图的画法，采用由左至右展开式，先物料流程，其次图例，最后标出标题栏和设备一览表。设备轮廓线用细实线画出，物料管线用粗实线画出，动力管线可用中实线画出。

2.1.6　拓展知识

车间组成一般包括生产、辅助、生活等三部分。设计时应根据生产流程，原料、中间体、产品的物理化学性质，它们之间的关系，确定应该设几个生产工段，需要哪些辅助、生活部门。需要考虑的内容如下：

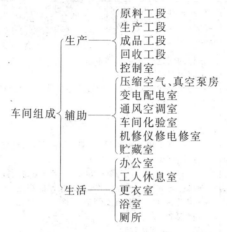

2.2　物料流程图绘制结果的审核

▲ **教学目的**

通过对 BR 车间初步工艺设计说明书中物料流程图绘制结果的审核，使学生掌握物料流程图的绘制程序与方法，对其中内容有选择性地进行重新绘制。

▲ **能力目标**

• 能够对 BR 车间初步设计说明书中物料流程图绘制结果进行审核；

• 能够运用物料流程图的绘制方法对其中部分内容进行重新绘制；

• 能够熟练地查阅各种资料，并加以汇总、筛选、分析。

▲ **知识目标**

• 学习并初步掌握化工工艺设计中物料流程图的设计原则、步骤；

• 掌握用计算机绘制物料流程图的方法与步骤。

▲ **素质目标**

• 能够利用各种形式进行信息的获取；

• 在做事过程中如何与其他人员进行讨论、合作；

• 如何阐述自己的观点；

• 经济意识、环境保护意识、安全生产意识。

▲ **实施要求**

因需要审核的物料流程图内容较多，因此，各项目组可将此图按工艺组成系统进行分解审核与绘制，但最终结果一定要统一合成。

2.2.1 项目分析

2.2.1.1 需要审核的具体内容——物料流程草图审核

需要审核的物料流程图详见图 2-5 聚合及后处理工段物料流程图（见插页）。

2.2.1.2 项目分析——思维导图

顺丁橡胶（BR）生产工艺设计初步说明书中涉及的物料流程图结果如图 2-5 聚合及后处理工段物料流程图所示，建议按图 2-6 物料流程图设计与绘制思维导图进行审核与细化。

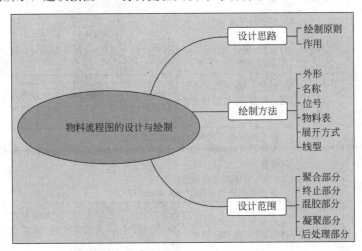

图 2-6 物料流程图设计与绘制思维导图

2.2.2 项目实施

2.2.2.1 项目实施展示的画面

子项目 2.2 实施展示的画面如图 2-7 所示。

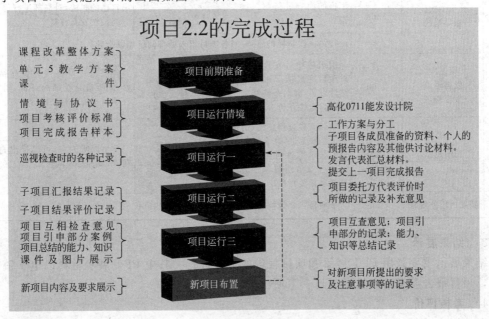

图 2-7 子项目 2.2 实施展示的画面

2.2.2.2　建议采用的实施步骤

建议实施过程采用表 2-2 中的步骤。

表 2-2　子项目 2.2 的实施过程

步骤	名称	时间	指导教师活动与结果			学生活动与结果
一	项目解释 方案制订 学生准备	提前 1 周	项目内涵解释、注意事项;提示学生按项目组制订工作方案,明确组内成员的任务;组长检查记录	审核任务 检查记录	工作方案 个人准备	明确项目任务,各项目组制订初步工作方案(如何开展、人员分工、时间安排等),并按方案加以准备、实施
二	第一次 讨论检查	15min	组织学生第一次讨论,检查学生准备情况	检查记录	工作日记 汇报提纲	各项目组讨论、填写工作日记、整理汇报材料
三	第一次 发言评价	15min	组织学生汇报对各种组分担部分物料流程进行审核,接受项目委托方代表的评价	实况记录 初步评价	汇报提纲 记录问题	各项目组发言代表汇报 倾听项目委托方代表评价
四	第一次 指导修改	15min	针对汇报中出现的问题进行指导,提出修改性意见	问题设想 实际问题	记录 发言	学生以听为主,可以参加讨论,提出自己的想法
			设想的问题或思路(扒皮法或排除法) 全图带有物料表的设备共有 17 个,请各项目组分别选择连续四个物料表的部分进行审核; 同时,对该部分内容进行绘制 注意查找物料流程的绘制方法			
五	第二次 讨论修改	10min	巡视学生再次讨论的过程,对问题进行记录	记录问题	补充修改意见	学生根据指导教师的指导意见,对第一次汇报内容进行补充修改,完善第二次汇报内容
六	第二次 发言评价	5min	组织进行第二次汇报 记录学生未考虑到的内容,并给出评价意见	记录 评价意见	发言提纲 记录	学生倾听项目委托方代表的评价,记录相关问题
七	第二次 指导修改	5min	针对各项目组第二次汇报的内容进行第二次指导	记录结果 未改问题	记录 发言	学生以听为主,可以参加讨论,提出自己的想法,对局部进行修补,做好终结性发言材料
			按第一次指导的思路,对各项目组未处理问题加以指导			
八	第三次 发言评价 报告整理	8min	组织各项目发言代表对项目完成情况进行终结性发言,并对最终结果加以肯定性评价	记录 结论	发言稿 记录	各项目组发言代表做终结性发言,倾听指导教师的评价,同时,完善项目报告的相关内容
九	归纳总结	15min	项目完成过程总结,结合工艺流程图的绘制部分的教学课件对相关知识进行总结性解释。适当展示相关材料	总结提纲 理论课件	记录 领悟	学生以听为主,可以提出自己的观点,参加必要的讨论
十	新项目任务解释	3min	子项目 2.3 带控制点工艺流程绘制结果的审核			

2.2.3　结果展示

结果展示主要采用 PPT 展示和项目报告的形式进行。其中 PPT 展示材料以电子稿形式上交,项目报告参考格式见子项目 1.1 项目报告样本。

2.2.4　考核评价

考核评价过程与内容与子项目 1.1 考核评价相同。

2.2.5 支撑知识

2.2.5.1 物料流程图的作用与内容

物料流程图是物料衡算和热量衡算完成后绘制的，一般以车间为单位进行绘制。

物料流程图是一种以图形与表格相结合的形式反映物料衡算结果的。作用是既可为设计审查提供资料，又可为进一步设计提供重要依据，还可供日后的生产操作提供参考。其主内容如下。

① 设备简单的外形图，名称及位号　因此时尚未进行设备设计，故不要求精确绘制。

② 物料表　对物料发生变化的设备，要从物料管线上引线列表表示：该处物料组分名称、质量流量、质量分数（ω）、摩尔流量及摩尔分数（φ）等，每项均应标出总和数。如图 2-8 所示。

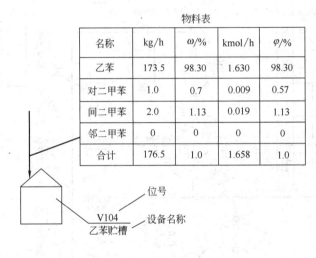

物料表

名称	kg/h	ω/%	kmol/h	φ/%
乙苯	173.5	98.30	1.630	98.30
对二甲苯	1.0	0.7	0.009	0.57
间二甲苯	2.0	1.13	0.019	1.13
邻二甲苯	0	0	0	0
合计	176.5	1.0	1.658	1.0

位号

V104　设备名称
乙苯贮槽

图 2-8　物料流程图部分内容

2.2.5.2 物料流程图的绘制方法

物料流程图的画法　采用自左至右的展开式，先画流程图，再标注物料变化引线列表，物料管线用粗实线，主设备、引线等均用细实线表示。物流程图图样可参见图 2-9。

当物料组分复杂，变化多，在流程图中列表有困难时，也可以在流程图下按流程顺序自左至右列表并编排顺序号，同时，在流程图物料管线上也要编注相应的顺序号，以便对照查阅。对主要设备应注明其规格和操作条件等参数。对生产过程中排放出来的三废也应注明其成分、排放量及去向。

2.2.6 拓展知识——化工生产装置的标定介绍

2.2.6.1 生产装置标定的目的

通过对新建生产装置或技术改造后装置的运行情况标定，检验新建生产装置是否达到了设计的各项指标要求或检验装置技术改造后是否达到了预期的效果。

2.2.6.2 标定的时间选择

新建的生产装置或技术改造后的装置投产运行稳定，生产正常、操作稳定的期间内。

2.2.6.3 标定的前期准备

确定标定题目；

确定标定时间；

确定标定的合作单位（技术部门、研究部门、化验部门、计量部门、生产车间等）和标定任务分工；

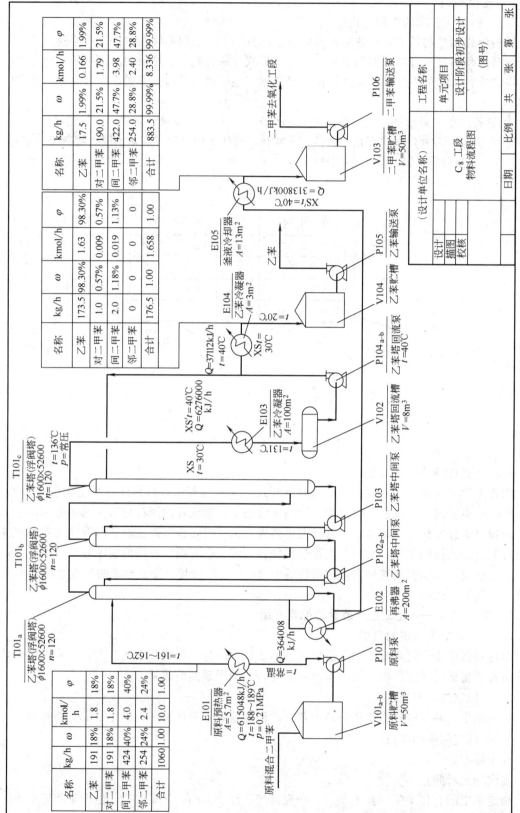

图 2-9　C8 工段物料流程图

确定标定方案包括标定的主要设备，主要项目、反应时间、采样分析、计量标准、标定时间、生产能力等；

标定内容包括合成反应收率考察、催化剂消耗量考定、催化剂收率考定、蒸馏或精馏收度考定、装置能耗情况考定、各系统（包括合成、处理、公用系统在内）操作条件的考定。

2.2.6.4　标定工作的实施

按标定方案中的实施要求，各负责部分组织实施标定落实，相关部门作好配合；

做好各项标定工作的标定记录（物料量、反应条件、标定时间、产量、产率、收率等）；

原材料消耗标定记录（原料名称、计划量、达标量、标定量）；

能量消耗（水、电、汽、其他损失的单位、标定值）。

标定数据汇总包括：各设备或过程的工艺参数（进料量、产品量、温度、压力、流量、转化率、收率等）的预测数值与标定数值，辅助系统工艺参数（温度、压力等）的预测值与标定值，原材料质量控制的预测值与标定值。

2.2.6.5　标定工作的结论

标定工作的结论以标定技术总结报告的形式体现，除描述前期准备、标定实施内容以外，对如下结果给出确定性结论：

各系统主要过程或设备的实际收率、产率是否达到设计值；

总产量是否达到预期的生产能力；

原材料消耗是否达到设计或规定的水平；

动力消耗是否达到设计或规定的水平；

各项产品指标达到的水平。

2.3　带控制点工艺流程图绘制结果的审核

▲ 教学目的

通过对 BR 车间初步工艺设计说明书中带控制点工艺流程图绘制结果的审核，读识其中的内涵意义，并使学生掌握带控制点工艺流程图的绘制程序与方法，对其中内容有选择性地进行重新绘制。

▲ 能力目标

- 能够对 BR 车间初步设计说明书中带控制点工艺流程图绘制结果进行审核；
- 能够运用带控制点工艺流程图的绘制方法对其中部分内容进行重新绘制；
- 能够熟练地查阅各种资料，并加以汇总、筛选、分析。

▲ 知识目标

- 学习并初步掌握化工工艺设计中带控制点工艺流程图的设计原则、步骤、方法；
- 学习并初步掌握相关标准。

▲ 素质目标

- 能够利用各种形式进行信息的获取；
- 在做事过程中如何与其他人员进行讨论、合作；
- 如何阐述自己的观点；
- 经济意识、环境保护意识、安全生产意识。

▲ 实施要求

- 总体按项目 2 总实施要求进行落实；

- 各组可以按思维导图提示的内容展开；
- 注意分工与协作。

2.3.1 项目分析

2.3.1.1 需要审核的具体内容——带控制点工艺流程图的审核

需要审核的带控制点工艺流程图详见图 2-10（见插页）。

2.3.1.2 项目分析——思维导图

顺丁橡胶（BR）生产工艺设计初步说明书中涉及的带控制点工艺流程图结果如图 2-10 所示，建议按图 2-11 带控制点工艺流程图设计与绘制思维导图进行审核与细化。

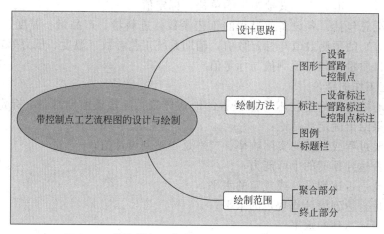

图 2-11　带控制点工艺流程图设计与绘制思维导图

2.3.2 项目实施

2.3.2.1 项目实施展示的画面

子项目 2.3 实施展示的画面如图 2-12 所示。

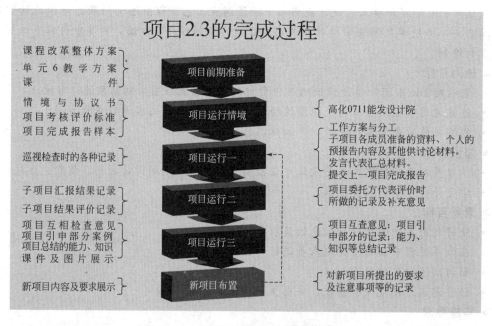

图 2-12　子项目 2.3 实施展示的画面

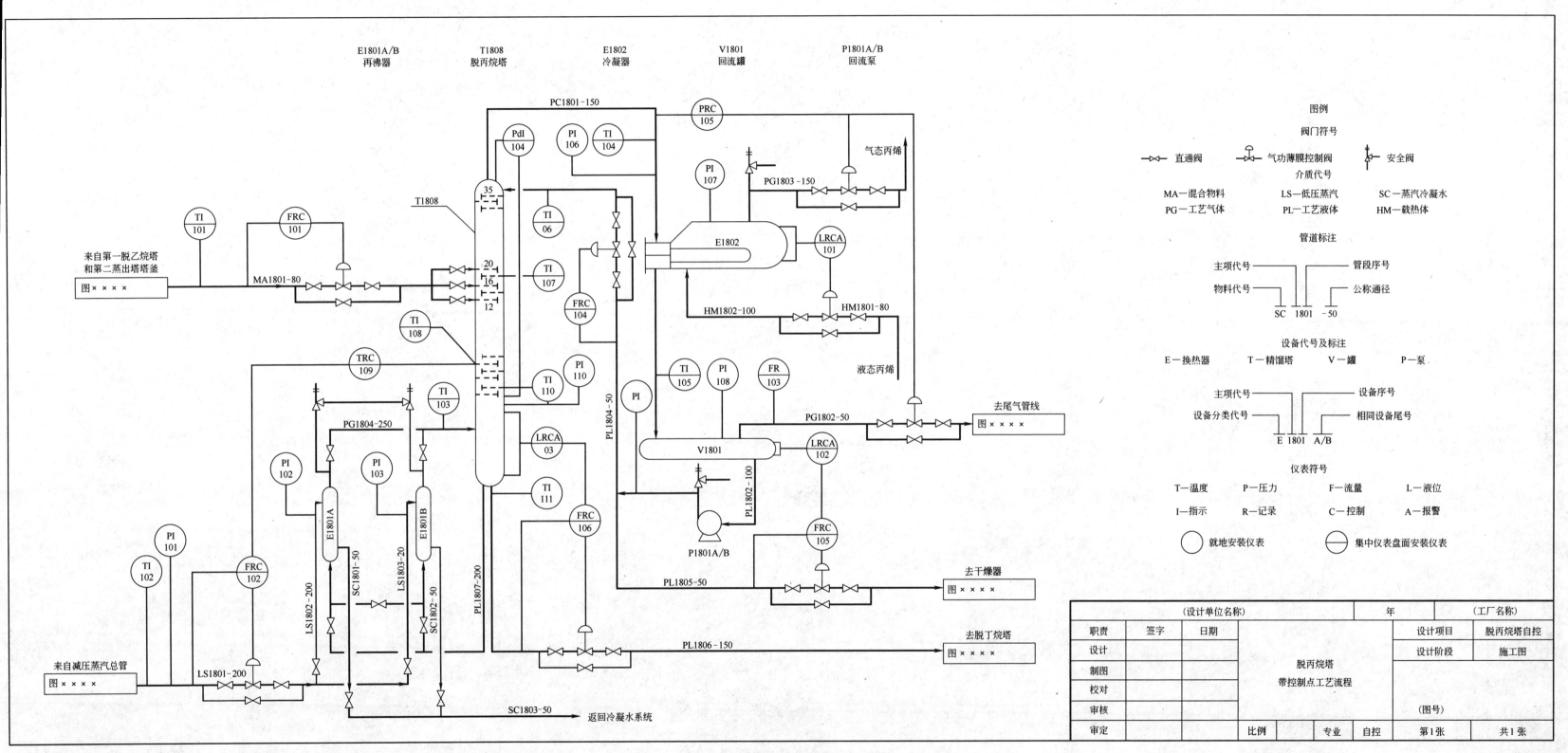

图 2-10 脱丙烷塔带控制点工艺流程图

2.3.2.2　建议采用的实施步骤

建议采用的实施过程见表 2-3。

表 2-3　子项目 2.3 的实施过程

步骤	名称	时间	指导教师活动与结果			学生活动与结果
一	项目解释方案制订学生准备	提前1周	项目内涵解释、注意事项；提示学生按项目组订工作方案，明确组内成员的任务；组长检查记录	审核任务检查记录	工作方案个人准备	明确项目任务，各项目组制订初步工作方案（如何开展、人员分工、时间安排等），并按方案加以准备、实施
二	第一次讨论检查	15min	组织学生第一次讨论，检查学生准备情况	检查记录	工作日记汇报提纲	各项目组讨论、填写工作日记、整理汇报材料
三	第一次发言评价	15min	组织学生汇报对各组分担的部分带控制点工艺流程进行审核，接受项目委托方代表的评价	实况记录初步评价	汇报提纲记录问题	各项目组发言代表汇报倾听项目委托方代表评价
四	第一次指导修改	15min	针对汇报中出现的问题进行指导，提出修改性意见	问题设想实际问题	记录发言	学生以听为主，可以参加讨论，提出自己的想法
			设想的问题或思路： 将带控制点工艺流程图分为原料部分、配制部分、引发剂部分、聚合部分、终止部分进行审核 说明物料走向、各设备作用、各控制点作用、设备标注、管路标注等，同时说明作为整个车间还需要增加什么内容（生成胶液以后的内容） 同时，对该部分内容进行绘制 注意查找带控制点工艺流程图的绘制方法。			
五	第二次讨论修改	10min	巡视学生再次讨论的过程，对问题进行记录	记录问题	补充修改意见	学生根据指导教师的指导意见，对第一次汇报内容进行补充修改，完善第二次汇报内容
六	第二次发言评价	5min	组织进行第二次汇报记录学生未考虑到的内容，并给出评价意见	记录评价意见	发言提纲记录	学生倾听项目委托方代表的评价，记录相关问题
七	第二次指导修改	5min	针对各项目组第二次汇报的内容进行第二次指导	记录结果未改问题	记录发言	学生以听为主，可以参加讨论，提出自己的想法，对局部进行修补，做好终结性发言材料
			按第一次指导的思路，对各项目组未处理问题加以指导			
八	第三次发言评价报告整理	8min	组织各项目发言代表对项目完成情况进行终结性发言，并对最终结果加以肯定性评价	记录结论	发言稿记录	各项目组发言代表做终结性发言，倾听指导教师的评价，同时，完善项目报告的相关内容
九	归纳总结	15min	项目完成过程总结 结合带控制点工艺流程图的绘制部分的教学课件对相关知识进行总结性解释。适当展示相关材料	总结提纲理论课件	记录领悟	学生以听为主，可以提出自己的观点，参加必要的讨论
十	新项目任务解释	3min	子项目 2.5 流程叙述、参数确定、安全分析结果的审核			

注：本项目要求时间为 4 学时，故表中时间均按 2 倍时间执行。

2.3.3　结果展示

结果展示主要采用 PPT 展示和项目报告的形式进行。其中 PPT 展示材料以电子稿形式上交，项目报告参考格式见子项目 1.1 项目报告样本。

2.3.4　考核评价

考核评价过程与内容与子项目 1.1 考核评价相同。

2.3.5　支撑知识

2.3.5.1　带控制点的工艺流程图

当设备设计计算结束，控制方案确定下来之后就可以绘制带控制点的工艺流程图。而后，便可着手车间布置设计。在车间布置设计时，可能会发现工艺流程中某些设备的空间位置不合适，或者极个别设备的形式和主要尺寸决定不当，这时可以做部分修改，最后得到正式的带控制点的工艺流程图，作为设计的正式结果编入初步设计阶段设计文件中。

带控制点的工艺流程图是以车间（装置）或工段（工序）为主项进行绘制，原则上一个主项绘一张图样，如流程复杂可分成数张，但仍算一张图样，使用同一图号。

绘制的比例一般采用 1∶100，如设备过大或过小，则比例相应用 1∶200 或 1∶50。未按比例进行时，标题栏中"比例"一栏不用注明。

（1）图样的内容　带控制点的工艺流程图包括图形、标注、图例、标题栏等四部分内容。

图形　将各种设备以简图的形式展开在同一平面上，并配以连接的主、辅物料管线及管件、阀门、仪表控制点等设计符号。

标注　注写各设备位号及名称、管段编号、控制点符号、必要的尺寸、数据等。

图例　字母代号、图形符号及其他的标注、说明、索引等。

标题栏　注写图名、图号、设计项目、设计阶段、设计时间等。

带控制点的工艺流程图参见图 2-10（见插页）。

（2）设备的表示方法

a. 设备表示图　在流程图上用细实线按比例画出能显示化工设备形状特征的主要外形轮廓，有时也画出显示工艺特征的内部结构示意图。还可以将设备画成剖视图形式表示，设备上传动装置应简单示意画出。常用设备示意图的画法参见本节的拓展知识 2.3.6.3 常用图例与控制符号内容。

b. 设备在图纸上布置原则

① 左右　工艺流程图中的设备排列顺序，应符合实际生产过程，按主要物料的流向，从图纸的左端开始，向右展开。各设备之间要有足够的距离用来绘制管线及控制仪表。设备排列应力求整齐，布置均匀。

② 上下　在图面上注意上下布置。先画出地平线，并在两端加少许泥土剖面线。各层建筑物楼板和操作台用细双线表示，并注明标高。

③ 各化工设备示意图上下位置及设备上主要接管口（如塔的进口、回流入口等）的上下位置，应基本符合生产中实际布置的位置。流程图上的管线尽量反映出相对高度，如在楼板的上或下。特殊高的设备（如塔、烟囱等）在图面上容纳不下时，可用断裂线截断绘出。泵类可画在地平线上，水平排列成一行。

④ 大小　在工艺流程图中，设备的比例可采用前边讲过的比例。但为了使全图美观大方、便于绘制，对于设备外形甚大（如气柜、工业炉、大型贮罐等）或甚小（如设备附件、仪表阀门等）则可以灵活一些，做到既不使人费解，又能反映出设备的相对大小，不应把大设备画得比小设备还小，而把小设备画得比大设备还大。对于很小的附件（如管件、阀门等）尽可能用模板画出，大小一致，整齐美观。

前边所谈的几点设备布置问题，对于初次设计的人员来讲，也可以先按比例（注意灵活掌握）剪成各种设备模片，再在空白图纸上排摆、调整，直至满足要求，并及时标记设备的相对位置（基线或中心线等）。

⑤ 多少　一般在工艺流程图中应绘制出全部工艺设备及附件，但两套以上相同系统或两个以上相同设备，允许只画一套，被省略部分的系统、设备，则需用双点画线绘出矩形框表示。框内注明该设备的位号、名称，并绘出引至该套系统的一段支管。

c. 设备的标注　设备的标注由设备位号、设备名称及设备标注线组成，具体说明如图2-13 所示。

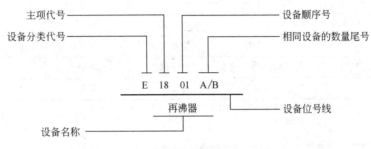

图 2-13　设备标注

设备位号由设备分类代号、主项代号、设备顺序号有相同设备的数量尾号等组合而成。常用设备分类代号参见表 2-4。主项代号一般为工段或装置序号，用两位数表示，从 01 开始，最大 99。设备顺序号按同类设备在工艺流程中的先后顺序编制，也用用两位数表示，从 01 开始，最大 99。相同设备的数量尾号，用以区别同一位号、数量不止一台的相同设备，用 A、B、C……表示。

设备位号线是宽度为 0.6mm 的粗实线。

表 2-4　常用设备分类代号

序　号	分　　类	代　号	序　　号	分　　类	代　号
1	泵	P	7	塔	T
2	反应器	R	8	火炬、烟囱	S
3	换热器	E	9	起重运输设备	L
4	压缩机、风机	C	10	计量设备	W
5	工业炉	F	11	其他机械	M
6	容器(槽、罐)	V	12	其他设备	X

在带控制点的工艺流程图上，要在两处注明设备位号，一处是在图的上方或下方，位号排列要整齐，并尽可能与设备对正。另一处是在设备内或近旁，此处只注位号，不标名称。

（3）管路的表示方法与标注

a. 管路的表示方法

① 线型规定　有关图线宽度的规定参见 HG 20519.28—92，具体如表 2-5 所示。

② 交叉与转弯　绘制管路时，尽量避免穿过设备或使管路交叉，确实不能避免时，应将横向管路断开一段，如图 2-14 所示。管路要尽量画成水平和垂直，不用斜线或曲线。图上管路转弯处，一般应画成直角，而不是画成圆弧形。

表 2-5 图线宽度规定

类　别	图线宽度/mm			备　注
	0.9～1.2	0.5～0.7	0.15～0.3	
工艺管路及仪表流程图	主物料管线	其他物料管线	其他	
辅助管路及仪表流程图 公用系统管路及仪表流程图	辅助管路总管 公用系统管路总管	支管	其他	
设备布置图 设备管口方位图	设备轮廓	设备支架 设备基础	其他	动设备，如只绘出设备基础，图线宽度用 0.9mm
管路布置图　单线（实线或虚线）	管路		法兰，阀门 及其他	
管路布置图　双线（实线或虚线）		管路		
管路轴测图	管路	连接管件	其他	
设备支架图，管路支架图	设备支架及管架	虚线部分	其他	
管件图	管件	虚线部分	其他	

注：凡界区线、区域分界线、图形接续分界线的图线宽度均用 0.9mm。

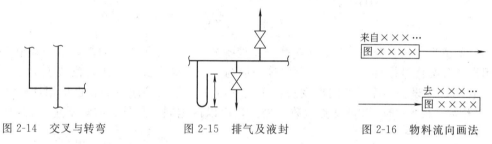

图 2-14　交叉与转弯　　　图 2-15　排气及液封　　　图 2-16　物料流向画法

③ 放气、排液及液封　管路上取样口、放气口、排液管等应全部画出。放气口应画在管路的上边，排液管则画在管路的下方，U 形液封管应尽可能按实际比例长度表示，如图 2-15 所示。

④ 来向与去向　本流程图与其他流程图连接的物料管路应引至近图框处。与其他主项连接者，在管路端部画一个由细线构成的矩形框，如图 2-16 所示。框内写明来向或去向的设备图号，上方则注明物料来向或去向的设备位号。

b. 管路的标注　每段管路上都要有相应的管段号。水平管路，在管线的上方标注，垂直管路，在管线左侧标注。管路标注内容包括管路号（管段号）（由三个单元组成）、管径、管路等级和隔热或隔声四部分，如图 2-17 所示。其中前两部分为一组，中间用一字线 "一" 隔开，管路等级为另一组，组间留有适当的空隙。

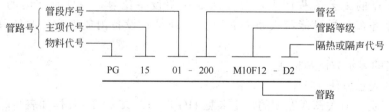

图 2-17　管路标注

管路号包括物料代号、主项代号和管路分段顺序号。常用物料代号可按 HG 20519.36—92 中的规定进行编写，具体如表 2-6 所示。

表 2-6 工艺流程图中的物料代号

代号类别	物料代号	物料名称	代号类别	物料代号	物料名称
工艺物料代号	PA	工艺空气	辅助、公用工程物料代号 燃料	FG	燃料气
	PG	工艺气体		FL	液体燃料
	PGL	气液两相流工艺物料		FS	固体燃料
	PGS	气固两相流工艺物料		NG	天然气
	PL	工艺液体	油	D$\overline{O}$	污油
	PLS	液固两相流工艺物料		F$\overline{O}$	燃料油
	PS	工艺固体		G$\overline{O}$	填料油
	PW	工艺水		L$\overline{O}$	润滑油
辅助、公用工程物料代号 空气	AR	空气		R$\overline{O}$	原油
	CA	压缩空气		S$\overline{O}$	密封油
	IA	仪表空气	制冷剂	AG	气氨
蒸汽、冷凝水	HS	高压蒸汽		AL	液氨
	HUS	高压过热蒸汽		ERG	气体乙烯或乙烷
	LS	低压蒸汽		ERL	液体乙烯或乙烷
	LUS	低压过热蒸汽		FRG	氟里昂气体
	MS	中压蒸汽		FRL	氟里昂液体
	MUS	中压过热蒸汽		PRG	气体丙烯或丙烷
	SC	蒸汽冷凝水		PRL	液体丙烯或丙烷
	TS	伴热蒸汽		RWR	冷冻盐水回水
水	BW	锅炉给水		RWS	冷冻盐水上水
	CSW	化学污水	其他	DR	排液、导淋
	CWR	循环冷却水回水		FSL	熔盐
	CWS	循环冷却水上水		FV	火炬排放空
	DNW	脱盐水		H	氢
	DW	饮用水、生活用水		H$\overline{O}$	加热油
	FW	消防水		IG	惰性气
	HWR	热水回水		N	氮
	HWS	热水上水		$\overline{O}$	氧
	RW	原水、新鲜水		SL	泥浆
	SW	软水		VE	真空排放空
	WW	生产废水		VT	放空

对于表中没有的物料代号，可用英文代号补充表示，且应附注说明。

主项代号用两位数字表示，从 01 开始，至 99 为止。

相同类别的物料在同一主项内以流向先后为序，顺序编写管段序号。也采用两位数字，从 01 开始，至 99 为止。

管径为管路的公称通径。公制管以 mm 为单位，不注明单位符号；英制管以英寸表示，并在数字后面要注出单位符号“in”。在毕业设计中，根据具体情况，也可用管路外径和壁厚标注，如 $\phi 57 \times 3.5$。

　　管路等级号由管路公称压力等级代号、顺序号、管路材质代号组成。其中管路公称压力等级代号用大写英文字母表示，A～K 用于 ANSI 标准压力等级代号（其中 I、J 不用），L～Z 用于国内标准压力等级代号（其中 O、X 不用），具体如表 2-7 所示。顺序号用阿拉伯数字表示，由 1 开始。管路材质代号用大写英文字母表示，具体如表 2-8 所示。

表 2-7　管路公称压力等级代号

压力等级　用于 ANSI 标准		压力等级　用于国内标准	
压力等级代号	压力/LB	压力等级代号	压力/MPa
A	150	L	1.0
B	300	M	1.6
C	400	N	2.5
D	600	P	4.0
E	900	Q	6.4
F	1500	R	10.0
G	2500	S	16.0
		T	20.0
		U	22.0
		V	25.0
		W	32.0

表 2-8　管路材质代号

管路材质代号	材质	管路材质代号	材质
A	铸铁	E	不锈钢
B	碳钢	F	有色金属
C	普通低合金钢	G	非金属
D	合金钢	H	衬里及内防腐

　　异径管标注时，两端必须注明与它连接的管路（或阀门）的公称通径。

　　隔热及隔声代号，按隔热及隔声功能类型的不同，以大写英文字母作为代号，如表 2-9 所示。

表 2-9　隔热及隔声代号

代号	功能类型	备注	代号	功能类型	备注
H	保温	采用保温材料	S	蒸汽伴热	采用蒸汽伴热管和保温材料
C	保冷	采用保冷材料	W	热水伴热	采用热水伴热管和保温材料
P	人身防护	采用保温材料	O	热油伴热	采用热油伴热管和保温材料
D	防结霜	采用保冷材料	J	夹套伴热	采用夹套管和保温材料
E	电伴热	采用电热带和保温材料	N	隔声	采用隔声材料

　　一般将箭头画在管线上来表示物料的流向。

　　（4）阀门与管件的表示方法　在工艺流程图中，要用细实线画出所有的阀门和部分管件（如视镜、阻火器、异径接头、盲板、下水漏斗等）的符号。具体阀门符号如表 2-10 所示。

　　管件中的一般连接件，如法兰、三通、弯头等，若无特殊需要可以不画。竖管上的阀门应大致符合实际高度。

表 2-10 阀门符号

阀件名称	代 表 符 号	阀件名称	代 表 符 号
截止阀		四通旋塞	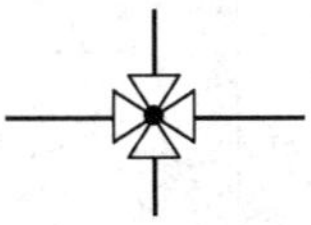
闸阀		高压截止阀	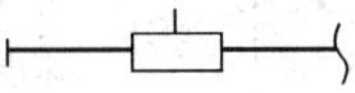
球阀		高压直通调节阀	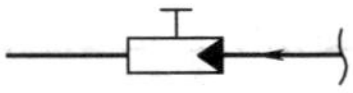
角阀		高压角形调节阀	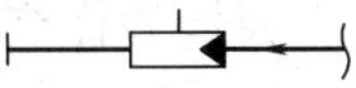
直通旋塞	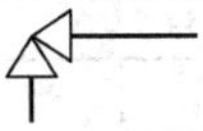	高压球阀	
三通旋塞		柱塞阀	
浮球阀	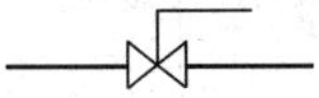	杠杆转动调节阀	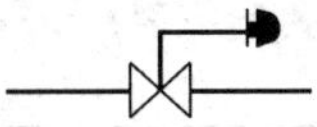
碟阀		活塞操纵阀	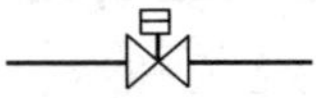
止回阀		电磁阀	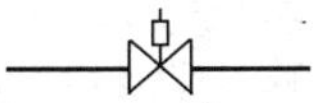
减压阀		电动阀	
疏水阀		气开式气动薄膜调节阀	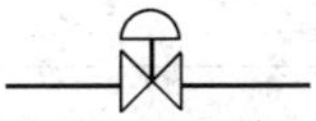
底阀	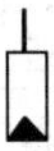	气关式气动薄膜调节阀	
弹簧安全阀	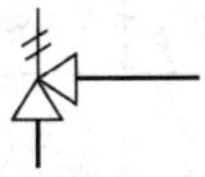	安装在操作盘上的阀	
拉杆式安全阀	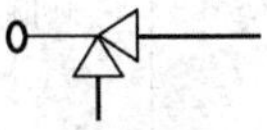	隔膜阀	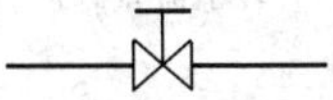
水压安全挡板	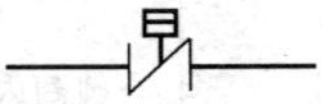	节流阀	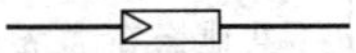

（5）仪表控制点的表示方法　在工艺流程图中应绘制出全部计量仪表（温度计、压力计、真空计、转子流量计、液面计等）及其检测点，并且表示出全部自动控制方案。这些方案包括被测参数（温度、压力、流量、液位等）、检测点及测量元件（孔板、热电偶等）、变送装置（差压变送器等）、显示仪表（记录、指示仪表等）、调节仪表（各种调节阀）及执行机构（气动薄膜调节阀）。

a. 仪表控制点的代号和符号　仪表和控制点应该在有关管路上，大致按照安装位置，用代号、符号表示出来。常用的代号与符号有以下几种。

参量代号　部分常用的参量代号，如表 2-11 所示。

功能代号　部分常用的仪表功能代号，如表 2-12 所示。

序号	参量	代号
	表 2-11 常用参量代号	
1	温度	T
2	压力	P
3	液位	L
4	流量	F
5	质量	W
6	速度（频率）	S
7	湿度（水分）	K

序号	功能	代号
	表 2-12 常用仪表功能代号	
1	指示	I
2	记录	R
3	控制	C
4	报警	A
5	积分	Q
6	联锁	S
7	变送	T

测量点图形符号　测量点图形符号一般可用细线绘制，如表 2-13 所示。

表 2-13　测量点图形符号

序号	名称	图形符号	备注
1			测量点在工艺管线上，圆圈内应标注仪表位号
2		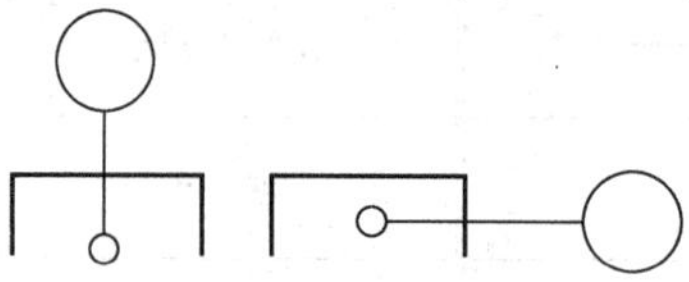	测量点在设备中，圆圈内应标注仪表位号
3	孔板		
4	文丘里管及喷嘴	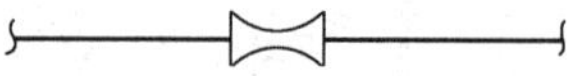	
5	无孔板取压接头	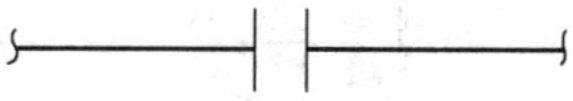	
6	转子流量计		圆圈内应标注仪表位号
7	其他嵌在管路中的仪表	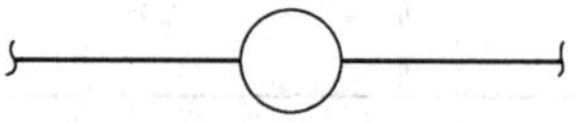	圆圈内应标注仪表位号

检测、显示、控制等仪表图形符号用一个直径约 10mm 的细实线圆圈表示。如表 2-13 所示。

仪表安装位置图形符号　仪表安装位置可以用加在圆圈中细实线、虚线来表示，如表 2-14 所示。

b. 仪表位号的编注　仪表位号由字母代号和阿拉伯数字编号组成。仪表位号中第一位字母表示被测变量，后继字母表示仪表的功能，字母组合示例参见本节拓展知识部分。数字编号可按装置或工段进行编制。

按装置编制的数字编号，只编回路的自然顺序号，如图 2-18 所示。

表 2-14 仪表安装位置图形符号

序号	安装位置	图形符号	序号	安装位置	图形符号
1	就地安装仪表		5	就地仪表盘面安装仪表	
2	嵌在管路中的就地安装仪表		6	集中仪表盘后安装仪表	
3	集中仪表盘面安装仪表		7	就地仪表盘后安装仪表	
4	复式仪表				

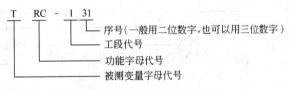

图 2-18 按装置编制仪表位号　　图 2-19 按工段编制仪表位号

按工段编制的数字编号，包括工段号和回路顺序号，一般用三位或四位数字表示。如图 2-19 所示。

在带控制点工艺流程图中，仪表位号的标注方法是：圆圈上半圆中填写字母代号，下半圆中填写数字编号。如图 2-20 所示。

图 2-20 仪表位号的标注方法

在编注仪表位号时，应按工艺流程自左至右编排。仪表参量、功能组合意义见 2.3.6 拓展知识部分内容。

（6）图例、标题栏及索引

a. 图例　图例是将绘图中所采用的图形、符号及代号等用文字给予对照说明。流程图简单时，图例说明放在图纸的右上方。对于工艺流程图中常用的化工设备、管路及其附件、阀件和控制仪表等，大部分已有统一画法、图样规定或习惯画法，参见表 2-15 和 HG 20519.32—92。

b. 标题栏及索引　在工艺流程中，标题栏位于图纸的右下角，其格式和内容如图 2-21 所示。设备位号索引（或设备一览表）位于标题栏的上方或左侧，其下底边可以和标题栏框线或图下边线重合，格式和内容如图 2-22 所示。

2.3.5.2　典型设备的控制方案

（1）泵的流量控制方案　泵的流量控制主要有出口节流控制和旁路控制两种方案。

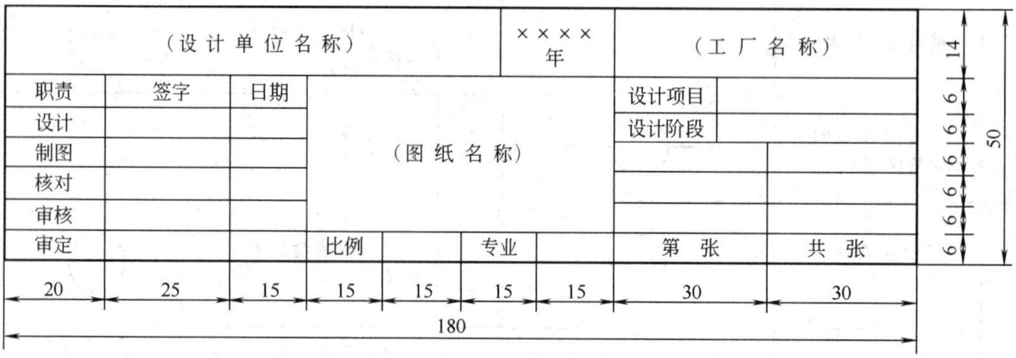

（设 计 单 位 名 称）
××××
年
（工 厂 名 称）
职责
签字
日期
设计
制图
核对
审核
审定
（图 纸 名 称）
比例
专业
设计项目
设计阶段
第　张
共　张
20
25
15
15
15
15
15
30
30
180
14
6
6
6
6
6
6
50

图 2-21　标题栏格式

180
15
25
70
25
15
30
序号
位号或符号
名 称 及 规 格
型号
数量
备注
设 备 材 料 表
8
8
12

图 2-22　设备位号索引格式

a. 出口节流控制　出口节流控制是最常用的离心泵流量控制方法。其形式如图 2-23 所示，在泵的出口管线上安装孔板与调节阀，孔板在前，调节阀在后。

F

图 2-23　泵出口流量控制

F

图 2-24　离心泵的旁路控制

F
P
P

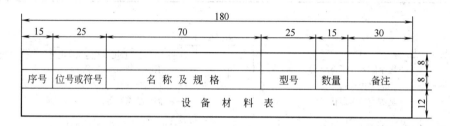

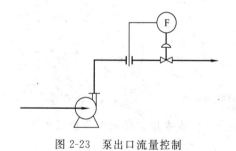

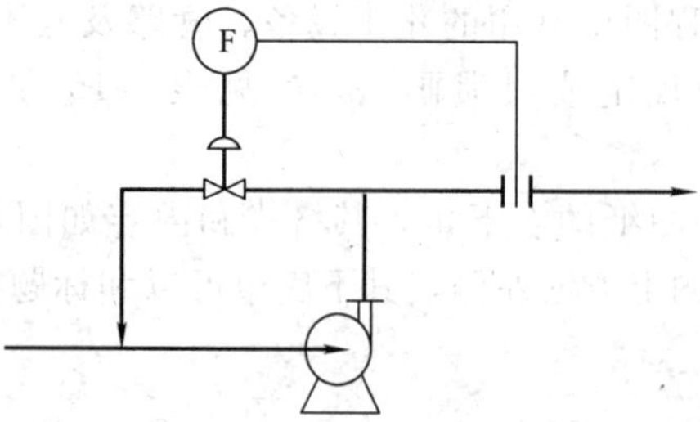

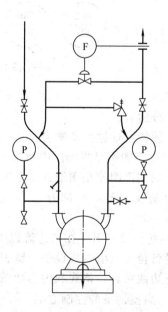

图 2-25　容积式泵的旁路控制

b. 旁路控制法　旁路控制主要用于容积式泵（往复泵、齿轮泵、螺杆泵等）的流量调节。有时也用于离心泵工作流量低于额定流量的 20% 的场合。其形式如图 2-24 与图 2-25 所示。

（2）换热器的温度控制方案

a. 调节换热介质流量　通过调节换热介质流量来控制换热器温度的流程如图 2-26（a）所示。这是一种常见的控制方案，有无相变均可使用，但流体 1 的流量必须是可以改变的。

b. 调节换热面积　形式如图 2-26（b）所示。适用于蒸汽冷凝换热器，调节阀装在凝液管路上，流体 1 的出口温度高于给定值时，调节阀关小使凝液积累，有效冷凝面积减小，传热面积随之减小，直至平衡为止，反之亦然。其特点是滞后大，有较大传热面积余量；传热量变化缓和，能防止局部过热，对热敏性介质有利。

c. 旁路调节　形式如图 2-26（c）所示。主要用于两种固定工艺物流之间的换热。

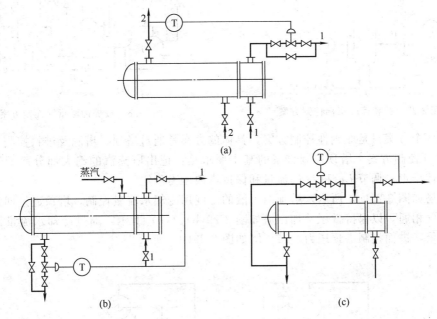

图 2-26　换热器温度控制方案

（3）精馏塔的控制方案

a. 精馏塔的基本控制方案　按精馏段指标控制方案适用于以塔顶馏出液为主要产品的精馏塔操作。它是以精馏段某点成分或温度为被测参数，以回流量 L_R、馏出液量 D 或塔内蒸汽量 V_S 为调节参数。采用这种方案时，于 L_R、D、V_S、及釜液量 W 四者中选择一种作为控制成分手段，选择另一种保持流量恒定，其余两个则按回流罐和再沸器的物料平衡，由液位调节器进行调节。用精馏段塔板温度控制 L_R，并保持 V_S 流量恒定，这是精馏段控制中最常用的方案〔见图 2-27（a）〕。在回流比很大时，适合采用精馏段塔板温度控制 D，并保持 V_S 流量恒定〔见图 2-27（b）〕的方案。

按提馏段指标控制方案适用于以塔釜液为主要产品的精馏塔操作。应用最多的控制方案是用提馏段塔板温度控制加热蒸汽量，从而控制 V_S，并保持 L_R 恒定，D 和 W 则按物料平衡关系，由液位调节器控制〔图 2-28（a）〕。

还有另外的控制方案是用提馏段塔板温度控制釜液流量 W，并保持 L_R 恒定，D 由回流罐的液位调节，蒸汽量由再沸器的液位调节〔图 2-28（b）〕。

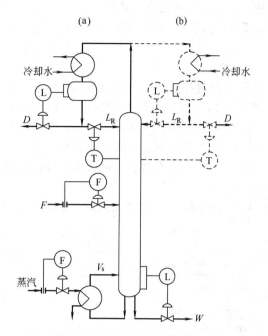

图 2-27　按精馏段指标控制方案

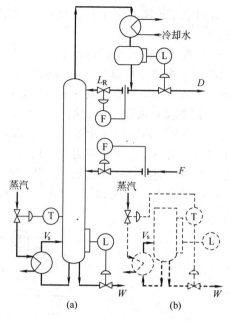

图 2-28　按提馏段指标控制方案

上述两个方案只是原则性控制方案，具体的方案是通过塔顶、塔底及进料控制实现的。

b. 塔顶控制方案　塔顶控制方案的基本要求是：把出塔蒸汽的绝大部分冷凝下来，把不凝性气体排走；调节 L_R 和 D 的流量和保持塔内压力稳定。

常压塔如图 2-29(a) 所示，塔顶馏出液的温度用冷却水流量控制，塔顶通过回流罐的放气口与大气相通，以保持常压。加压塔如图 2-29(b)、(c) 所示，通过冷却水流量控制冷凝器的传热量，进而控制塔顶压力。减压塔如图 2-29(d) 所示。

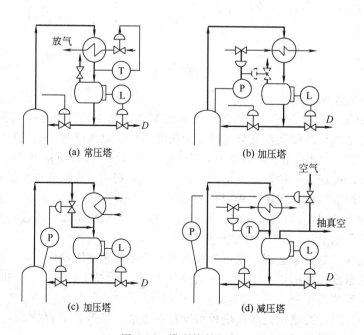

图 2-29　塔顶控制方案

　　c.塔底控制方案　对流循环式如图 2-30(a) 所示，通过蒸汽用量和冷凝水排出量来调节。沉浸式如图 2-30(b) 所示。

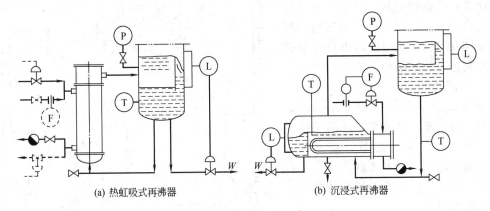

(a) 热虹吸式再沸器　　　　　　　　　　(b) 沉浸式再沸器

图 2-30　塔底控制方案

2.3.6　拓展知识

2.3.6.1　AutoCAD 在化工设计中的应用

　　随着计算机图形技术的发展，计算机辅助绘图已经取代了传统的图板。在化工设计中，常常需要绘制工艺流程图或化工设备图，为使大家能用先进的绘图方法完成设计中的绘图工作，本节将向大家介绍有关 AutoCAD（目前世界上最优秀的设计与绘图软件之一）的一般知识和常用的命令，通过工艺流程图和化工设备图的绘制实例，使大家初步掌握使用 AutoCAD 绘图的方法。

　　(1) AutoCAD 简介　AutoCAD 由美国 Autodesk 公司开发研制，于 1982 年 11 月正式发行。是目前国际上使用最广泛的计算机绘图软件。早期的多个版本中，AutoCAD R14、AutoCAD 2000 具有较大的影响力。AutoCAD 2004 版是 AutoCAD 系列软件中的最新版本。它在 AutoCAD 2002 版本的基础上又做了许多重要的改进，在运行速度、整体处理能力、网络功能方面都达到了新的水平。

　　(2) AutoCAD 的基本功能和应用领域

　　• AutoCAD 的基本功能

　　绘制图形　AutoCAD 最基本的功能就是绘制图形。它提供了许多绘图工具和绘图命令，用这些绘图工具和绘图命令，可以绘制直线、构造线、多段线、圆、矩形、多边形、椭圆等基本图形；可以将一些平面图形通过拉伸、设置标高和厚度转化为三维图形；可以绘制三维曲面、三维网络、旋转曲面等图形，以及绘制圆柱、球体、长方体等基本实体。此外，还可以绘制出各种平面图形和复杂的三维图形。

　　标注尺寸　标注尺寸是向图形中添加测量尺寸的过程，是整个绘图过程中不可缺少的一步。AutoCAD 的"标注"菜单包含了一套完整的尺寸标注和编辑命令，用这些命令可以在各个方向上为各类对象创建标注，也可以方便、快速地创建符合制图国家标准和行业标准的标注。

　　标注显示了对象的测量值、对象之间的距离、角度或特征自指定原点的距离。标注对象可以是平面图形或三维图形。

　　渲染图形　在 AutoCAD 中运用几何图形、光源和材质，可以将模型渲染为具有真实感的图像。比如，要制作建筑和机械工程图样的效果图时，通过渲染使模型表面显示出明暗色彩和光照效果，以形成更加逼真的效果。

打印图纸　图形绘好后需要打印到图纸上，或者把图形信息传送到其他应用程序或软件进行处理。此外，图形打印输出设置的一个有效工具是布局，利用 AutoCAD 的布局功能，用户可以很方便地配置多种打印输出样式。

· 应用领域

经过二十多年的发展，AutoCAD 的功能日趋完善，已经被广泛用于科学研究、电子、机械、建筑、航天、造船、石油、化工、土木工程、冶金、农业气象、纺织、轻工等领域，并发挥愈来愈大的作用。

2.3.6.2　用 CAD 绘制带控制点工艺流程

以顺丁橡胶生产工艺流程为例说明用 AutoCAD2004 绘制工艺流程图的方法。

图 2-31 为橡胶聚合工艺流程图中的一部分，以此为例说明工艺流程图的绘制方法和步骤。

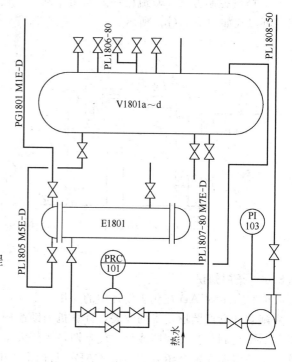

图 2-31　橡胶聚合工艺的部分工艺流程图

（1）设置绘图环境

· 启动 AutoCAD2004，自动生成一个新图形文件。如果 AutoCAD2004 在运行中，可选择【文件】→【新建】命令，新建一个图形文件，将该新文件以"流程图"为名称保存。

· 设置绘图界限（Limits）

为方便作图，可设置图形界限。

方法有两种。

① 下拉菜单：【格式】→【图形界限】

② 在"命令："提示符下输入 Limits，按空格键或回车键。

选择以上任一方法，此时命令行会出现以下提示：

指定左下角点或［开(on)/关(off)］＜0.000,0.0000＞：

可回车或用空格键接受其默认值。随后 AutoCAD 提示用户设置绘图界限右上角点的位置：

指定右上角点＜420.000,297.0000＞：

可以接受其默认值或输入新值以确定绘图界限的右上角位置，是否接受默认值要依据所绘图形的大小来定，如要绘制较大图形时应将右上角点的坐标定得大一些。

· 线型设置

选择【格式】→【线型】命令，在弹出的"线型管理器"对话框中（如图 2-32 所示），如需要其他线型，单击 加载 按钮，弹出"加载或重载线型"子对话框，加载何种线型要根据所绘图形的需要而定，线型选定后，单击 确定 按钮。在本例中选择随层，不用加载其他线型。

图 2-32　加载线型

· 图层设置

选择【格式】→【图层】命令，在弹出的"图层特性管理器"对话框中，如图 2-33 所示，图层数量的设置要根据图形的复杂程度而定，以便于绘图和修改，由于工艺流程图只有简单的图线和文字标注，因此可只设一个图层，线型选择默认。

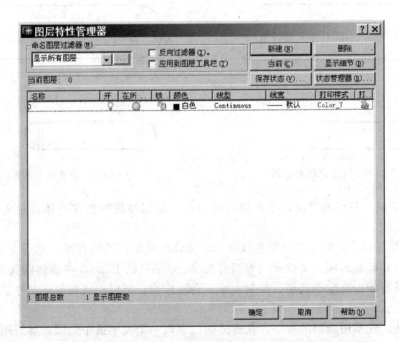

图 2-33　设置图层

· 设置文字样式

选择【格式】→【文字样式】命令，弹出"文字样式"对话框。选择"楷体 _ GB2312"，单击 应用 按钮并关闭对话框，如图 2-34 所示。

· 设置图形单位

选择【格式】→【文字样式】命令，弹出【图形单位】对话框，该对话框的有关参数已经修改，如图 2-35 所示。单击 确定 按钮。

图 2-34　设置文字式样

图 2-35　图形单位

（2）绘制流程图

· 绘制化工设备示意图

① 绘制筒体　选合适的位置分别绘制两条平行线（可先绘制一条，然后使用偏移命令），两条直线的距离分别为 24 个和 12 个图形单位，如图 2-36 所示。

② 绘制封头　如图 2-37 所示，封头的绘制主要是绘制简单的直线和半圆与直线的连接，用绘制直线命令和圆弧（或圆）命令即可完成。

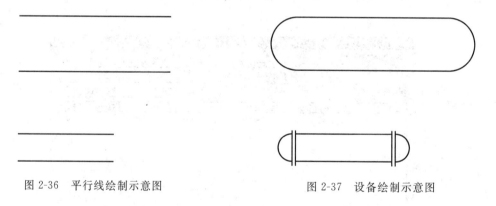

图 2-36　平行线绘制示意图

图 2-37　设备绘制示意图

③ 绘制管线　管线的绘制，主要用直线命令。运用补捉功能在筒体或封头上选择适当的点，绘制直线。

④ 绘制泵与阀　阀的绘制可用直线命令，先画两条平行的短直线，然后交叉相连即可。为方便绘图可将绘制的阀定义成块（参阅有关 AutoCAD 的书籍），在需要画阀的地方插入，可以节省绘图时间提高绘图效率。如果大家不会制作块，可以用将阀复制的办法，复制到图中需要的地方。

泵的画法，先调用画圆的命令，在合适的位置画一个大小适中的圆，然后用画直线命令画与圆相连的直线，如图 2-38 所示。

（3）输入文本　选择【绘图】→【文字】→【单行文字】（或【多行文字】），完成文本标注。最后完成的工艺流程图如图 2-31 所示。

2.3.6.3　常用图例与控制符号

（1）工艺设备图例　见表 2-15。

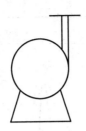

图 2-38 泵示意图绘制

表 2-15 工艺设备图例（HG 20519.31—92）

类别	代号	图　　　例
塔	T	填料塔　　　板式塔　　　喷洒塔
塔内件		降液管　　受液盘　　浮阀塔塔板　　泡罩塔塔板　　格筛板　　升气管 湍球塔　　筛板塔塔板　　分配(分布)器、喷淋器　　(丝网)除沫层　　填料除沫层
反应器	R	固定床反应器　　列管式反应器　　流化床反应器　　反应釜(带搅拌、夹套)
工业炉	F	箱式炉　　　圆筒炉　　　圆筒炉

类别	代号	图 例
火炬烟囱	S	烟囱　　　　　火炬
换热器	E	换热器(简图)　固定管板式列管换热器　　U形管式换热器　浮头式列管换热器 套管式换热器　　釜式换热器　　　板式换热器　　螺旋板式换热器 翅片管换热器　蛇管式(盘管式)换热器　喷淋式冷却器　刮板式薄膜蒸发器 列管式(薄膜)蒸发器　抽风式空冷器　送风式空冷器　带风扇的翅片管式换热器
泵	P	离心泵　水环式真空泵　旋转泵 齿轮泵　液下泵　喷射泵　旋涡泵 螺杆泵　　往复泵　　隔膜泵

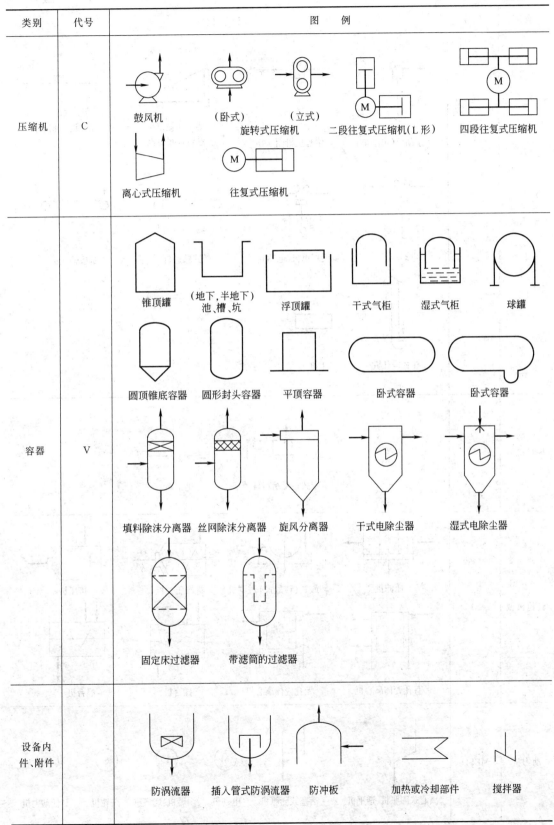

类别	代号	图　例
压缩机	C	鼓风机　　（卧式）　　（立式）　　二段往复式压缩机(L形)　　四段往复式压缩机 旋转式压缩机 离心式压缩机　　往复式压缩机
容器	V	锥顶罐　（地下,半地下）　浮顶罐　干式气柜　湿式气柜　球罐 　　　　　池、槽、坑 圆顶锥底容器　圆形封头容器　平顶容器　卧式容器　卧式容器 填料除沫分离器　丝网除沫分离器　旋风分离器　干式电除尘器　湿式电除尘器 固定床过滤器　带滤筒的过滤器
设备内件、附件		防涡流器　插入管式防涡流器　防冲板　加热或冷却部件　搅拌器

类别	代号	图　　例
起重运输机械	L	手拉葫芦(带小车)　　单梁起重机(手动)　　旋转式起重机 悬臂式起重机　　吊钩桥式起重机 电动葫芦　　单梁起重机(电动)　　带式输送机　　刮板输送机 斗式提升机　　手推车
称量机械	W	带式定量给料秤　　地上衡
其他机械	M	压滤机　　转鼓式(转盘式)过滤机　　螺杆压力机　　挤压机 有孔壳体离心机　　无孔壳体离心机　　揉合机　　混合机
动力机	MESD	离心式膨胀机、透平机　　活塞式膨胀机　　电动机　　内燃机、燃气机　　汽轮机　　其他动力机

（2）被测变量及仪表功能字母组合示例 见表 2-16。

表 2-16 被测变量及仪表功能字母组合示例

仪表功能＼被测变量	温度	温差	压力或真空	压差	流量	流量比率	物位	分析	密度	位置	数量或件数	速度或频率	多变量	黏度	重量或力	未分类的变量
检出元件	TE		PE		FE		LE	AE	DE	ZE	QE	SE		VE	WE	XE
变送	TT	TdT	PT	PdT	FT		LT	AT	DT	ZT	QT	ST		VT	WT	XT
指示	TI	TdI	PI	PdI	FI	FfI	LI	AI	DI	ZI	QI	SI		VI	WI	XI
扫描指示	TJI	TdJI	PJI	PdJI	FJI	FfJI	LJI	AJI	DJI	ZJI	QJI	SJI	UJI	VJI	WJI	XJI
扫描指示、报警	TJIA	TdJIA	PJIA	PdJIA	FJIA	FfJIA	LJIA	AJIA	DJIA	ZJIA	QJIA	SJIA	UJIA	VJIA	WJIA	XJIA
指示、变送	TIT	TdIT	PIT	PdIT	FIT	FfIT	LIT	AIT	DIT	ZIT	QIT	SIT		VIT	WIT	XIT
指示、控制	TIC	TdIC	PIC	PdIC	FIC	FfIC	LIC	AIC	DIC	ZIC	QIC	SIC		VIC	WIC	XIC
指示、报警	TIA	TdIA	PIA	PdIA	FIA	FfIA	LIA	AIA	DIA	ZIA	QIA	SIA		VIA	WIA	XIA
指示、联锁、报警	TISA	PdISA	PISA	PdISA	FISA	FfISA	LISA	AISA	DISA	ZISA	QISA	SISA		VISA	WISA	XISA
指示、开关	TIS	TdIS	PIS	PdIS	FIS	FfIS	LIS	AIS	DIS	ZIS	QIS	SIS		VIS	WIS	XIS
指示、积算					FIQ						QIQ				WIQ	XIQ
指示、自动-手动操作	TIK	TdIK	PIK	PdIK	FIK	FfIK	LIK	AIK	DIK	ZIK	QIK	SIK		VIK	WIK	XIK
指示、自力式控制阀	TICV	IdICV	PICV	PdICV	FICV		LICV					SICV			WICV	XICV
记录	TR	TdR	PR	PdR	FR	FfR	LR	AR	DR	ZR	QR	SR		VR	WR	XR
扫描记录	TJR	TdJR	PJR	PdJR	FJR	FfJR	LJR	AJR	DJR	ZJR	QJR	SJR	UJR	VJR	WJR	XJR
扫描记录、报警	TJRA	TdJRA	PJRA	PdJRA	FJRA	FfRA	LJRA	AJRA	DIRA	ZJRA	QJRA	SJRA	UJRA	VJRA	WJRA	XJRA
记录、控制	TRC	TdRC	PRC	PdRC	FRC	FfRC	LRC	ARC	DRC	ZRC	QRC	SRC		VRC	WRC	XRC
记录、报警	TRA	TdRA	PRA	PdRA	FRA	FfRA	LRA	ARA	DRA	ZRA	QRA	SRA		VRA	WRA	XRA
记录、联锁、报警	TRSA	TdRSA	RSA	PdRSA	FRSA	FfRSA	LRSA	ARSA	DRSA	ZRSA	QRSA	SRSA		VRSA	WRSA	XRSA
记录、开关	TRS	TdRS	PRS	PdRS	FRS	FfRS	LRS	ARS	DRS	ZRS	QRS	SRS		VRS	WRS	XRS
记录、积算					FRQ						QRQ				WRQ	XRQ
控制	TC	TdD	PC	PdC	FC	FfC	LC	AC	DC	ZC	QC	SC		VC	WC	XC
控制、变送	TCT	TdCT	PCT	PdCT	FCT		LCT	ACT	DCT	ZCT	QCT	SCT		VCT	WCT	XCT
自力式控制阀	TCV	TdCV	PCV	PdCV	FCV		LCV					SCV			WCV	XCV
报警	TA	TdA	PA	PdA	FA	FfA	LA	AA	DA	ZA	QA	SA	UA	VA	WA	XA
联锁、报警	TSA	TdSA	PSA	PdSA	FSA	FfSA	LSA	ASA	DSA	ZSA	QSA	SSA	USA	VSA	WSA	XSA
积算指示					FqI（FQ）						QqI（QQ）				WqI（WQ）	XqI（XQ）
开关	TS	TdS	PS	PdS	FS	FfS	LS	AS	DS	ZS	QS	SS		VS	WS	XS
指示灯	TL	TdL	PL	PdL	FL	FfL	LL	AL	DL	ZL	QL	SL		VL	WL	XL
多功能	TU	TdU	PU	PdU	FU	FfU	LU	AU	DU	ZU	QU	SU	UU	VU	WU	XU

续表

仪表功能 ＼ 被测变量	温度	温差	压力或真空	压差	流量	流量比率	物位	分析	密度	位置	数量或件数	速度或频率	多变量	黏度	重量或力	未分类的变量
阀、挡板	TV	TdV	PV	PdV	FV	FfV	LV	AV	DV	ZV	QV	SV		VV	WV	XV
未分类的功能	TX	TdX	PX	PdX	FX	FfX	LX	AX	DX	ZX	QX	SX	UX	VX	WX	XX
继动器或计算器	TY	TdY	PY	PdY	FY	FfY	LY	AY	DY	ZY	QY	SY	UY	VY	WY	XY

其他								
	TW	带有套管的测温接头	FqA	流量积算报警	CJR	电导率扫描记录	MR	水分或湿度记录
			FqY	流量积算继动器或计算器	CIA	电导率指示、报警	MIC	水分或湿度指示控制
	HS	手动开关	BE	火焰检出元件	CIS	电导率指示、开关	MRC	水分或湿度记录控制
	HIC	带指示的手动操作器	BS	火焰检出开关	KI	时间或时间程序指示	QqIS	数量或件数积算指示、开关
	PP	压力或真空测压接头	BA	火焰报警	KIC	时间程序指示控制	QqSA	数量或件数积算联锁、报警
	PfI	压缩比指示	CI	电导率指示	MT	水分或湿度变送	QqX	数量或件数积算未分类的功能
	FO	限流孔板	CE	电导率检出元件	MI	水分或湿度指示	WqT	重量积算变送

2.4　流程描述、参数确定、安全分析结果的审核

▲ 教学目的

通过对 BR 车间初步工艺设计说明书中流程叙述、参数确定、安全分析结果的审核。使学生能够确定各物料走向过程、判断操作指标的范围与要求、确定整个车间的安全防护措施；审核时要找到评判的依据（资料、标准等）。

▲ 能力目标

- 能够对 BR 车间初步设计说明书中工艺流程叙述、参数确定、安全分析结果进行审核；
- 能够合理地确定物料流动过程、参数指标范围、安全防护措施；
- 能够熟练地查阅各种资料，并加以汇总、筛选、分析。

▲ 知识目标

- 学习并初步掌握流程的文字叙述方法；
- 学习并初步掌握工艺控制参数确定的依据与方法；
- 学习并初步掌握车间安全防护的标准与要求。

▲ 素质目标

- 能够利用各种形式进行信息的获取；

- 在做事过程中如何与其他人员进行讨论、合作；
- 如何阐述自己的观点；
- 经济意识、环境保护意识、安全生产意识。

▲ **实施要求**

- 总体按项目 2 总实施要求进行落实；
- 各组可以按思维导图提示的内容展开；
- 注意分工与协作。

2.4.1　项目分析

2.4.1.1　需要审核的具体内容——流程描述、参数确定、安全分析结果的审核

（1）聚合工段生产流程描述　聚合工段主要由罐区、计量、聚合、配制、黏度五个岗位组成。

罐区岗位负责贮存、输送丁二烯和溶剂油。聚合岗开车，罐区连续给聚合送溶剂油；单体丁二烯由后乙腈直接送聚合，聚合停产时，丁二烯直接送罐区。

计量岗负责为聚合输送各种引发剂、终止剂。

配制岗负责为聚合配制引发剂和终止剂，此外，还负责接收铝剂车间配好的三异丁基铝。

黏度岗负责检测生产的结果，测试门尼黏度和转化率。

由乙腈来的丁二烯经流量控制阀控制合适流量，入文氏管与溶剂油溶剂进行混合，再进入丁油预热器（预冷器）进行换热，控制一定入釜温度。

镍组分和铝组分分别由镍计量泵和铝计量泵送出，经铝-镍文氏管混合后，与出丁油预热器（预冷器）的丁油溶液混合。

硼组分由硼计量泵送出与稀释油经文氏管混合后，在釜底与丁油混合进入首釜。

丁油溶液在聚合釜中，在一定温度和压力下，受到引发剂的作用，发生丁二烯聚合反应，生成高分子量的丁二烯聚合产物——聚丁二烯。

首釜胶液自釜顶出口出来，由第二釜釜底进入第二釜继续进行反应；再由第二釜的釜顶出口出来，由第三釜釜底进入第三釜继续进行反应；由第三釜的釜顶出口出来，进入第四釜继续进行反应；当达到一定黏度和转化率后，在第四釜的出口管线（终止釜的入口管线）与终止剂一起由终止釜釜底进入终止釜进行终止处理；最后，胶液由终止釜顶出口出来，经胶液过滤器和压力控制阀入成品工段凝聚岗的胶液罐。

反应中换热用的冷溶剂油视情况从不同釜的顶部加入。

（2）后处理工段生产流程描述　后处理工段包括混胶岗、凝聚岗、洗胶岗、干燥岗、压块岗、薄膜岗、纸袋岗。

混胶岗负责接收聚合来的胶液，并将门尼黏度不同的胶液混配成优级品指标内的胶液；在胶液罐定期回收一部分丁二烯；合格胶液送往凝聚岗。

凝聚岗负责将终止后进入胶液罐混合的门尼黏度合格的胶液进行凝聚，胶粒送洗胶岗，溶剂油送回收工段。

洗胶岗负责用水洗掉胶粒表面的杂质，降低胶的温度，并将胶粒送往干燥岗。

干燥岗负责将含水 40%～60% 的胶粒，通过挤压脱水机、膨胀干燥机和干燥箱降到 0.75% 以下，并呈海绵状，直径为 10mm 小胶条送至压块岗。

压块岗负责称量压块。

薄膜岗负责薄膜包装。

纸袋岗负责封袋、入库。

被终止后的胶液进入胶液罐后，将部分未转化的丁二烯经罐顶压控调节阀，盐水冷凝冷却器，送入丁二烯贮罐，再送至丁二烯回收罐区。胶液在罐中根据门尼黏度值高低进行相互混配合格后，经过胶液泵送往凝聚岗。

合格胶液被喷到凝聚釜内，在热水、机械搅拌和蒸汽加热的作用下，进行充分凝聚形成颗粒，并蒸出溶剂油溶剂和少量丁二烯。釜顶被蒸发的气体有水蒸气、部分丁二烯和绝大部分溶剂油溶剂，气体经过两个并联的循环水冷凝冷却器，冷凝物进入油水分离器进行油水分离，溶剂油用油泵送往溶剂回收罐区，水经油水分离罐底部由液面调节阀控制排出，经二次净化分离罐排入地沟。釜底胶粒和循环热水经颗粒泵送入洗胶岗的缓冲罐，再经 1 号振动筛分离出胶粒送至洗胶罐。

在洗胶罐中，用 $40\sim60℃$ 的水对胶粒进行洗涤，经洗涤的胶粒和水由 2 号振动筛进行分离，并将含水 $40\%\sim60\%$ 的胶粒送往挤压干燥岗。

通过挤压机挤压将胶粒含水量降到 $8\%\sim15\%$，然后，切成条状送入膨胀干燥机加热、加压，达到膨胀和内蒸的目的，除去胶粒中的绝大部分水分，再送入水平红外干燥箱干燥，使胶的含水量达到 0.75% 以下。

干燥合格后的胶条经提升机送入自动称量秤进行称量压块（25kg）。压好的胶块用薄膜包好装入纸袋封好入库。

（3）聚合工段操作控制指标

丁油浓度：$12\sim15g/100mL$

首釜温度：$<95℃$

末釜温度：$<100℃$

压力：$<0.45MPa$

引发剂配方：

镍/丁二烯	$\leqslant2.0\times10^{-5}$	铝/硼>0.25、醇/铝$=6$	
铝/丁二烯	$\leqslant1.0\times10^{-4}$	铝/镍$=3\sim8$	
硼/丁二烯	$\leqslant2.0\times10^{-4}$	防老剂/丁二烯$=0.79\%\sim1.0\%$	

转化率：$>83\%$

收率：$>95\%$

每吨顺丁胶消耗丁二烯：1.045t

（4）后处理工段操作控制指标

胶液罐：贮罐容积的 80%；压力$\leqslant0.1MPa$。

胶液泵：压力$\leqslant0.1MPa$。

凝聚釜：

釜顶温度	$94\sim98℃$；	水胶比(体积)	$5\sim8$
压力	$\leqslant0.08MPa$	循环水压力	$>0.15MPa$
釜底温度	$96\sim101℃$	安全阀定压	$0.1MPa$
液面	7 视镜	喷胶量	$10\sim25m^3/h$
蒸汽压力	$>0.9MPa$	循环水 pH 值	$8\sim10$

分层罐：常压（开口）

界面为隔板高的 $40\%\sim60\%$，液面为隔板高的 $20\%\sim80\%$

热水罐：液面$>1/2$

洗胶罐：水温 $45\sim55℃$

洗涤水罐液面$>1/4$

干燥岗：

挤压机出口胶含水	8%～12%	循环水压力	≤0.1MPa
热风温度	80～100℃	干燥五段温度	175℃
蒸汽压力	＞0.9MPa		

压块岗：高压油压＜25MPa

　　　　控制油路油压＜1.5MPa

　　　　低压油压＜5MPa

（5）聚合工段安全防护措施　由于全车间使用的原料有丁二烯、溶剂油、三异丁基铝，还有丁烯等。根据这些原料的性质查《化工工艺设计手册》、《化工生产安全与防护》等确定全车间火灾危险等级为甲级；爆炸危险场所分区为 2 区；车间建筑物属一类工业建筑。

设计中电气设备一律选用隔爆式电器设备；各设备均有接地线、跨接线等防静电设施及防雷设施；各岗位设有排风系统。此外在生产中还要注意以下问题：

车间内不准使用明火；禁止穿带钉子鞋进入装置现场；禁止吸烟；禁止随意用铁器碰击设备；机动车不经许可不得进入生产区。

生产人员必须熟悉岗位消防设施的种类及存放位置，并能熟练正确使用，了解所处理现场物料的性质。

生产人员上岗必须佩带好劳动保护用品，在接触三异丁基铝和三氟化硼乙醚络合物时必须带好手套、面具及其他防护用品。三异丁基铝着火时不得用水和泡沫灭火器，应选用干粉及四氯化碳。

生产人员地生产过程中要及时检查，消除漏点。

设备跑料、贮罐冒顶后应立即采取紧急措施，切断物料来源，控制现场，通知附近使用明火单位立即停止，严禁开停传动设备，及时回收流失物料或用蒸汽蒸煮，消除危险。

生产设备超压时应采取紧急排空措施，必须有专人监护现场。

在生产装置检修敲打设备时，必须使用铜制工具或在铁制工具上涂上黄干油，以免引起火花。

生产现场禁止存放大量易燃易爆物品。

设备开车前必须用氮气置换，聚合系统及丁二烯贮罐要置换到氧含量小于 0.2% 以下，其他设备置换到氧含量小于 1% 方可投料。

各贮罐装料不得超过规定装料系数，而且要有氮气保护。常压罐保压不超过 0.05MPa，受压罐保压 0.4MPa。

设备检修必须把物料倒空，并用盲板切断与其他设备的联系。清除可燃物，由车间安全员开动火票，指令专人到现场监护，检修人员方可动火。管线动火可燃物含量要小于0.2%，容器动火可燃物含量小于 0.1%。

聚合釜清胶要用蒸汽蒸煮 24h 以上，分析釜内可燃物小于 0.2%，氧含量大于18% 方可入釜清理。并在入釜前要检查确认电机确定停止，并有专人监护，严禁启动电机。

槽车必须在指定地点装卸物料，装卸中汽车不准发动，使用胶管车身应有接地线，同时流量不要过大，以免产生静电，装卸现场有专人看管。

（6）后处理工段安全防护措施　后处理部分所用物料主要有胶液、丁二烯、溶剂油等，性质与聚合所用物料相同，故后处理也属于易燃易爆岗位，其安全规定与聚合相同。

胶液罐与凝聚釜在清理前要切断外连管线，切断电机，有氮气置换，并分析可燃物浓度氧含量等，合格后方可入内。

后处理的电器、转动设备多，生产人员上岗必须穿好工作服带好安全帽。所有电器设备在运转中禁止用手乱动。

生产人员工作服内禁止带东西，防止落入设备内影响生产。

干燥岗因有油气逸出和滑石粉能引起呼吸道系统发炎，因此，要加强通风，排风。

设备动火要有动火票，并有专人监护，切断电源，严禁启动。

胶库禁止吸烟，使用明火，非岗位人员禁止入内，库内要经常保持卫生。

2.4.1.2　项目分析——思维导图

顺丁橡胶（BR）生产工艺设计初步说明书中涉及的流程描述、参数确定、安全分析结果如上所示，建议按图 2-39 工艺流程描述、图 2-40 主要设备或设备控制指标、图 2-41 车间安全防护措施思维导图进行审核与细化。

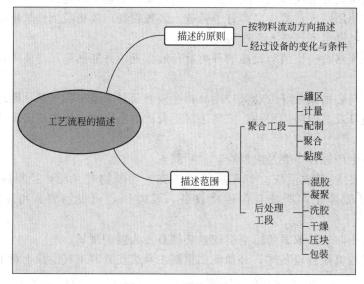

图 2-39　工艺流程描述

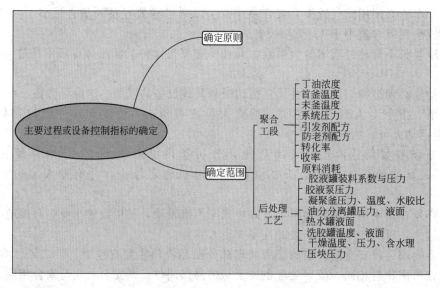

图 2-40　主要设备或设备控制指标

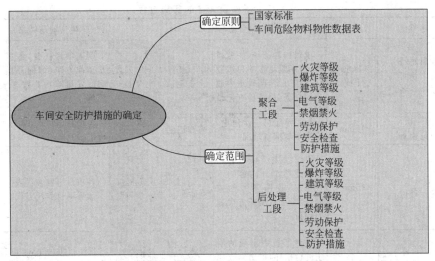

图 2-41　车间安全防护措施思维导图

2.4.2　项目实施

2.4.2.1　项目实施展示的画面

子项目 2.4 实施展示的画面如图 2-42 所示。

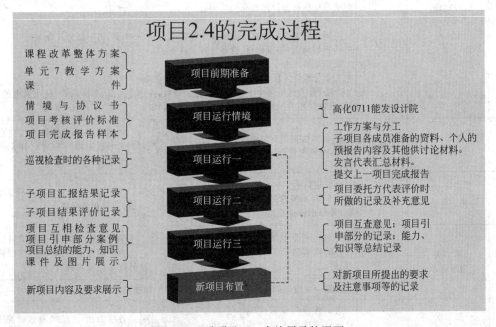

图 2-42　子项目 2.4 实施展示的画面

2.4.2.2　建议采用的实施步骤

建议实施过程按表 2-17 内容进行。

2.4.3　结果展示

结果展示主要采用 PPT 展示和项目报告的形式进行。其中 PPT 展示材料以电子稿形式上交，项目报告参考格式见子项目 1.1 项目报告样本。

2.4.4　考核评价

考核评价过程与内容与子项目 1.1 考核评价相同。

表 2-17　子项目 2.4 的实施过程

步骤	名称	时间	指导教师活动与结果		学生活动与结果	
一	项目解释方案制订学生准备	提前1周	项目内涵解释、注意事项；提示学生按项目组制订工作方案，明确组内成员的任务；组长检查记录	审核任务检查记录	工作方案个人准备	明确项目任务，各项目组制订初步工作方案（如何开展、人员分工、时间安排等），并按方案加以准备、实施
二	第一次讨论检查	15min	组织学生第一次讨论，检查学生准备情况	检查记录	工作日记汇报提纲	各项目组讨论、填写工作日记、整理汇报材料
三	第一次发言评价	15min	组织学生汇报对各种组对此三部分内容的审核意见，说明参考的依据，接受项目委托方代表的评价	实况记录初步评价	汇报提纲记录问题	各项目组发言代表汇报 倾听项目委托方代表评价
四	第一次指导修改	15min	针对汇报中出现的问题进行指导，提出修改性意见	问题设想实际问题	记录发言	学生以听为主，可以参加讨论，提出自己的想法
		15min	设想的问题或思路： 流程叙述 同时参考物料流程图和带控制点工艺流程，按顺序依此展示，同注意各工段、各岗位、各设备中物料的进出走向，最好说明物料在此阶段或设备中完成了什么转化，特别是循环物料如何回收利用等问题 参数分析 主要是对生产中主要控制的操作控制指标进行审核，其中部分控制指标可能要到后续物料衡算、热量衡算、设备计算中查找 安全分析 主要分聚合工段和后处理工段进行审核、说明 办法：分析找出每个工段的易燃易爆物料，操作中高温、高压设备，使用强电的设备等，再查找相关手册或标准进行分析审核、确定			
五	第二次讨论修改	10min	巡视学生再次讨论的过程，对问题进行记录	记录问题	补充修改意见	学生根据指导教师的指导意见，对第一次汇报内容进行补充修改，完善第二次汇报内容
六	第二次发言评价	5min	组织进行第二次汇报，记录学生未考虑到的内容，并给出评价意见	记录评价意见	发言提纲记录	学生倾听项目委托方代表的评价，记录相关问题
七	第二次指导修改	5min	针对各项目组第二次汇报的内容进行第二次指导	记录结果未改问题	记录发言	学生以听为主，可以参加讨论，提出自己的想法，对局部进行修补，做好终结性发言材料
			按第一次指导的思路，对各项目组未处理问题加以指导			
八	第三次发言评价报告整理	8min	组织各项目发言代表对项目完成情况进行终结性发言，并对最终结果加以肯定性评价	记录结论	发言稿记录	各项目组发言代表做终结性发言，倾听指导教师的评价，同时，完善项目报告的相关内容
九	归纳总结	15min	项目完成过程总结 结合流程设计、参数确定、安全分析等内容，展示教学课件，对相关知识进行总结性解释。适当展示相关材料	总结提纲理论课件	记录领悟	学生以听为主，可以提出自己的观点，参加必要的讨论
十	新项目任务解释	3min	子项目 3.1 物料衡算过程与结果的审核			

2.4.5　支撑知识

2.4.5.1　流程描述的原则与方法

从物料的起点到最后的终点进行完整描述。用文字或文字加箭头的形式，对物料的起点、经过的设备、进出的位置、输送的方式、发生的变化、控制的条件、物料的终点等进行描述。其中，注意多种物料的分枝描述与集中描述，如果工艺流程较长或分若干工段，则分工段进行描述。

2.4.5.2　参数确定的原则与方法

分工段对主要设备操作控制的浓度、配比、温度、压力、流量、液位等指标进行详细的表述。最好是采用现场生产装置的真实数据或实验数据。

2.4.5.3　安全分析的原则与方法

针对工段或车间所用原材料的种类不同，根据国家有关规定，确定设备或工段或车间的火灾、爆炸危害等级及建筑物的等级。提出电气设备防爆、防雷等级要求；提出防火要求、存放要求、劳保要求、安检要求、操作要求、卫生要求及各种事故防范预案等内容。

2.4.6　拓展知识

2.4.6.1　生产的火灾危险性分类

生产的火灾危险性分类见表 2-18。

表 2-18　生产的火灾危险性分类

生产类别	火 灾 危 险 性 特 征
甲	使用或生产下列物质的生产： 1. 闪点＜28℃的液体 2. 爆炸下限＜10%的气体 3. 常温能自行分解或空气中氧化即能导致迅速自燃或爆炸的物质 4. 常温下受到水或空气中水蒸气的作用，能产生可燃气体并能引起燃烧或爆炸的物质 5. 遇酸、受热、撞击、摩擦、催化以及遇有机物或硫酸等易燃的无机物，极易引起燃烧或爆炸的强氧化剂 6. 受撞击、摩擦或与氧化剂、有机物接触时能引起燃烧或爆炸的物质 7. 在密闭设备内操作温度等于或超过物质本身自燃点的生产
乙	使用或生产下列物质的生产： 1. 闪点≥28℃至＜60℃的液体 2. 爆炸下限≥10%的气体 3. 不属于甲类的氧化剂 4. 不属于甲类的化学易燃危险固体 5. 助燃气体 6. 能与空气形成爆炸性混合物的浮游状态的粉尘、纤维，闪点≥60℃的液体雾滴
丙	使用或生产下列物质的生产： 1. 闪点≥60℃的液体 2. 可燃固体
丁	具有下列情况的生产： 1. 对非燃烧物质进行加工，并在高热或熔化状态下经常产生强辐射热、火花或火焰的生产 2. 利用气体、液体、固体作为燃料或将气体、液体进行燃烧作其他用的各种生产 3. 常温下使用或加工难燃烧物质的生产
戊	常温下使用或加工难燃烧物质的生产

2.4.6.2　贮存物品的火灾危险性分类

贮存物品的火灾危险性分类见表 2-19。

表 2-19　贮存物品的火灾危险性分类

储存物品类别	火 灾 危 险 性 特 征
甲	1. 闪点＜28℃的液体 2. 爆炸下限＜10％的气体，以及受到水或空气中水蒸气的作用，能产生爆炸下限＜10％气体的固体物质 3. 常温下能自行分解或空气中氧化即能导致迅速自燃或爆炸的物质 4. 常温下受到水或空气中水蒸气的作用能产生可燃气体并引起燃烧或爆炸的物质 5. 遇酸、受热、撞击、摩擦以及遇有机物或硫酸等易燃的无机物，极易引起燃烧或爆炸的强氧化剂 6. 受撞击、摩擦或与氧化剂、有机物接触时能引起燃烧或爆炸的物质
乙	1. 闪点≥28℃至＜60℃的液体 2. 爆炸下限≥10％的气体 3. 不属于甲类的氧化剂 4. 不属于甲类的化学易燃危险固体 5. 助燃气体 6. 常温下与空气接触能缓慢氧化，积热不散引起自燃的物品
丙	1. 闪点≥60℃的液体 2. 可燃固体
丁	难燃烧物品
戊	非燃烧物品

2.4.6.3　火灾探测器的配置

火灾探测器是组成各种火灾自动报警系统的重要组成部分。其类型主要有感烟探测、感温探测、火焰探测、可燃气体探测、复合式火灾探测等。

在配置时，要根据以下情况加以配置。

火灾初期因有大量烟和少量的热产生，而很少或没有火焰辐射，主要选用感烟探测器；

火灾发展迅速而产生大量的热、烟和火焰辐射，可选用感烟探测、感温探测、火焰探测或复合探测器；

火灾发展迅速并且有强烈的火焰辐射和少量的烟、热，应选用火焰探测器；

对不同高度的房间可按表 2-20 选择探测器。

表 2-20　根据房间高度选择探测器

房间高度 h/m	感烟探测器	感温探测器			火焰探测器
		一级	二级	三级	
$12＜h\leqslant20$	不适合	不适合	不适合	不适合	适合
$8＜h\leqslant12$	适合	不适合	不适合	不适合	适合
$6＜h\leqslant8$	适合	适合	不适合	不适合	适合
$4＜h\leqslant6$	适合	适合	适合	不适合	适合
$h\leqslant4$	适合	适合	适合	适合	适合

2.4.6.4　工业建筑灭火器配置场所的危险等级

工业建筑灭火器配置场所的危险等级应根据其生产、使用、贮存物品的火灾危险性、可燃物数量、火灾蔓延速度以及扑救难易程度等因素，划分为以下三级。

严重危险级　火灾危险性大，可燃物多、起火后蔓延迅速或容易造成重大火灾损失的场所。

中危险级　火灾危险性较大，可燃物较多、起火后蔓延较迅速的场所。

轻危险级　火灾危险性较小，可燃物较小、起火后蔓延较缓慢的场所。

具体三种情况的举例如表 2-21 所示。

表 2-21 工业建筑灭火器配置场所的危险等级举例

危险等级	举例	
	厂房和露天、半露天生产装置区	库房和露天、半露天堆场
严重危险级	1. 闪点＜60℃的油品和有机溶剂的提炼、回收、洗涤部位及其泵房、灌桶间 2. 橡胶制品的涂胶和胶浆部位 3. CS_2 的粗馏、精制工段及其应用部位 4. 甲醇、乙醇、丙酮、丁酮、异丙醇、醋酸乙酯、苯等的合成或精制厂房 5. 植物油加工厂的浸出厂房 6. 洗涤剂厂房石蜡裂解部位、冰醋酸裂解厂房 7. 环氧氯丙烷、苯乙烯厂房或装置区 8. 液化石油气灌瓶间 9. 天然气、石油伴生气、水煤气或焦炉煤气的净化厂房、压缩机室、鼓风机室 10. 乙炔站、氢气站、煤气站、氧气站 11. 硝化棉、赛璐珞厂房及其应用部位 12. 黄磷、赤磷制备厂房及其应用部位 13. 樟脑或松香提炼厂房，焦化厂、精萘厂房 14. 煤粉厂房和面粉厂房的碾磨部位 15. 谷物筒仓工作塔、亚麻厂的除尘器的过滤器室 16. 氯酸钾厂房及其应用部位 17. 发烟硫酸或发烟硝酸浓缩部位 18. 高锰酸钾、重铬酸钠厂房 19. 过氧化钠、过氧化钾、次氯酸钙厂房 20. 各工厂的总控制室、分控制室 21. 可燃材料工棚	1. 化学危险物品库房 2. 装卸原油或化学危险物品的车站、码头 3. 甲类、乙类液体贮罐、桶装堆场 4. 液化石油气贮罐、桶装堆场 5. 散装棉花堆场 6. 稻草、芦苇、麦秸等堆场 7. 赛璐珞及其制品、漆布、油布、油纸及其制品 8. 60 度以上的白酒房
中危险级	1. 闪点≥60℃的油品和有机溶剂的提炼、回收工段及其抽送泵房 2. 柴油、机油或变压器油灌桶间 3. 润滑油再生部位或沥青加工厂房 4. 植物油加工精炼部位 5. 油浸变压器室和高、低压配电室 6. 工业用燃油、燃气锅炉房 7. 各种电缆廊道 8. 油淬火处理车间 9. 橡胶制品压延、成型和硫化厂房 10. 木工厂房和竹、藤加工厂房 11. 针织品粗加工厂房和毛涤厂选毛厂房 12. 麻纺厂粗加工厂房和毛涤厂选毛厂房 13. 谷物加工厂房 14. 卷烟厂的切丝、卷制、包装厂房 15. 印刷厂的印刷厂房 16. 电视机、收录机装配厂房 17. 显像管厂装配工段烧枪间 18. 磁带装配厂房 19. 泡沫塑料厂的发泡、成型、印片、压花部位 20. 饮料加工厂房 21. 汽车加油站 22. 服装加工厂房和印染厂成品厂房	1. 闪点≥60℃的油品和其他丙类液体贮罐、桶装库房或堆场 2. 化学、人造纤维及其他织物的棉、毛、丝、麻及其织物的库房 3. 纸张、竹、木及其制品的库房或堆场 4. 火柴、香烟、糖、茶叶库房 5. 中药材库房 6. 橡胶、塑料及其制品的库房 7. 粮食、食品库房及粮食堆场 8. 电视机、收录机等电子产品及其他家用电气产品的库房 9. 汽车、大型拖拉机停车库 10. 低于 60 度的白酒库房 11. 低温冷库
轻危险级	1. 金属冶炼、铸造、铆焊、热轧、锻造、热处理厂房 2. 玻璃原料熔化厂房 3. 陶瓷制品的烘干、烧成厂房 4. 酚醛泡沫塑料的加工厂房 5. 印染厂的漂炼部位 6. 化纤厂后加工润滑部位 7. 造纸厂或化纤厂的浆粕蒸煮工段 8. 仪表、机械或车辆装配车间 9. 不燃液体的泵房和阀门室 10. 金属（镁合金除外）冷加工车间 11. 氟里昂厂房	1. 钢材库房及堆放场 2. 水泥库房 3. 搪瓷、陶瓷制品库房 4. 难燃烧或非燃烧的建筑装饰 5. 材料库房 6. 原木堆场

3

顺丁橡胶（BR）生产装置工艺计算结果的审核

★ **总教学目的**

通过对项目3顺丁橡胶（BR）生产装置工艺计算结果的审核，使学生学习并掌握化工生产装置物料衡算、热量衡算、设计计算与选型等知识与技能，进而能够较顺利地进行化工生产装置的"三算与选型"。

★ **总能力目标**

- 能进行化工生产装置的物料衡算；
- 能进行化工生产装置的热量衡算；
- 能进行化工生产装置的设备计算与选型；
- 能利用"三算"的基本原理与基本方法解决化工生产装置的实际问题；
- 能灵活使用小型计算器；
- 初步能利用计算机手段处理化工工艺设计的基本问题。

★ **总知识目标**

- 学习并初步掌握化工生产装置物料衡算的基本原理、基本步骤与基本方法；
- 学习并初步掌握化工生产装置热量衡算的基本原理、基本步骤与基本方法；
- 学习并初步掌握化工生产装置设计计算与选型的基本原理、基本步骤与基本方法；
- 学习并初步掌握计算机在化工生产装置"三算"中的方法与过程。

★ **总素质目标**

- 培养学生的逻辑思维意识；
- 培养学生严格执行国家标准的意识；
- 培养严谨细致的工作作风；
- 自觉执行国家法令、法规；
- 团队合作。

★ **总实施要求**

- 基本要求同子项目1.1的实施要求；
- 针对此部分内容计算量较大的特点，各项目组一定要做好任务分工（保持相对完整），同时一定要关注前后的密切联系；
- 审核内容的结果必须由学生亲自去计算。

3.1 物料衡算过程与结果的审核

▲ **教学目的**

通过对 BR 车间初步工艺设计说明书中物料衡算过程与结果的审核。使学生能够掌握物料衡算的过程、步骤、方法。

▲ **能力目标**

- 能够对 BR 车间初步设计说明书中物料衡算的过程与结果进行审核；
- 能够合理地运用物料衡算的方法与技巧；
- 能够熟练地查阅各种资料，并加以汇总、筛选、分析。

▲ **知识目标**

- 学习并初步掌握物料衡算的方法与步骤；
- 学习并初步掌握物料衡算各种参数确定依据与方法。

▲ **素质目标**

- 能够利用各种形式进行信息的获取；
- 在做事过程中如何与其他人员进行讨论、合作；
- 如何阐述自己的观点；
- 经济意识、环境保护意识、安全生产意识。

▲ **实施要求**

- 总体按项目 3 总实施要求进行落实；
- 各组可以按思维导图提示的内容展开；
- 注意分工与协作；
- 注意与工艺路线的确定结果相符合。

3.1.1 项目分析

3.1.1.1 需要审核的具体内容——物料衡算过程与结果的审核

（1）计算采用的基础数据

年产量	11000t	首釜温度	≤95℃
年开工时间	8000h	末釜温度	≤110℃
每吨顺丁橡胶消耗丁二烯	1.045t	聚合系统压力	≤0.44MPa
总转化率	85%	计量罐压力	≤0.1MPa
丁二烯浓度	12～15g/100mL	计量泵压力	≤0.8MPa
丁油入釜温度	≤40℃		

设计选用配方：

镍/丁二烯＝2.0×10⁻⁵	铝/硼＞0.25
铝/丁二烯＝1.0×10⁻⁴	醇/铝＝6
硼/丁二烯＝2.0×10⁻⁴	防老剂/丁二烯＝0.79%（质量比）
铝/镍＝3～8	

全装置总收率为 95.3%；总损耗 4.7%（包括工艺损耗和机械损耗）。其分配如下（以 1.045t 100%丁二烯为基准计算收率和损耗）：

聚合挂胶等损失	1%	油水分离器水相丁二烯溶解损失	2%
聚合、凝聚的丁二烯机械泄漏损失	0.5%	包装过程中不合格品和落地料损失	0.7%
凝聚、振动筛聚丁二烯渣沫损失	0.5%		

（2）计算基准　连续反应操作过程以 kg/h 作为基准。

（3）聚合釜物料衡算　聚合釜物料衡算图如图 3-1 所示。

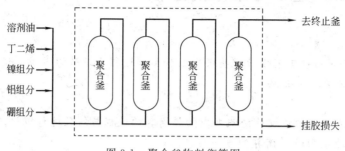

图 3-1　聚合釜物料衡算图

丁二烯系统

产胶量：$11000 \times 1000 \div 8000 = 1.375 \times 10^3$ kg/h

需 100% 纯度丁二烯量：$1.375 \times 10^3 \times 1.045 = 1436.875$ kg/h

扣除 2.5% 的损失量应有聚丁二烯：$1436.875 \times (1-0.025) = 1400.953$ kg/h

按 85% 转化率计算 100% 纯度丁二烯的需求量：

$$1400.953 \div 0.85 = 1648.180 \text{kg/h} = 30.522 \text{kmol/h}$$

未反应的丁二烯量：$1648.180 - 1400.953 = 247.227$ kg/h

从原料车间来的丁二烯纯度为 99%，其余按正丁烯计。则需要的原料量：

$$1648.180 \div 0.99 = 1664.828 \text{kg/h}$$

随原料带入的丁烯量：$1664.828 - 1648.180 = 16.648$ kg/h

整理上述计算结果，见表 3-1。

表 3-1　丁二烯系统物料

组分	质量分数 ω	物　料　量			
		/(kg/h)	/(t/d)	/(t/a)	/(m³/h)
丁烯	1	16.648	0.399	133.186	0.028
丁二烯	99	1648.180	39.556	13185.441	2.658
合计	100	1664.828	39.956	13318.627	2.686

注：丁烯的密度 596kg/m³；丁二烯密度 620kg/m³；溶剂油密度 660kg/m³。

溶剂油系统

取丁二烯浓度 $c_{丁二烯} = 13.5$g/100mL　　　则有：$c_{丁二烯} = 135$kg/m³

进入聚合釜的丁油量：$1664.828 \div 135 = 12.332$ m³/h

进入聚合釜的丁二烯原料量：2.686 m³

进入聚合釜的溶剂油：$12.332 - 2.686 = 9.646$ m³/h

$$9.646 \times 660 = 6366.36 \text{kg/h}$$

引发剂系统

计算公式：　　引发剂用量＝丁二烯进料量×（引发剂/丁二烯）×引发剂摩尔质量

a. 环烷酸镍　　　　　$M_{镍} = 58.7$kg/kmol

$$1648.180 \div 54 \times 2.0 \times 10^{-5} \times 58.7 = 0.0358 \text{kg/h}$$

$$0.0358 \div 58.7 = 0.00061 \text{kmol/h}$$

商品中环烷酸镍的含量为 7.5%，故环烷酸镍的量为：

$$0.0358 \div 0.075 = 0.477 \text{kg/h}$$

b. 三异丁基铝 $[Al(i\text{-}C_4H_9)_3]$：$M_{Al(i\text{-}C_4H_9)_3} = 198$　　　　$M_{Al} = 27$

$$1648.18 \div 54 \times 1.0 \times 10^{-4} \times 198 = 0.604 \text{kg/h}$$

折合成铝的量：　　　　　　$0.604 \times 27 \div 198 = 0.0824 \text{kg/h}$

$$0.0824 \div 27 = 0.00305 \text{kmol/h}$$

c. 三氟化硼乙醚络合物 $[BF_3(C_2H_5)_2O]$

$$M_{BF_3(C_2H_5)_2O} = 142 \qquad M_B = 10.811$$

$$1648.18 \div 54 \times 2.0 \times 10^{-4} \times 142 = 0.867 \text{kg/h}$$

折合成硼的量：　　　　　　$0.867 \times 10.811 \div 142 = 0.066 \text{kg/h}$

$$0.066 \div 10.811 = 0.0061 \text{kmol/h}$$

聚丁二烯系统

聚丁二烯：　　　　　　$1648.18 \times 0.85 = 1400.953 \text{kg/h}$

挂胶损失：　　　　　　$1436.875 \times 0.01 = 14.369 \text{kg/h}$

去终止釜干胶量：　　　$1400.953 - 14.369 = 1386.584 \text{kg/h}$

验证配方：　　　$\dfrac{Al}{Ni} = \dfrac{0.00305}{0.00061} = 5$　　合格

$$\dfrac{Al}{B} = \dfrac{0.00305}{0.0061} = 0.5 \qquad 合格$$

聚合釜物料衡算列总表见表 3-2。

表 3-2　聚合釜物料衡算

组　分		物　料　量			$\omega/\%$
		/(kg/h)	/(t/d)	/(t/a)	
进料	丁烯	16.648	0.399	133.186	0.207
	丁二烯	1648.180	39.556	13185.441	20.517
	溶剂油	6366.36	152.792	50930.88	79.251
	环烷酸镍	0.477	0.0114	3.816	0.006
	三异丁基铝	0.604	0.00145	4.835	0.008
	三氟硼乙醚络合物	0.867	0.0208	6.934	0.011
	合计	8033.136	192.781	64265.092	100
出料	丁烯	16.648	0.399	133.186	0.207
	丁二烯	247.227	5.933	1977.816	3.078
	溶剂油	6366.36	152.792	50930.88	79.251
	去终止釜聚丁二烯	1386.584	33.278	11092.675	17.261
	三种引发剂	1.948	0.0476	15.585	0.025
	挂胶损失	14.369	0.345	114.952	0.178
	合计	8033.136	192.781	64265.092	100

终止釜的物料衡算图见图 3-2。

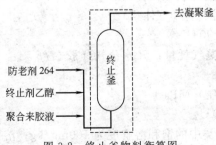

图 3-2　终止釜物料衡算图

终止剂、防老剂系统

计算公式：

$$乙醇用量 = \frac{100\% 丁二烯物质的量 \times (铝/丁二烯) \times (醇/铝) \times 乙醇摩尔质量}{乙醇纯度 \times 乙醇密度}$$

$$= \frac{1648.18 \times 1.0 \times 10^{-4} \times 6 \times 46}{0.95 \times 810 \times 54} = 0.001095 m^3/h$$

$$= 0.001095 \times 810 = 0.887 kg/h$$

其中水量占 5%，其质量为：$0.887 \times 0.05 = 0.0443 kg/h$

100% 乙醇用量：　　　　　$0.887 - 0.0443 = 0.8427 kg/h$

防老剂用量：

取防老剂/丁二烯 $= 0.79\%$，防老配制浓度为 117g/L

$$1648.18 \times 0.0079 = 13.021 kg/h$$

$$13.021 \div 117 = 0.111 m^3/h$$

随防老剂一起带入的溶剂量：$0.111 - 0.001095 = 0.1102 m^3/h$

$$0.1102 \times 660 = 72.727 kg/h$$

整理得终止釜物料衡算数据，见表 3-3。

表 3-3　终止釜物料衡算

组　分		物　料　量			$\omega/\%$
		/(kg/h)	/(t/d)	/(t/a)	
进料	胶液	8018.767	192.450	64150.136	98.9311
	终止剂	0.8427	0.202	6.742	0.0104
	水	0.0443	0.0011	0.355	0.0005
	防老剂	13.021	0.312	104.165	0.161
	带入溶剂	72.727	1.745	581.817	0.897
	总计	8105.402	194.7101	64843.216	100
出料	丁烯	16.648	0.399	133.186	0.205
	丁二烯	247.227	5.933	1977.816	3.0501
	三种引发剂	1.948	0.0467	15.584	0.024
	溶剂油	6439.087	154.538	51512.696	79.442
	干胶	1386.584	33.278	11092.675	17.107
	终止剂	0.8427	0.202	6.742	0.0104
	水	0.0443	0.0011	0.355	0.0005
	防老剂	13.021	0.312	104.165	0.161
	总计	8105.402	194.7101	64643.216	100

（4）凝聚釜物料衡算

基础数据

a. 终止釜物料衡算表中的出料数据。

b. 循环水量：取 水/胶液 $= 7.5$（体积）。

c. 循环水入口温度：取 90℃。

d. 0.9（表压）MPa 水蒸气耗量：5t 水蒸气/t 胶。

e. 凝聚温度：取 95℃。

f. 凝聚压力：0.02（表压）MPa。

g. 胶液入釜温度：取 20℃。

h. 油水分离内，水在烃类中的饱和溶解度为 100mg/kg；溶剂油在水中的饱和溶解度为 0.0014%（摩尔分数）

i. 溶剂油（以正己烷计）在 95℃时的汽化热为 316.522kJ/kg；20～95℃的平均比热容约为 2.428kJ/(kg·℃)。

j. 丁二烯的 95℃时的汽化热为 131.884kJ/kg；20～95℃的平均比热容约为 2.554kJ/(kg·℃)。

k. 丁烯（以正丁烯计）在 95℃时的汽化热为 254.139kJ/kg；20～95℃的平均比热容约为 2.679kJ/(kg·℃)。

l. 经振动筛后自由水全部脱除，胶粒内含 60%，含油约为 0.5%。

m. 干燥脱水装置使胶粒内含水和油（即挥发分）小于 0.75%。

n. 包装入库成品胶质量指标（见表 1-10）。

注：h，i，j 数据查《化工工艺设计手册》下册；g 查《高聚物合成工艺设计基础》第 30 页；其余取自某操作现场数据。

计算

凝聚釜物料衡算图见图 3-3。

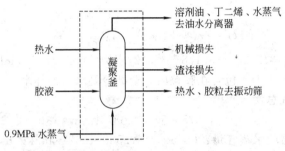

图 3-3　凝聚釜物料衡算图

循环热水量

取：　　　　　　　　　　水/胶液＝7.5（体积比）

则用水量：(12.332＋0.111)×7.5＝93.33m³/h

取用水量为 93m³/h；即为 93t/h。

损失量

丁二烯机械损失：　　　　　1648.18×0.005＝8.241kg/h

聚丁二烯渣沫损失：　　　　1648.18×0.005＝8.241kg/h

损失的防老剂：　　　　　　13.021×0.005＝0.0651kg/h

去振动筛的聚丁二烯胶粒量

聚丁二烯　　　　　　1386.584－8.241＝1378.343kg/h

胶粒内含防老剂：　　13.021－0.0651＝12.956kg/h

胶粒内含油：　　　　1386.584×0.005＝6.933kg/h

胶粒内含水：　　　　1386.584×0.6＝831.951kg/h

水蒸气冷凝量

溶剂油汽化量：　　　　6439.087－6.933＝6432.044kg/h

丁烯汽化量：　　　　　　16.648kg/h

丁二烯汽化量：　　　247.227－8.241＝238.986kg/h

注：未扣除胶液罐中回收的丁二烯量。

查《基础化学工程》上册第 338 页表 10 得：0.9（表）MPa 水蒸气焓值 ΔH 汽＝2781.71kJ/kg。

查《基础化学工程》上册第 337 页表 9 得：95℃饱和水焓值 ΔH 水＝397.75kJ/kg。

焓差为：ΔH＝2781.71－397.75＝2383.96kJ/kg

分几部分估算水蒸气冷凝量

① 用于溶剂油汽化

$$G_{W_{C_6}} = \frac{6432.044 \times [316.522 + 2.428 \times (95-20)]}{2383.96} = 1345.307 \text{kg/h}$$

② 用于丁烯汽化

$$G_{W_{C_4^=}} = \frac{16.648 \times [254.139 + 2.679 \times (95-20)]}{2383.96} = 3.178 \text{kg/h}$$

③ 用于丁二烯汽化

$$G_{W_{C_4^{==}}} = \frac{238.986 \times [131.884 + 2.554 \times (95-20)]}{2383.96} = 32.423 \text{kg/h}$$

④ 用于循环水从 90℃ 升温到 95℃

$$G_W = \frac{93000 \times 4.1868 \times (95-20)}{2383.96} = 816.65 \text{kg/h}$$

四项之和：

$$G' = G_{W_{C_6}} + G_{W_{C_4^=}} + G_{W_{C_4^{==}}} + G_W$$

$$G' = 1345.307 + 3.178 + 32.423 + 816.65 = 2197.558 \text{kg/h}$$

这些冷凝水有 831.951kg 包含在胶粒内，全部冷凝水与循环水一起去振动筛。

进入凝聚釜的蒸汽总量

$$1.375 \times 5000 = 6875 \text{kg/h}$$

其中去油水分离器的水蒸气量：6875－2197.558＝4677.442kg/h

整理得凝聚釜物料衡算数据，见表 3-4。

表 3-4　凝聚釜物料衡算

组分		物　料　量			ω/%
		/(kg/h)	/(t/d)	/(t/d)	
进料	胶液	8105.402	194.529	64843.216	7.506
	循环水	93000	2232	744000	86.127
	水蒸气	6875	165	55000	6.367
	合计	107980.402	2591.529	863843.216	100
出料	去振动筛	聚丁二烯	1378.343	33.08	11026.748	1.276
		防老剂	12.956	0.311	103.644	0.012
		溶剂油	6.933	0.166	55.463	0.006
		引发剂	1.948	0.0468	15.584	0.002
		终止剂	0.8427	0.020	6.742	0.001
		水	95197.512	2284.741	761580.464	88.1619
		去1号筛合计	96598.535	2318.365	772788.645	89.4589
	去油水分离	丁烯	16.648	0.399	133.186	0.015
		丁二烯	238.986	5.736	1911.889	0.221
		溶剂油	6432.044	154.379	51456.352	5.957
		水蒸气	4677.442	112.259	37419.536	4.332
		合计	11365.12	272.763	90920.963	10.525
	损失物料	损失丁二烯	8.241	0.198	65.928	0.008
		损失干胶	8.241	0.198	65.928	0.008
		损失防老剂	0.0651	0.00156	0.521	0.0001
		合计	16.547	0.397	132.377	0.0161
	出料合计		107980.402	2591.529	863843.216	100

（5）振动筛及热水罐物料衡算 物料衡算图见图3-4。

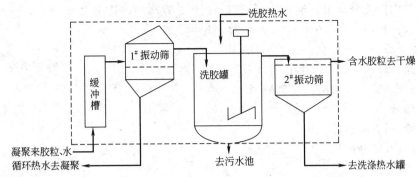

图 3-4 缓冲罐、振动筛、洗胶罐物料衡算图

进料系统

自凝聚来胶粒和水总量：96598.535kg/h

洗胶热水量：20m³/h，即 20000kg/h

出料系统

去凝聚热水罐的循环热水：93000kg/h

去洗涤热水罐的洗胶热水：20000kg/h

去干燥脱水

聚丁二烯：　　　　　　1378.343kg/h　溶剂油：　　　　　　6.933kg/h

防老剂：　　　　　　　12.956kg/h　水：　　　　　831.951kg/h

去污水池（设引发剂与终止剂全部洗掉，不循环）

引发剂：　　　1.948kg/h

终止剂：　　　0.8427kg/h

水：　　　　（95197.512＋20000）－（93000＋20000）－831.951＝1365.561kg/h

振动筛和洗胶罐物料衡算见表3-5。

表 3-5　振动筛和洗胶罐物料衡算

组分		物料量			$\omega/\%$
		/(kg/h)	/(t/d)	/(t/a)	
进料	胶粒和水	96598.535	2318.365	772788.645	82.85
	洗胶水	20000	480	160000	17.15
	进料合计	116598.535	2798.365	932788.645	100
出料	去凝聚循环热水罐的水	93000	2232	744000	79.77
	去洗涤热水罐的水	20000	480	160000	17.15
去干燥脱水	聚丁二烯	1378.343	33.08	11026.748	
	防老剂	12.956	0.311	103.644	
	溶剂油	6.933	0.166	55.463	
	水	831.951	19.967	6655.605	
	合计	2230.183	53.524	17841.46	1.91
去污水池	引发剂	1.948	0.0467	15.584	
	终止剂	0.8427	0.0202	6.742	
	水	1365.561	32.773	10948.488	
	合计	1368.3517	32.84	10946.814	1.17
出料合计		116598.535	2798.365	932788.24	100

(6) 干燥脱水物料衡算

按指标胶内挥发分（水、油）<0.75%，设计取 0.74%，其中水 0.64%，油 0.1%。则

胶内含水：1378.343×0.0064＝8.821kg/h

脱水量：831.951－8.821＝823.13kg/h

胶内含油：1378.343×0.001＝1.378kg/h

脱油量：6.933－1.378＝5.555kg/h

去包装部分

聚丁二烯：1378.343kg/h

防老剂：12.955kg/h

水：8.821kg/h

溶剂油：1.378kg/h

脱出挥发分组成（去污水池部分）

水：823.129kg/h

溶剂油：5.555kg/h

干燥、脱水物料衡算图见图 3-5。物料衡算数据见表 3-6。

图 3-5　干燥、脱水物料衡算图

表 3-6　干燥、脱水物料衡算

组分		物料量			ω/%
		/(kg/h)	/(t/d)	/(t/a)	
进料	含水胶粒等	2230.183	53.524	17841.46	100
出料	去包装 聚丁二烯	1378.343	33.080	11026.74	
	防老剂	12.956	0.311	103.644	
	水	8.821	0.212	70.571	
	溶剂油	1.378	0.033	11.026	
	合计	1401.499	33.636	11211.981	62.84
	去污水池 水	823.129	19.755	6585.033	
	溶剂油	5.555	0.133	44.437	
	合计	828.684	19.888	6629.470	37.16
出料合计		2230.183	53.524	17841.46	100

(7) 包装物料衡算

不合格产品损失部分

损失聚丁二烯：1648.180×0.007＝11.537kg/h

损失防老剂：11.537×0.01＝0.115kg/h

损失溶剂油：11.537×0.001＝0.012kg/h

损失水量：11.537×0.0064＝0.074kg/h

成品胶部分（去包装）

聚丁二烯：1378.343－11.537＝1366.806kg/h

防老剂：$12.956-0.115=12.841$kg/h

挥发分：$10.199-0.085=10.114$kg/h

包装部分物料衡算见表3-7。

表 3-7　包装部分物料衡算

组分			物　料　量			$\omega/\%$
			/(kg/h)	/(t/d)	/(t/a)	
进料		成品胶	1401.499	33.636	11211.99	100
出 料	不 合 格 损 失	损失聚丁二烯	11.537	0.277	92.298	0.8
		损失防老剂	0.115	0.0028	0.923	
		损失水	0.074	0.0018	0.591	
		损失溶剂油	0.012	0.0003	0.092	
		合计	11.738	0.2819	93.904	
	去 包 装	聚丁二烯	1366.806	32.803	10934.448	99.2
		防老剂	12.840	0.308	102.720	
		挥发分	10.114	0.243	80.912	
		合计	1389.76	33.354	11118.08	
	出料合计		1401.499	33.636	11211.99	100

校验设计任务

从去包装干胶中扣除防老剂后的生胶量：

$1389.76-12.840=1376.92$kg/h

其年产量为：11015.36t/h

结果稍大于所给设计任务，故设计为合格。

（8）油水分离器物料衡算　物料衡算图见图3-6。

图 3-6　油水分离器物料衡算图

进料量

11365.12kg/h

出料部分

水相系统（去污水池）

水：　　　　　　$4677.442-0.662=4676.78$kg/h

丁二烯溶水损失：　　$1648.180\times0.02=32.964$kg/h

溶剂在水相中的饱和溶解量：$4677.442\div18\times0.0014\times89.4=32.524$kg/h

油相系统（去回收）

丁二烯：　　　　$238.986-32.964=206.022$kg/h

丁烯：　　　　　　16.648kg/h

溶剂油：　　　　$6432.044-32.524=6399.52$kg/h

油相中的饱和水量：$(6399.52+206.022+16.648)\times0.0001=0.662$kg/h

油水分离器物料衡算见表3-8。

（9）溶剂回收部分物料衡算

基础数据

为简化处理，溶剂油的组成按 $n\text{-}C_6H_{14}$ 计算；烯烃按 C_4H_6 计；所含重组分以 $n\text{-}C_8H_{18}$ 计，含量取溶剂油总进料量的 0.2%。则溶剂回收进料组成如表3-9所示。

表 3-8　油水分离器物料衡算

组分		物料量			$\omega/\%$
		/(kg/h)	/(t/d)	/(t/a)	
进料	丁烯,丁二烯,溶剂油,水	11365.12	272.763	90920.96	100
出料	去回收 溶剂油	6399.52	153.588	51196.160	
	丁二烯	206.022	4.945	1648.176	
	丁烯	16.648	0.399	133.186	
	水	0.662	0.016	5.299	
	合计	6622.852	158.948	52982.816	58.27
	去污水池 水	4676.78	112.243	37414.240	
	溶剂油	32.964	0.791	263.712	
	丁二烯	32.524	0.781	260.192	
	合计	4742.268	113.815	37938.144	41.73
出料合计		11365.12	272.763	90920.96	100

表 3-9　溶剂回收进料组成

组成	质量流量/(kg/h)	$\omega/\%$	M_i	摩尔流量/(kmol/h)	$x/\%$
$n\text{-}C_8H_{18}$	12.799	0.19	114	0.112	0.14
$n\text{-}C_6H_{14}$	6386.721	96.44	86	74.26	94.56
C_4H_6	222.67	3.36	54	4.124	5.25
H_2O	0.662	0.01	18	0.037	0.05
合计	6622.852	100		78.533	100

工艺要求

脱水塔

塔顶：含丁二烯 40%，溶剂油 60%。

塔底：不含丁二烯和水。

提浓塔

塔顶：含丁二烯 98%，溶剂油 2%。

塔底：含丁二烯 0.2%。

回收塔

塔顶：含溶剂油 99.999%。

溶剂回收部分物料衡算图如图 3-7 所示。

对于 I 衡算范围，控制脱水塔底丁二烯馏出量为 0.2kg/h。

对丁二烯作物料衡算：

$$\begin{cases} F = D_2 + W_1 \\ FX_F = D_2 X_{D_2} \end{cases}$$

$$\begin{cases} 6622.852 = D_2 + W_1 \\ 6622.852 \times 0.0336 = D_2 \times 0.98 \end{cases}$$

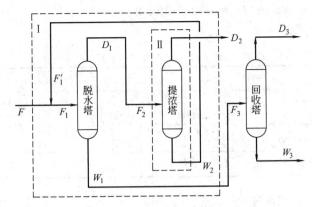

图 3-7　溶剂回收部分物料衡算图

解得：$D_2 = 227.069 \text{kg/h}$；$W_1 = 6395.783 \text{kg/h}$

在 Ⅱ 衡算范围对丁二烯作物料衡算，

$$\begin{cases} F_2 = D_2 + W_2 \\ F_2 X_{F_2} = D_2 X_{D_2} + W_2 X_{W_2} \end{cases}$$

$$\begin{cases} F_2 = 227.069 + W_2 \\ F_2 \times 0.4 = 227.069 \times 0.98 + W_2 \times 0.002 \end{cases}$$

解得：$W_2 = 330.905 \text{kg/h}$；$F_2 = 557.974 \text{kg/h}$

提浓塔物料衡算见表 3-10。

表 3-10　提浓塔物料衡算

序号	组分	进料		塔顶		塔底	
		/(kg/h)	$\omega/\%$	/(kg/h)	$\omega/\%$	/(kg/h)	$\omega/\%$
1	C_4H_6	222.67	39.91	222.528	98	0.142	0.043
2	$n\text{-}C_6H_{14}$	334.642	59.97	4.541	2	330.101	99.757
3	H_2O	0.662	0.12	0	0	0.662	0.2
4	合计	557.974	100	227.069	100	330.905	100

$$F_1 = F + F_1' = 6622.852 + 330.905 = 6953.757 \text{kg/h}$$

脱水塔物料衡算见表 3-11。

表 3-11　脱水塔物料衡算

序号	组分	进料		塔顶		塔底	
		/(kg/h)	$\omega/\%$	/(kg/h)	$\omega/\%$	/(kg/h)	$\omega/\%$
1	C_4H_6	222.812	3.204	222.812	39.933	0	0
2	H_2O	1.324	0.019	1.324	0.237	0	0
3	$n\text{-}C_6H_{14}$	6716.822	96.593	333.838	59.83	6382.984	99.8
4	$n\text{-}C_8H_{18}$	12.799	0.184	0	0	12.799	0.2
5	合计	6953.757	100	557.974	100	6395.783	100

以回收塔为物料衡算范围，对溶剂油进行物料衡算：

$$\begin{cases} 6395.783 = D_3 + W_3 \\ 6395.783 \times 0.998 = 0.99999 \times D_3 + 0.02 \times W_3 \end{cases}$$

解得：$W_3 = 12.988\text{kg/h}$；$D_3 = 6382.795\text{kg/h}$

回收塔物料衡算见表 3-12。

表 3-12　回收塔物料衡算

序号	组分	进料		塔顶		塔底	
		/(kg/h)	$\omega/\%$	/(kg/h)	$\omega/\%$	/(kg/h)	$\omega/\%$
1	$n\text{-}C_6H_{14}$	6382.984	99.8	6382.795	100	0.189	1.45
2	$n\text{-}C_8H_{18}$	12.799	0.2	0	0	12.799	98.55
3	合计	6395.783	100	6382.795	100	12.988	100

3.1.1.2　项目分析——思维导图

顺丁橡胶（BR）生产工艺设计初步说明书中涉及的物料衡算结果如前面所示，建议按图 3-8 思维导图进行审核与细化。

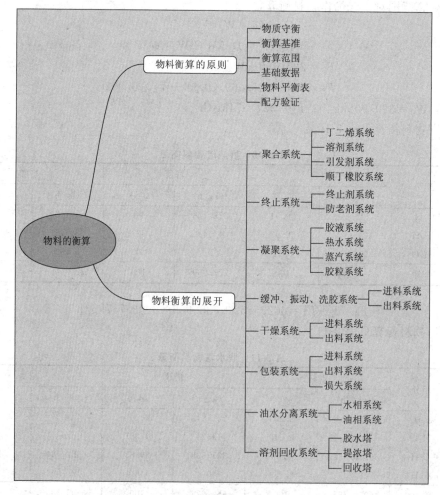

图 3-8　物料衡算思维导图

3.1.2　项目实施

3.1.2.1　项目实施展示的画面

子项目 3.1 实施展示的画面如图 3-9 所示。

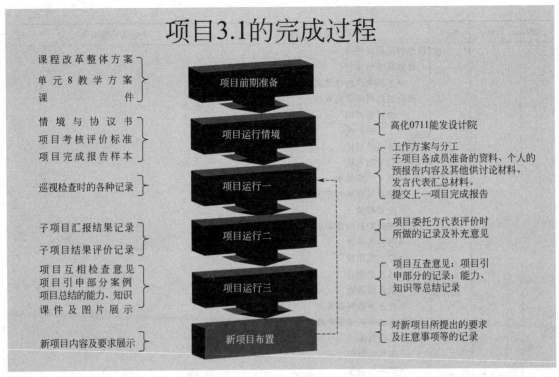

图 3-9 子项目 3.1 实施展示的画面

3.1.2.2 建议采用的实施步骤

实施步骤建议采用如表 3-13 中所列形式。

表 3-13 子项目 3.1 实施步骤

步骤	名称	时间	指导教师活动与结果			学生活动与结果
一	项目解释方案制订学生准备	提前1周	项目内涵解释、注意事项；提示学生按项目组制订工作方案，明确组内成员的任务；组长检查记录	审核任务检查记录	工作方案个人准备	明确项目任务，各项目组制订初步工作方案（如何开展、人员分工、时间安排等），并按方案加以准备、实施
二	第一次讨论检查	15min	组织学生第一次讨论，检查学生准备情况	检查记录	工作日记汇报提纲	各项目组讨论、填写工作日记、整理汇报材料
三	第一次发言评价	15min	组织学生汇报对各项目组对此九个部分的物料衡算审核意见，说明参考的依据；接受项目委托方代表的评价	实况记录初步评价	汇报提纲记录问题	各项目组发言代表汇报倾听项目委托方代表评价
四	第一次指导修改	15min	针对汇报中出现的问题进行指导，提出修改性意见	问题设想实际问题	记录发言	学生以听为主，可以参加讨论，提出自己的想法
			设想的问题或思路 基础数据的审核： →年产量 →年开工时间 →每吨 BR 胶消耗的丁二烯 →总转化率 →丁二烯浓度 →丁油入釜温度 →首末釜聚合温度 →设计所用的配方 →全装置总收率、总消耗及分配			

续表

步骤	名称	时间	指导教师活动与结果			学生活动与结果
四	第一次指导修改	15min	设想的问题或思路 　计算基准的审核： 　　→连续生产的计算基准(间歇生产怎么办?) 　聚合釜物料衡算的审核： 　　→物料衡算图 　　→丁二烯系统 　　→溶剂油系统 　　→引发剂系统 　　→聚丁二烯系统 　　→聚合釜物料衡算表 　　→配方校验 　终止釜的物料衡算审核： 　　→物料衡算图 　　→终止剂用量 　　→防老剂用量 　　→带入的溶剂 　　→终止釜物料衡算表 　凝聚釜的物料衡算审核： 　　→基础数据 　　→物料衡算图 　　→循环水用量 　　→损失量 　　→去振动筛的BR胶粒量 　　→水蒸气冷凝量 　　→水蒸气总量 　　→凝聚釜物料衡算表 　缓冲罐、振动筛、洗胶罐物料衡算的审核： 　　→物料衡算图 　　→进入系统物料 　　→出系统物料 　　→物料衡算表 　干燥、胶水物料衡算的审核： 　　→物料衡算图 　　→进料量 　　→出料量(去包装、去污水) 　包装物料衡算的审核： 　　→不合格产品损失量 　　→成品胶量 　　→物料衡算表 　　→设计任务校核 　油水分离物料衡算的审核： 　　→物料衡算图 　　→进料量 　　→出料量(水相系统、油相系统)			
五	第二次讨论修改	10min	巡视学生再次讨论的过程,对问题进行记录	记录问题	补充修改意见	学生根据指导教师的指导意见,对第一次汇报内容进行补充修改,完善第二次汇报内容
六	第二次发言评价	5min	组织进行第二次汇报 记录学生未考虑到的内容,并给出评价意见	记录评价意见	发言提纲记录	学生倾听项目委托方代表的评价,记录相关问题

续表

步骤	名称	时间	指导教师活动与结果			学生活动与结果
七	第二次指导修改	5min	针对各项目组第二次汇报的内容进行第二次指导	记录结果未改问题	记录发言	学生以听为主，可以参加讨论，提出自己的想法，对局部进行修补，做好终结性发言材料
			按第一次指导的思路，对各项目组未处理问题加以指导			
八	第三次发言评价报告整理	8min	组织各项目发言代表对项目完成情况进行终结性发言，并对最终结果加以肯定性评价	记录结论	发言稿记录	各项目组发言代表做终结性发言，倾听指导教师的评价，同时，完善项目报告的相关内容
九	归纳总结	15min	项目完成过程总结 结合《化工设计概论》物料衡算部分内容，展示教学课件，对相关知识进行总结性解释。适当展示相关材料	总结提纲理论课件	记录领悟	学生以听为主，可以提出自己的观点，参加必要的讨论
十	新项目任务解释	3min	子项目3.2热量衡算过程与结果的审核			

3.1.3　结果展示

结果展示主要采用 PPT 展示和项目报告的形式进行。其中 PPT 展示材料以电子稿形式上交，项目报告参考格式见子项目 1.1 项目报告样本。

3.1.4　考核评价

考核评价过程与内容与子项目 1.1 考核评价相同。

3.1.5　支撑知识

3.1.5.1　物料衡算目的、意义、类型

工艺设计中，物料衡算是在工艺流程确定后进行的。目的是根据原料与产品之间的定量转化关系，计算原料的消耗量，各种中间产品、产品和副产品的产量，生产过程中各阶段的消耗量以及组成，进而为热量衡算、其他工艺计算及设备计算打基础。**物料衡算的开展意味着设计工作从定性分析转入到了定量计算。**

物料衡算是以质量守恒定律为基础对物料平衡进行计算。物料平衡是指"在单位时间内进入系统（体系）的全部物料质量必定等于离开该系统的全部物料质量再加上损失掉的和积累起来的物料质量"，即：

$$\begin{pmatrix}单位时间内进入系\\统的全部物料质量\end{pmatrix}=\begin{pmatrix}单位时间内离开系\\统的全部物料质量\end{pmatrix}+\begin{pmatrix}单位时间内过\\程中的损失量\end{pmatrix}+\begin{pmatrix}单位时间内系\\统的积累量\end{pmatrix} \tag{3-1}$$

对于连续操作过程，系统内物料积累量等于零。所谓系统，是指所计算的生产装置，它可以是一个工厂、一个车间、一个工段，也可以是一个设备。

式(3-1)为稳流系统总物料衡算方程式，它不但适用于总物料衡算，也适用于任一组分或元素的物料衡算。

现实中，物料衡算应用于两种情况：一种是对已有装置进行标定，即利用实际测定的数据（或理论计算数据）计算出另一些不能直接测量的物料量，进而，对这个装置的生产情况进行分析，确定生产能力，衡量操作水平，寻找薄弱环节，挖掘生产潜力，为改进生产提出措施。另一种是对新装置进行设计，即利用已有的生产实际数据（或理论计算数据），在已知生产任务下计算出需用原料量、产品量、副产品量和三废的生成量；或在已知原料量的情况下，算出产品、副产品和三废的量。此外，通过物料衡算，可以算出原料消耗定额，并在

此基础上作出能量平衡，计算出动力消耗量和消耗定额，计算出生产过程所需热量（或冷量）是多少，同时为设备计算、选型及台套确定提供依据。

物料衡算的类型，按计算范围分为单元操作（或单个设备）的物料衡算与全流程（即包括各个单元操作的全套装置）的物料衡算；按操作方式分为连续操作的物料衡算和间歇操作的物料衡算；此外，还有带循环过程的物料衡算。

3.1.5.2　物料衡算的方法和步骤

物料衡算的内容和方法随化工工艺流程的变化而变化，有的计算过程比较简单，有的却十分复杂。为了有层次、循序渐进地进行计算，避免差错，计算时应遵循如下步骤。

（1）画出物料衡算示意图　对衡算系统绘出物料衡算示意图，标明各股物料的进出方向、数量、组成以及温度、压力等操作条件，待求的未知数据也应以适当的符号表示出来，以便分析与计算。在示意图中，与物料衡算有关的内容不要遗漏。

（2）写出主、副化学反应式　为便于分析反应过程的特点，有必要写出主、副化学反应式及反应过程的热效应。当副反应很多时，次要的占比重很小的副反应可以略掉；或者将类型相近的若干副反应合并，以其中之一为代表，从而简化计算，但这样处理所引起的误差必须在允许范围之内。需要注意的是那些产生有害物质的副反应其量虽然微小，却是进行某种分离精制设备设计和三废治理设施设计的重要依据，这种情况下则不能忽略。

（3）确定计算任务　根据示意图和反应方程式，分析每一步骤和每一设备中物料的变化情况，选定合适的计算公式，分析数据资料，明确已知量与可以查到的或计算求出的未知量，为收集数据资料和建立计算程序做好准备。

（4）收集数据资料　要收集的数据资料一般包括以下几方面。

a. 生产规模　即确定的生产能力或原料处理量。

b. 生产时间　即为年工作时间。一般情况，设备能正常运转，生产过程中不出现特殊问题，且公用系统又能保障供应时，年工作时间可采用 8000~8400h。全年停车检修时间较多的生产，年工作时间可采用 8000h。目前大型化工生产装置一般都采用 8000h。若生产难以控制，易出不合格产品，或因堵漏常常停产检修的生产，或者试验性车间，年生产时间则采用 7200h。

c. 消耗定额　指生产每吨合格产品需要的原料、辅助原料以及动力等消耗。消耗定额的高低，反映生产工艺水平及操作技术水平的优劣。生产中要严格控制各个工艺参数，力求达到降低消耗的目标。

d. 转化率　用来表示反应物通过反应产生化学变化的程度，其定义为：

$$转化率 = \frac{反应掉的原料量}{原料投料量} \times 100\% \tag{3-2}$$

转化率愈高，说明参加反应的反应物数量愈多。

e. 选择性　在许多化学反应中，不仅有生成目的产物的主反应，还有生成副产物的副反应存在，转化了的原料中只有一部分生成目的产物，选择性的定义为：

$$选择性 = \frac{生成目的产物的原料量}{反应掉的原料量} \times 100\% \tag{3-3}$$

选择性表示了在反应过程中主反应在主副反应竞争中所占的比例，反映了反应向主反应方向进行的趋向性。

f. 单程收率　选择性高只能说明反应过程中副反应很少，但若通过反应器的原料只有很少一部分进行反应，即转化率很低，反应器的生产能力仍然很低，只有综合考虑转化率和选择性，才能确定合理的工艺指标，为此，引入单程收率的概念：

$$单程收率 = \frac{生成目的产物的原料量}{原料投料量} \times 100\% \tag{3-4}$$

单程收率与转化率、选择性之间的关系为：

$$单程收率 = 转化率 \times 选择性 \tag{3-5}$$

单程收率高说明生产能力大，标志过程既经济又合理。故化工生产中希望单程收率愈高愈好。

g. 原料、助剂、中间产物和产品的规格和组成及有关的物理化学常数。

（5）选定计算基准　选用恰当的计算基准可使计算过程简化，避免误差，也有利于工程计算中的互相配合。选择计算基准无统一规定，要视具体情况而定。一般应以过程中某一物料的质量（kg）或物质的量（mol）作为计算基准。连续操作中，以 kg/h 或 kmol/h 作基准；间歇操作中，以 kg/批为基准。

（6）展开计算　在前述工作基础上，运用有关方面的理论，针对物料的变化情况，分析各数量之间的关系，列出数学关联式开始计算。当已知原料量，欲求产品量时，则顺流程自前向后推算。反之，已知生产任务（年产量或每小时产量），欲求所需原料量，则逆流程由后向前推算。对复杂的化工过程以顺流程计算较为简单。计算时采用的单位要统一。

（7）整理计算结果　对划定范围的计算结束后，需要将物料衡算的结果加以整理，列出物料衡算表，格式见表 3-14。表中的计量单位可以用 kg/h，也可以用 kmol/h 或 m³/h 等，要视具体情况而定。

表 3-14　物料衡算一览表

序号	物 料 名 称	进　料		出　料	
		/(kg/h)或/(kmol/h)	$w(或 x)/\%$	/(kg/h)或/(kmol/h)	$w(或 x)/\%$
1					
2					
3					
⋮					
	合　计				

通过物料衡算表可以直接检查计算是否准确，分析结果组成是否合理，并易于发现设计上（生产上）存在的问题，从而判断其合理性，提出改进方案。

（8）绘制物料流程图　全部物料衡算结束后，便可着手绘制物料流程图。该图的最大优点是查阅方便，各物料在流程中位置与互相关系清楚。因此，除了极简单的情况下用表格表示外，多数都采用物料流程图来表示。并将此图作为设计成果编入设计文件。

3.1.5.3　连续过程的物料衡算

连续过程的物料衡算可以按前述步骤计算，一般比较容易，方法有以下几种。

（1）直接求算法　物料衡算中，对反应比较简单或仅有一个反应而且仅有一个未知数的情况，可以通过化学计量系数直接求算。用摩尔质量代替质量进行计算更方便。

对于包括几个化学反应的过程，其物料衡算应该依物料流动的顺序分步进行。为此，必须清楚过程的主要反应和必要的工艺条件，将过程划分为几个计算部分依次计算。计算中的基准一般选择一个基准，有时也用多个基准，但选多个基准时结果要进行换算。

（2）利用结点进行衡算　在化工生产中，常常会有某些产品的组成需要用旁路调节才能送往下一个工序的情况，这时就要利用结点进行衡算。常见的三股物流的交叉点如图 3-10

所示，还有多股物流的情况。利用结点进行衡算是一种计算技巧，对任何过程的衡算都适用。

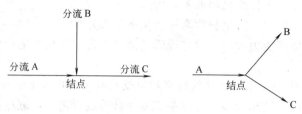

图 3-10 三股物流示意图

（3）利用联系组分进行物料衡算 生产过程中常有不参加反应的物料，称这种物料为惰性物料。由于它的数量在反应器的进出物料中不变化，可以利用它和其他物料在组分中的比例关系求取其他物料的数量，因此，这种惰性物料就是衡算联系物。

利用联系物做物料衡算可以简化计算。有时在同一系统中可能有数个惰性物质，可联合采用以减少误差。但要注意当某些惰性物质数量很少，且组分分析相对误差很大时，则不宜选用此惰性物质作联系物。

3.1.5.4 间歇过程的物料衡算

间歇过程的物料衡算同样应按物料衡算的步骤进行。但必需建立时间平衡关系，即设备与设备之间处理物料的台数与操作时间要平衡，才不至于造成设备之间生产能力大小相差悬殊的不合理状况。可是往往因化工单元过程影响因素不同，以及间歇过程和连续过程同时采用，在进行时间平衡时，需考虑不均衡系数，而不均衡系数的选取则应根据生产中的实际情况和经验数据来决定。

对间歇过程的物料衡算，收集数据时要注意整个工作周期的操作顺序和每项操作时间，把所有操作时间作为时间平衡的单独一项加以记载。同时，还可以根据生产周期的每项操作时间来分析影响提高生产效率的关键问题。

3.1.5.5 循环过程的物料衡算

在化工生产中，循环过程比较多见，如部分产品的再循环（如回流）；未反应原料分离后再重新参加反应等。目的是维持操作、控制产品质量、降低原料消耗、提高原料利用率等。为此，作为一个专题加以阐述。

（1）单循环过程 图 3-11 表示的是一典型的稳定单循环过程。结合该图可以针对总物料或其中的某种组分进行物料衡算。虚线指明了物料平衡有四种表达方式。

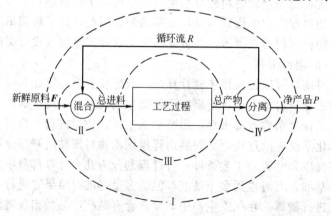

图 3-11 稳定循环过程示意图

Ⅰ表示了将再循环流包含在内的整个过程，即进入系统的新鲜原料量 F 与自系统排出的净产品量 P 互相平衡。由于在计算中不涉及再循环流 R 的值，所以不能利用这个平衡去直接计算 R 的值。

Ⅱ表示了新鲜原料 F 与再循环物料 R 混合以后的物料，同进入工艺过程的总进料流之间的物料平衡。

Ⅲ仅仅表示了工艺过程的物料平衡，即总进料与总产物流之间的平衡。

Ⅳ表示了总产物流与它被分离后所形成的净产品流 P 和再循环流 R 之间的平衡关系。

以上四种平衡中只有三种是独立的。平衡Ⅱ与平衡Ⅳ包含了循环流 R，可以利用它们分别写出包含 R 的一个联合Ⅱ与Ⅲ或联合Ⅳ与Ⅲ的物料平衡用于平衡计算。当工艺过程中发生化学反应时，应将化学反应方程式和转化率等结合平衡一道考虑。

在具有化学反应的再循环连续过程中常常遇到总转化率和单程转化率，其定义分别为：

$$总转化率 = \frac{进入系统的新鲜原料量 - 自系统排出物料中未反应的原料量}{进入循环系统的新鲜原料量} \times 100\% \qquad (3-6)$$

$$单程转化率 = \frac{进入反应器的总原料量 - 自系统排出物料中未反应的原料量}{进入反应器的总原料量} \times 100\% \qquad (3-7)$$

从两个定义式中可以看出，两者的基准是不同的。因此，在进行物料衡算时一定不要混淆。当新鲜原料中含有一种以上物料时，必须针对每个组分来计算它的总转化率。

具有循环过程的物料衡算方法通常有代数法、试差法和循环系数法等。

当循环物料先经过提纯处理，使组成与新鲜原料基本相同时，则无需按连续过程计算，从总进料中扣除循环量即求得所需的新鲜原料量。当原料、产品和循环流的组成已知时，采用代数法较为简便。当未知数多于所能列出的方程式数时，可用试差法求解。

（2）其他类型循环过程　如图 3-12（a）所示为净化循环过程；如图 3-12（b）所示为旁路流程过程。其物料均可通过前面提到的几种方法来解决。

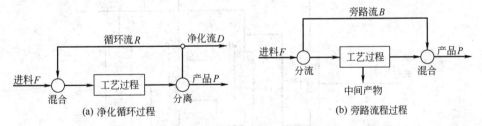

(a) 净化循环过程　　　　(b) 旁路流程过程

图 3-12　净化循环过程与旁路流程过程

除了上述循环过程外，还有双循环、多循环以及循环圈相套的工艺过程，还有如图 3-13 所示的复杂循环过程。

对于这些复杂的过程进行物料衡算时，要注意以下几点。

① 按流程顺序进行计算，这样有利于简化。初始值尽量设在靠近起始处，因为进料往往可以确知一部分或全部，就有条件按流程从头向尾部展开计算。例如图 3-13（a）中，将初始值设在 S_4 物流就能满足这一要求。

② 鉴别循环圈和组，而后有针对性确定计算方法。若是循环圈，则考虑如何合理假设初始值；若可以把过程分为若干组，就把这些组分割开来分别计算。如图 3-13（a）中所示，把过程分成 A、B 两组，分别依次计算，继之，判定 A 组和 B 组内各有一股循环流，即各成一个循环圈。此外，先从 A 组 S_4 物流处算起，依次进行，待 A 组计算完毕后，利用输入到 B 组的 S_5 物料，再将 S_9 假定初值进行 B 组计算。以此类推，直至解出所求各值。

③ 按计算时间最少的原则确定在哪个部位假定初值。要本着总变量个数最少，分裂物

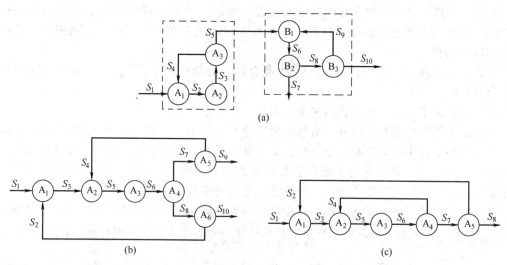

图 3-13 几种不同类型的循环过程

流数最少的原则去设定初值，这样可以减少工作量。如图 3-13（b）中所示，带有两个循环圈的过程，可以在 S_3 物流处设定初值。这时未知量的数目比在 S_4、S_5 两物流处同时设定初值所产生的未知量数目要少。

3.1.6 拓展知识

3.1.6.1 乙烯直接水合制乙醇过程的物料衡算

（1）流程示意图　乙烯直接水合制乙醇流程示意图如图 3-14 所示。

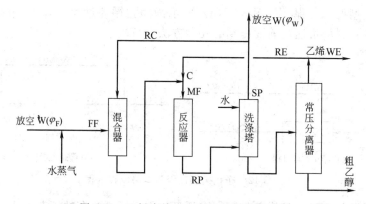

图 3-14 乙烯直接水合制乙醇流程示意图

（2）乙烯直接水合制乙醇的反应方程式

主反应：

$$C_2H_4 + H_2O \longrightarrow C_2H_4OH$$

副反应：

$$2C_2H_4 + H_2O \longrightarrow (C_2H_5)_2O$$

$$n\,C_2H_4 \longrightarrow 聚合物$$

$$C_2H_4 + H_2O \longrightarrow CH_3CHO + H_2$$

（3）确定计算任务　通过对该系统进行物料衡算，求出循环物流组成、循环量、放空气体量、C_2H_4 总转化率和乙醇的总收率，生成 1t 乙醇的乙烯消耗定额（乙醇水溶液蒸馏时损失乙醇 2%）。

（4）基础数据

原料乙烯组成（体积分数）：乙烯 96%，惰性物 I 4%。

进入反应器的混合气组成（干基，体积分数）：C_2H_4 85%，惰性物 I 13.98%，H_2 1.02%。

原料乙烯与水蒸气的摩尔比为：1：0.6。

乙烯单程转化率（摩尔分数）：5%（其中生成乙醇占 95%，生成乙醚、聚合物各占 2%，生成乙醛占 1%）。

洗涤过程产物气中 C_2H_4 溶解 5%。

常压分离出的乙烯 5% 进入循环气体中，95% 作别用。

（5）确定计算基准　以 100mol 干燥混合气为计算基准。

（6）展开计算　条件中已经给出进入反应器的混合气体的组成及转化率，所以以反应器为衡算体系，由前向后推算。

① MF 处混合气（反应器入口）各组分量

$$C_2H_4\ 85mol；I\ 13.98mol；H_2\ 1.02mol$$

② 反应器出口各组分量

经过反应器转化的乙烯：　　85×5%＝4.25mol

其中生成乙醇：　　4.25×95%＝4.04mol

生成乙醚：　　4.25×2%×0.5＝0.04mol

生成聚合物：　　4.25×2%×1/n＝0.085/n mol

生成乙醛：　　4.25×1%＝0.04mol

生成氢气：　　4.25×1%＝0.04mol

出口氢气总量：　　1.02＋0.04＝1.06mol

未反应的乙烯：　　85×（1－5%）＝80.75mol

惰性组分量：　　13.98mol

③ SP 处（洗涤塔出口）气体各组分量

未溶解的乙烯量：　　80.75×（1－5%）＝76.71mol

SP 处气体各组分量：　　76.71＋13.98＋1.06＝91.75mol

SP 处气体组成（摩尔分数）：C_2H_4 83.6%；I 15.24%；H_2 1.16%

④ RE 处循环的纯乙烯量（即溶解乙烯的 5%）

溶解乙烯量：　　80.75×5%＝4.04mol

纯乙烯循环量：　　4.04×5%＝0.20mol

⑤ WE 处乙烯量　　4.04－0.20＝3.84mol

⑥ RC 处循环气体各组分量

设：洗涤塔出口放空气体量为 φ_W mol，新鲜原料气加入量为 φ_F mol。

则：RC 处循环气体各组分量

$$乙烯：76.71－\varphi_W×83.6\%$$

$$惰性组分：13.98－\varphi_W×15.24\%$$

$$氢气：1.06－\varphi_W×1.16\%$$

结点 C 处平衡：　　RC＋RE＋FF＝MF

乙烯平衡：　　$76.71－\varphi_W×83.6\%＋0.20＋\varphi_F×96\%＝85$　　　　①

惰性组分平衡：　　$13.98－\varphi_W×15.24\%＋\varphi_F×96\%＝13.98$　　　②

联立解方程式①、式②得：　　$\varphi_W＝2.87mol$

$$\varphi_F = 10.93\text{mol}$$

W 处放空气体各组分量：

乙烯 2.4mol；惰性组分 0.44mol；氢气 0.03mol

RC 处循环气体各组分量：

乙烯 74.31mol；惰性组分 13.54mol；氢气 1.03mol

总合为 88.88mol

⑦ 总循环量（RE+RC）.　　88.88+0.20=89.08mol

⑧ 加入水蒸气量　　　　　0.6×10.93=6.56mol

⑨ 乙烯转化率

原料气中乙烯量：　　　　10.93×96%=10.49mol

放空乙烯+溶解乙烯的 95%：2.4+3.84=6.24mol

乙烯转化率：　$\dfrac{10.49-6.24}{10.49}\times100\%=40.5\%$

⑩ 乙醇的总收率　　　　　40.5%×95%=38.5%

⑪ 消耗定额　生产每吨乙醇消耗乙烯量（标准状态）

$$\frac{1000}{1-2\%}\times\frac{1}{46}\times\frac{1}{38.5\%}\times\frac{1}{96\%}\times22.4=1344\text{m}^3$$

3.1.6.2　用计算机进行氨合成模拟计算

在设计化工装置时首先要进行工艺过程的物料平衡及能量平衡计算，目前一般都要使用计算机程序来完成工艺流程的模拟计算。

以氨合成工艺过程为例，其简化原则流程如图 3-15 所示。图中实线方框表示工艺设备，虚线方框则表示管路中的物流混合处或分流处，S_1 至 S_{13} 表示流程中物流编号，W_C 及 W_R 为输入给压缩机及循环压缩机的功，Q_E 为反应物移走的热量。

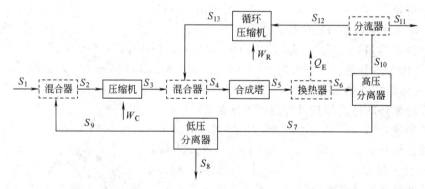

图 3-15　氨合成过程模拟流程图

在进行模拟计算时，只需输入原料气（S_1）的数据以及各单元模块（工艺设备）的有关数据和操作条件，通过运行流程模拟程序来完成物料衡算和能量衡算，即可得出流程中各物料的有关信息。

能对一个给定的过程完成上述所有任务的计算机软件汇编称为计算机辅助过程设计软件汇编，或简称过程模拟系统软件包，它将单个的过程计算处理成组成全流程的模块或方程组。

将模拟软件用于过程设计或过程模拟，对于工艺人员已经成为一件很普通的工作。这些程序可用于以下的情况。

① 初步设计阶段，可用程序计算不同过程流程的物料和能量平衡。在此阶段，用简单的方块流程图就足够了。

② 最终设计阶段，用模拟系统对不同过程中所有过程单元和流股进行详细计算。此阶段需要详细的过程流程。

③ 将模拟系统用于操作工厂，估计工厂的工作情况，为了找到可改进的部位，需将它与设计计算结果进行比较。

④ 模拟操作条件的改变。为提高过程的效率，以改变操作条件找出影响过程的"瓶颈"部位。

在设计阶段，使用模拟系统的好处是通过改进设计来节省投资，通过改进效率和劳动生产率来节省工程所需人力，以程序计算和整个设计所用数据和技术的一致性，改进和加快在不同部门工作的工程技术人员之间的交流，来大大缩短设计时间。

所有的模拟系统的基本功能是对包括再循环在内的整个过程作物料和能量衡算。因为过程流程图包括许多过程单元和它们之间的连接流股。对于每一个过程单元，需有一个特定性能的计算机程序，这一程序称为单元模块。当给定输入流股的组成、流率、温度、压力、焓和设备参数，就可用此单元进行计算，直到对全流程完成计算。此法原理与单元操作的手算传统方法相似，称为序贯模块法，此法是过程模拟中最常用的方法。除此之外，过程模拟还可采用联立模块法和联立方程法。

下面仅以硝基氯苯的合成过程单元的物料衡算为例，说明如何在计算机上用单独的模块进行模拟。为了便于自行编写程序，题后给出了有关数值方法的说明。

3.1.6.3 用计算机进行硝基氯苯合成物料衡算

物料衡算是通过建立物料衡算方程应用数学模型法求解未知的物料量及组成。对于一些比较简单的物料衡算问题，列出的物料衡算方程不太复杂，用手算并不困难。但是，当遇到过程中单元设备多、流股多或物料中组分多的物料衡算时，常常列出许多联立方程，尤其是一些非线性方程，需要用迭代法求解，手算就相当费时，借助计算机解题，可以节省计算时间。当然，编制一个新的计算机程序也需要花费时间，因此，是否采用计算机求解须视编制程序所费的时间长短来决定。

【例 3-1】 氯苯用含硫酸和硝酸的混酸进行硝化制取邻位、对位硝基氯苯，反应式如下：

$$C_6H_5Cl + HNO_3 \xrightarrow{H_2SO_4} NO_2C_6H_4Cl + H_2O$$

相对分子质量： C_6H_5Cl HNO_3 $NO_2C_6H_4Cl$ H_2O

           112.5   63   157.5   18

测得下列物料的分析数据（均为质量分数）为

混酸：47%HNO_3；49%H_2SO_4

氯苯原料：92%C_6H_5Cl；8%$NO_2C_6H_4Cl$

硝基物层：99%$NO_2C_6H_4Cl$；0.5%C_6H_5Cl；0.5%H_2SO_4

废酸层：1.2%HNO_3；73%H_2SO_4；1%$NO_2C_6H_4Cl$

计算反应生成 1000kg 硝基物层所需的混酸、氯苯原料量、生成的废酸量以及反应消耗的硝酸量。

解： 基准：1000kg 硝基物层

设：x_1，x_2，x_3，x_4 分别为混酸、氯苯原料量、生成的废酸量以及反应消耗的硝酸量（kg）

（1）作物料流程图 见图 3-16。

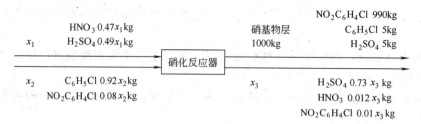

图 3-16　例 3-1 物料流程图

（2）列物料衡算方程

物料	输入	输出		反应量	
HNO_3	$0.47x_1$	$-0.012x_3$	$=$	x_4	①
C_6H_5Cl	$0.92x_2$	-5	$=$	$\dfrac{112.5}{63}x_4$	②
H_2SO_4	$0.49x_1$	$-0.73x_3-5$	$=$	0	③
$NO_2C_6H_4Cl$	$0.08x_2$	$-0.01x_3-990$	$=$	$\dfrac{-157.5}{63}x_4$	④

（3）将方程组①、②、③、④写成矩阵式

$$\begin{bmatrix} 0.47 & 0 & -0.012 & -1 \\ 0 & 0.92 & 0 & -\dfrac{112.5}{63} \\ 0.49 & 0 & -0.73 & 0 \\ 0 & 0.08 & -0.01 & \dfrac{157.5}{63} \end{bmatrix} \begin{bmatrix} x_1 \\ x_2 \\ x_3 \\ x_4 \end{bmatrix} = \begin{bmatrix} 0 \\ 5 \\ 5 \\ 990 \end{bmatrix} \qquad ⑤$$

（4）用高斯-约当法求解　解矩阵式⑤，得：

$$x_1 = 810.98; \quad x_2 = 732.46\text{kg}; \quad x_3 = 537.51\text{kg}; \quad x_4 = 374.5\text{kg}$$

（5）验算总平衡

输入　　　　　　　　$x_1 + x_2 = 1543.44$

输出　　　　　　　　$x_3 + x_4 = 912.01$

估算误差　　　　　　$e = 0.4\%$

根据以上计算过程，设计计算框图，如图 3-17 所示。

计算所用 BASIC 源程序与结果如下：

```
100   RED * * * * CALCUAION OF MATERIAL BALANCE * * * *
110   DEFINT I,J,K,N
120   READ N
130   DIM A(N,N+1),x(N)
140   LPRINT" * * * * COEFFICIENT MATRIX * * * *"
150   ROF I=1 TO N
160   FOR J=1 TO N+1
170   READ A(I,J)
180   LPRINT USING"# # # # #,# # #";A(I,J);
190   NEXT J
200   LPRINT
210   NEXT I
220   GOSUB 1000
230   LPRINT" * * * * RESULT * * * *"
240   FOR K=1 TO N
250   LPRINT"X"K;"=";:LPRINT USINT
```

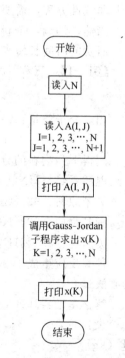

图 3-17　例 3-1 计算框图

```
           "＃＃＃.＃＃";x(K)
260   NEXT K
270   END
300   DATA 4
310   DATA 0.47,0,-0.012,-1,0
320   DATA 0,0.92,0,-1.785,5
330   DATA 0.49,0,-0.73,0.5
340   DATA 0,0.08,-0.01,2.5,990
1000  REM SUB Gauss-Jordan
1010  FOR K=1 TO N
1020  FOR J=K+1 TO N+1
1030  A(K,J)=A(K,J)/A(K,K)
1040  NEXT J
1050  FOR I=1 TO N
1060  IF I=K THEN 1100
1070  FOR J=K+1 TO N+1
1080  A(I,J)=A(I,J)-A(I,K)*A(K,J)
1090  NEXT J
1100  NEXT I
1110  NEXT K
1120  FOR K=1 TO N:x(K)=a(K,N+1):NEXT K
1130  RETURN
```

程序说明：N——系数矩阵阶数；A(I,J) ——增广系数阵，I=1,2,…,N，J=1,2,…, N+1；x(K)——方程组的解，K=I=1,2,…,N

算法说明：Gauss-Jordan 消去法是解线性方程组的简单而有效的方法。它依据"用某个常数乘或除任一方程后，方程组之解不变，以及用某个方程与其他任一方程和或差代替该方程后，方程组之解不变"两条代数运算规则，对方程组各式进行连续的代数运算，逐式消去方程中的未知元素，以使方程组求解。这种运算归纳起来可分为以下步骤。

第一步　先将第一个方程中 x_1 的系数化为1，然后将最后 $n-1$ 个方程中的 x_1 消去。

第二步　将第二方程中 x_2 的系数化为1，然后再消去第二个方程以外其余方程中的 x_2。

这样，逐步进行下去，直至得到一单位矩阵，便可直接解出 x_1，x_2…，x_n。

另外，注意在用 Gauss-Jordan 消去法时各方程应该是线性且独立的，同时方程应该排列得使增广系数的对角线上不出现零。

【上机练习】

a. 应用 Gauss-Jordan 子程序解下列方程组。

$$\begin{bmatrix} -2 & 7 & -4 \\ 3 & 5 & -5 \\ 8 & -2 & -1 \end{bmatrix} \begin{bmatrix} x_1 \\ x_2 \\ x_3 \end{bmatrix} = \begin{bmatrix} 4 \\ 1 \\ 3 \end{bmatrix}$$

b. 应用 Gauss-Jordan 消去法对如下过程进行物料衡算。

由纯 A 生产 B，要经过反应和精馏两步，精馏后得高纯度 B，而大部分 A 和少量 B 再返回反应器继续反应，其流程如图 3-18 所示。

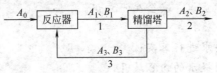

图 3-18

已知 $A_0 = 100 \mathrm{mol/h}$。A 的转化率 $x_A = 0.5$，A 的循环比 $r_A = 0.5$，B 的循环比 $r_B = 0.5$。

[分析] 该过程有六个未知量 A_1，A_2，A_3，B_1，B_2，B_3，列六个方程式分别为：

反应器中 A 平衡：$\quad\quad\quad\quad\quad\quad A_1 = (A_0 + A_3)(1 - x_4)$

反应器中 B 平衡：$\quad\quad\quad\quad\quad\quad B_1 = x_4(A_0 + A_3) + B_3$

精馏塔中 A 平衡：$\quad\quad\quad\quad\quad\quad A_2 = A_1 - A_3$

精馏塔中 B 平衡：$\quad\quad\quad\quad\quad\quad B_2 = B_1 - B_3$

A 物料循环：$\quad\quad\quad\quad\quad\quad\quad A_3 = r_A A_1$

B 物料循环：$\quad\quad\quad\quad\quad\quad\quad B_3 = r_B B_1$

六个方程，六个求知量，可得唯一解。将已知数代入，并令 $x_1 = A_1$，$x_2 = B_1$，$x_3 = A_2$，$x_4 = B_2$，$x_5 = A_3$，$x_6 = B_3$，整理后，可得如下方程组：

$$
\begin{bmatrix}
1 & 0 & 0 & 0 & -0.5 & 0 \\
0 & 1 & 0 & 0 & -0.5 & -1 \\
-1 & 0 & 1 & 0 & 1 & 0 \\
0 & -1 & 0 & 1 & 0 & 1 \\
-0.5 & 0 & 0 & 0 & 1 & 0 \\
0 & -0.5 & 0 & 0 & 0 & 1
\end{bmatrix}
\begin{bmatrix}
x_1 \\ x_2 \\ x_3 \\ x_4 \\ x_5 \\ x_6
\end{bmatrix}
=
\begin{bmatrix}
50 \\ 50 \\ 0 \\ 0 \\ 0 \\ 0
\end{bmatrix}
$$

应用主元素消去法可得如下结果：

$A_1 = 66.67$，$A_2 = 33.33$，$A_3 = 33.33$

$B_1 = 133.33$，$B_2 = 66.67$，$B_3 = 66.67$

3.2　热量衡算过程与结果的审核

▲ 教学目的

通过对 BR 车间初步工艺设计说明书中热量衡算过程与结果的审核。使学生能够掌握热量衡算的过程、步骤、方法。

▲ 能力目标

- 能够对 BR 车间初步设计说明书中热量衡算的过程与结果进行审核；
- 能够合理地运用热量衡算的方法与技巧；
- 能够熟练地查阅各种资料，并加以汇总、筛选、分析。

▲ 知识目标

- 学习并初步掌握热量衡算的方法与步骤；
- 学习并初步掌握热量衡算各种参数确定依据与方法。

▲ 素质目标

- 能够利用各种形式进行信息的获取；
- 在做事过程中如何与其他人员进行讨论、合作；
- 如何阐述自己的观点；
- 经济意识、环境保护意识、安全生产意识。

▲ 实施要求

- 总体按项目 3 实施要求进行落实；
- 各组可以按思维导图提示的内容展开；
- 注意分工与协作；

● 注意与工艺路线的确定结果相符合。

3.2.1　项目分析

3.2.1.1　需要审核的具体内容——热量衡算

聚合釜的热量衡算过程与结果

（1）基础数据

a. 聚合釜物料衡算数据。

b. 聚合时间：3～5h（设计取 4h）。

c. 实用聚合釜台数：4 台（确定方法见设备设计）。

d. 聚合温度：94℃。

e. 冷却盐水：入口温度−12℃，出口温度−8℃。

f. 溶剂油组成及物性数据见表 3-15、表 3-16。

表 3-15　溶剂油组成

组　成	组　成			合　计
	$n\text{-}C_5H_{12}$	$n\text{-}C_6H_{14}$	$n\text{-}C_7H_{16}$	
$\omega_i/\%$	2.1	57.8	40.1	100
$x_i/\%$	2.59	61.54	35.87	100
M_i	72	84	100	

表 3-16　溶剂油物性数据

物　性	$n\text{-}C_5H_{12}$	$n\text{-}C_6H_{14}$	$n\text{-}C_7H_{16}$	溶剂油	数据来源	计算公式
密度 $\rho/(kg/m^3)$	549	590	620	601	《化工工艺设计手册》下,633 页	$\dfrac{1}{\rho}=\sum\dfrac{\omega_i}{\rho_i}$
比热容 $c_p/[kJ/(kg\cdot℃)]$	3.0767	2.6204	2.4823	2.6168	《化工工艺设计手册》下,645 页	$c_p=\sum\omega_i c_{p_i}$
热导率 $\lambda/[W/(m\cdot℃)]$	0.0861	0.0907	0.0989	0.0942	《化工工艺设计手册》下,680 页	$\lambda=\sum\omega_i\lambda_i$

g. 丁烯、丁二烯物性数据见表 3-17。

表 3-17　丁烯、丁二烯物性数据

组分	定性温度 /℃	密度 ρ /(kg/m^3)	比热容 c_p /$[kJ/(kg\cdot℃)]$	热导率 λ /$[W/(m\cdot℃)]$	数据来源
C_4H_8	94	1010	2.0001	0.1396	《化工工艺设计手册》·下册 634,645,681 页
C_4H_6	94	480	2.9721	0.08374	《化工工艺设计手册》·下册 634,645,681 页

h. 顺丁橡胶物性数据见表 3-18。

表 3-18　顺丁橡胶物性数据

组分	定性温度 /℃	密度 ρ /(kg/m^3)	比热容 c_p /$[kJ/(kg\cdot℃)]$	热导率 λ /$[W/(m\cdot℃)]$	数据来源
顺丁橡胶	94	480	2.9721	0.08374	《合成橡胶工业》第七卷,1984,69 页

i. 冷冻盐水物性数据见表 3-19。

表 3-19　冷冻盐水物性数据

组分	定性温度 /℃	密度 ρ /(kg/m^3)	比热容 c_p /$[kJ/(kg\cdot℃)]$	热导率 λ /$[W/(m\cdot℃)]$	数据来源
$CaCl_2$	−10	1245	2.8590	0.4885	《化工手册》,2070 页

（2）各聚合釜反应转化率确定　根据《合成橡胶工业》第七卷（1984）第 67 页"丁二烯溶液聚合的工程分析"知：丁二烯聚合属于一级反应，并且，镍催化体系油溶剂丁二烯的表观动力学反应速率常数的关联式如下：

$$k = c_{P\cdot} = k_p \alpha c_0$$
$$k_p = 3.637 \times 10^8 \exp(-4455/T)$$

式中，c_0 为主催化剂的浓度，mol/L；k_p 为链增长反应速率常数，L/(mol·min)；$c_{P\cdot}$ 为活性链总浓度，mol/L；T 为反应温度，K；α 为催化剂利用率（在 94℃ 下，$\alpha = 27\%$）。

另根据《基本有机化工工厂装备》知，对于一级反应，连续槽式反应器的反应转化率与反应速率常数之间的关系如下：

$$c_{AN} = \frac{c_{A0}}{(1 + k\bar{\tau})^N}$$

$$x_N = 1 - \frac{c_{AN}}{c_{A0}} = 1 - \frac{1}{(1 + k\bar{\tau})^N}$$

式中，c_{AN} 为第 N 台釜内反应物的浓度，mol/L；c_{A0} 为反应物初始浓度；mol/L；x_N 为第 N 台釜内反应物转化率；k 为聚合反应表观速率常数，min^{-1}；$\bar{\tau}$ 为平均停留时间；min；N 为连续槽式反应器的台数。

为了便于计算，按等温等容处理，取总转化率 85%；4 釜串联；平均停留时间 60min；反应温度 94℃。将上式进一步整理得：

给定一个主催化剂浓度，分别求出 x_1、x_2、x_3、x_4，直至达到设计要求。

根据 3.2.6 拓展知识利用计算机进行转化率的计算程序，取 $c_0 = 1.92 \times 10^{-5}$ mol/L，将计算结果整理得表 3-20。

表 3-20　各釜纯转化率与累积转化率

第一釜		第二釜		第三釜		第四釜	
$X_纯$/%	$X_{积累}$/%	$X_纯$/%	$X_{积累}$/%	$X_纯$/%	$X_{积累}$/%	$X_纯$/%	$X_{积累}$/%
37.81	37.81	23.51	61.32	14.62	75.94	9.1	85.04

（3）各釜物料组成及物性数据

总时料量：　　　　　　　　12.322m³/h

　　　　　　36＋1648.18＋16.648＝8031.188kg/h

其中 100% 丁二烯：　　　　1648.18kg/h

丁烯：　　　　　　　　　　16.648kg/h

溶剂油：　　　　　　　　　6366.36kg/h

根据各釜纯转化率计算各釜的物料组成见表 3-21。

表 3-21　各釜的物料组成

物　料	第一釜		第二釜		第三釜		第四釜	
	/(kg/h)	ω/%	/(kg/h)	ω/%	/(kg/h)	ω/%	/(kg/h)	ω/%
溶剂油	6366.36	79.27	6366.36	79.27	6366.36	79.27	6366.36	79.27
丁烯	16.648	0.21	16.648	0.21	16.648	0.21	16.648	0.21
丁二烯	1025.00	12.67	637.516	7.94	396.552	4.94	246.567	3.07
聚丁二烯	623.177	7.76	1010.664	12.58	1251.628	15.58	1401.612	17.45

各釜物性数据计算结果见表 3-22。

表 3-22　各釜物性数据计算结果

釜号	温度/℃	组分	密度 ρ/(kg/m³)	比热容 c_p/[kJ/(kg·℃)]	热导率 λ/[W/(m·℃)]	门尼黏度	动力黏度 μ/Pa·s
一	94	胶液	606.8	2.5744	0.0956	50	3.5
二	94	胶液	624.2	2.5283	0.0986	50	7.5
三	94	胶液	635.5	2.5032	0.1005	45	11.0
四	94	胶液	642.8	2.4865	0.1016	45	18.0

注：根据各釜门尼黏度和胶液浓度查《高聚物合成工艺学》确定各釜动力黏度。

（4）各釜对流传热系数 α 和传热系数 K 的计算

a. 夹套内冷却盐水的对流传热系数 α_1 计算　基本方程式：

$$\alpha_1 = \frac{\lambda Nu}{l}$$

$$Nu = 0.027 Re^{0.8} Pr^{0.33} \left(\frac{\mu}{\mu_w}\right)^{0.14}$$

$$Re = \frac{lu\rho}{\mu}$$

$$Pr = \frac{c_p \mu}{\lambda}$$

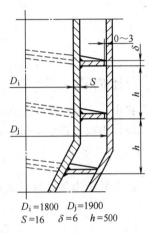

$D_i = 1800$　$D_j = 1900$
$S = 16$　$\delta = 6$　$h = 500$

图 3-19　螺旋导流板几何尺寸

式中，α_1 为夹套对流传热系数，W/(m²·℃)；Nu 为努塞尔数；Re 为雷诺数；l 为传热面的特征尺寸，m；λ 为流体的热导率，W/(m²·℃)；u 为流体的流速，m/s；ρ 为流体的密度，kg/m³；μ 为流体的黏度，Pa·s；c_p 为流体的比热容，J/(kg·℃)；μ_w 为流体在壁温条件下的黏度，Pa·s。

查《化工工艺设计手册》上册第 301 页表 4-14，取冷却盐水在螺旋导流板中的流速为 1.5m/s；根据《搅拌设备设计》第 142 页和《化工设备机械基础》第三册第 180 页有关内容，取聚合釜夹套内螺旋导流板的几何尺寸，如图 3-19 所示。则传热面特征尺寸为：

$$l = \frac{4 \times 500 \times 34}{2 \times (500 + 34)} = 63.67\text{mm} = 0.06367\text{m}$$

那么：

$$Pr = \frac{2.859 \times 10^3 \times 6.3 \times 10^{-3}}{0.4885} = 36.87$$

$$Re = \frac{0.06367 \times 0.8 \times 1245}{6.3 \times 10^{-3}} = 10065.924$$

由于 $0 < Pr < 100$，$Re > 10000$，所以：

$$\alpha_1 = 0.027 \frac{\lambda}{l} Re^{0.8} Pr^{\frac{1}{3}} \left(\frac{\mu}{\mu_w}\right)^{0.14}$$

计算时取 $\left(\frac{\mu}{\mu_w}\right)^{0.14} \approx 1.05$

$$\alpha_1 = 0.027 \times \frac{0.0837}{0.06367} \times (10065.924)^{0.8} \times (36.87)^{\frac{1}{3}} \times 1.05 = 197.629\text{W}/(\text{m}^2 \cdot ℃)$$

因盐水在弯曲的螺旋导流板中流动，所以要对 α_1 进行修正。查《基础化学工程》上册第 172 页修正公式为：

$$\alpha_1' = \alpha_1 \left(1 + 1.77 \frac{l}{R}\right)$$

式中，R 为曲率半径，设计取 916mm。

$$\alpha_1' = 197.629 \times \left(1 + 1.77 \times \frac{0.06367}{0.916}\right) = 221.943 \text{W}/(\text{m}^2 \cdot \text{℃})$$

b. 釜内对流传热系数 α_{2i} 的计算 根据《化学工程手册》第 5 篇《搅拌与混合》第 31 页有关高黏度流体采用双螺带式搅拌槽的传热公式，即永田公式：

当 $1 < Re < 1000$ 时 $\qquad Nu = 4.2 Re^{\frac{1}{3}} Pr^{\frac{1}{3}} \left(\frac{\mu}{\mu_w}\right)^{0.14}$

$Re > 1000$ 时 $\qquad Nu = 0.42 Re^{\frac{2}{3}} Pr^{\frac{1}{3}} \left(\frac{\mu}{\mu_w}\right)^{0.14}$

考虑叶轮与槽壁间隙大小对传热的影响时：

$$Nu = 1.75 Re^{\frac{1}{3}} Pr^{\frac{1}{3}} \left(\frac{\mu}{\mu_w}\right)^{0.2} \left(\frac{D-d}{D}\right)^{-\frac{1}{3}}$$

$$\alpha_{2i} = \frac{\lambda}{D} Nu$$

搅拌雷诺数 $\qquad\qquad Re = \frac{d^2 n \rho}{\mu}$

式中，d 为搅拌叶轮直径，m；n 为搅拌转速，r/s；D 为聚合釜内径，m。

设计中取：$D = 1.8$m；$d = 0.95D = 1.71$m；$n = 59$r/min。

$$\frac{\mu}{\mu_w} = 0.9$$

以 1 号釜为例计算对流传热系数 $\alpha_{1(1)}$

$$Re = \frac{d^2 n \rho}{\mu} = \frac{1.71^2 \times \frac{59}{60} \times 606.8}{3.5} = 498.51$$

$$Pr = \frac{c_p \mu}{\lambda} = \frac{2.5744 \times 10^3 \times 3.5}{0.0956} = 94251.046$$

$$\alpha_{2(1)} = 1.75 \times \frac{0.0956}{1.8} \times (498.51)^{\frac{1}{3}} \times (94251.046)^{\frac{1}{3}} \times (0.9)^{0.2} \times \left(\frac{1.8-1.71}{1.8}\right)^{-\frac{1}{3}}$$
$$= 89.08 \text{W}/(\text{m}^2 \cdot \text{℃})$$

同理，2 号、3 号、4 号釜计算结果如表 3-23 所示。

表 3-23 各釜对流给热系数计算结果

釜号	Re	Pr	Nu	$\alpha_2/[\text{W}/(\text{m}^2 \cdot \text{℃})]$
1	498.51	94251.046	1677.2385	89.08
2	239.31	192314.91	1666.3692	91.28
3	166.12	273982.09	1660.1194	92.69
4	102.68	440521.65	1656.6732	93.51

c. 各釜总传热系数 K 的计算 聚合釜壁剖面如图 3-20 所示，由于 $\frac{D_{外}}{D_{内}} = 1.02 < 2$，所以按《基础化学工程》上册第 180 页式(3-58) 计算各釜 K 值。

$$\frac{1}{K} = \frac{1}{\alpha_1} + \frac{\delta_1}{\lambda_1} + \frac{\delta_2}{\lambda_2} + \frac{\delta_3}{\lambda_3} + \frac{1}{\alpha_2}$$

以 1 号釜为例

已知：

$$\alpha_1 = 366.946 \text{W}/(\text{m}^2 \cdot \text{℃})$$

$$\alpha_1' = 221.943（修正值）$$
$$\alpha_2 = 89.08\text{W}/(\text{m}^2 \cdot ℃)$$

挂胶厚度 $\delta_1 = 10\text{mm} = 0.01\text{m}$，$\lambda_1 = 0.1396\text{W}/(\text{m} \cdot ℃)$；

釜壁厚度 $\delta_2 = 16\text{mm} = 0.016\text{m}$，$\lambda_2 = 17.445\text{W}/(\text{m} \cdot ℃)$；

取水垢厚度 $\delta_3 = 0.5\text{mm} = 0.0005\text{m}$，查《基础化学工程》上册第180页表3-9得25%$CaCl_2$盐水的垢层系数 $\alpha_d = 1395.6\text{W}/(\text{m}^2 \cdot ℃)$。

$$\frac{1}{K_1} = \frac{1}{221.943} + \frac{0.01}{0.1396} + \frac{0.016}{17.445} + \frac{1}{1395.6} + \frac{1}{89.08}$$
$$= 0.089 \ (\text{m}^2 \cdot ℃)/\text{W}$$

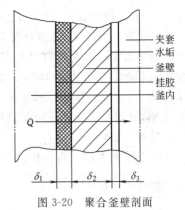

图 3-20　聚合釜壁剖面

所以　　　　　　$K_1 = 11.24\text{W}/(\text{m}^2 \cdot ℃)$

对2号釜、3号釜、4号釜而言，取挂胶厚度为1mm，其他数据同上，各釜 K 值计算结果如表3-24所示。

表 3-24　各釜 K 值计算结果

釜别	α_1	δ_1	λ_1	δ_2	λ_2	α_d	α_2	K
1	221.943	0.01	0.1396	0.016	17.445	1395.6	89.08	11.24
2	221.943	0.001	0.1396	0.016	17.445	1395.6	91.28	41.22
3	221.943	0.001	0.1396	0.016	17.445	1395.6	92.69	41.50
4	221.943	0.001	0.1396	0.016	17.445	1395.6	93.51	41.67

（5）**聚合釜搅拌功率的计算**　丁二烯溶液聚合生产顺丁橡胶中，随着单体转化率的提高，体系的动力黏度逐渐增加，一般从几十厘泊增加到几万厘泊，为此要从适合高黏度液体的锚式、框式、螺杆式及双螺带式等搅拌器中进行选择。目前，国内有的生产厂家主要采用首釜为框式，其余为双螺带式，设计中根据1998年第1期《合成橡胶工业》"顺丁橡胶技术开发中的几个工程放大问题"中所分析的框式搅拌器，在使用中存在因湍流程度不够而造成釜内温度上下不均及混合分散程度差的缺点，决定全部采用双螺带式搅拌器，搅拌转速为59r/min，其他几何参数如图3-21所示。

查《搅拌设备设计》第59页知，当双螺带式搅拌器的几何参数为：$d_i/D = 0.92 \sim 0.98$；$h/d_i = 0.8 \sim 5.5$；$s/D = 1.0$；$H/D = 0.9 \sim 2.5$；$b/d_i = 0.10$ 时，同时，在层流区操作时，其功率数为

$$Np = 340\left(\frac{h}{d_i}\right)(Re)^{-1.0}$$

当 $Re > 100$ 时：$Np = 7.0\left(\frac{h}{d_i}\right)(Re)^{-0.33}$

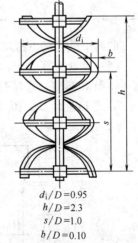

$d_i/D = 0.95$
$h/D = 2.3$
$s/D = 1.0$
$b/D = 0.10$

图 3-21　双螺带式搅拌器

由前面计算结果可知，各釜的 Re 值均大于100，所以设计采用后面关系式进行计算，然后，再按下式求出搅拌功率。

$$P = \frac{Np}{102g}on^3 d_i^5$$

查《搅拌设备设计》第161页知，电机功率为：

$$P_a = \frac{N + N_m}{\eta}$$

采用机械密封时：$P_m = P_填 (10\% \sim 15\%)$

以上各式中，H 为聚合釜筒体高度，m；D 为聚合釜筒体内径，m；h 为搅拌器搅拌叶总高度，m；d_i 为搅拌叶外径，m；s 为搅拌叶螺距，m；b 为搅拌叶宽度，m；Re 为搅拌雷诺数；Np 为搅拌功率数；P 为搅拌功率，kW；ρ 为液体密度，kg/m³；n 为搅拌转速，r/s；g 为重力加速度，m/s²；P_a 为电机功率，kW；P_m 为轴密封系统摩擦损失功率，kW；η 为机械传动效率，kW（一般 $\eta = 0.95 \sim 0.98$）；$P_填$ 为填料密封系统摩擦损失功率，kW。

以 1 号釜为例进行计算：

设计中取 $\left(\dfrac{h}{d_i}\right) = 2.3$；$P_填 = 0.1P$；$P_m = 0.15 P_填$；$\eta = 0.95$。

则：

$$Np = 7.0 \times 2.3 \times (498.51)^{-0.33} = 2.073$$

$$P = \frac{2.073}{102 \times 9.81} \times 606.8 \times \left(\frac{59}{60}\right)^3 \times (1.71)^5 = 17.48 \text{kW}$$

$$P_a = \frac{17.48 \times (1 + 0.015)}{0.95} = 18.686 \text{kW}$$

同理可求其他各釜的 P 和 P_a，见表 3-25

表 3-25　各釜的 P 和 P_a

釜号	Re	Np	P/kW	P_a/kW
1 号	4981.51	2.073	17.48	18.676
2 号	239.31	2.641	22.904	24.47
3 号	166.12	2.979	26.303	28.10
4 号	112.68	3.492	31.186	33.32

取其中最大的电机功率，同时考虑 1.65 的备用系数，则实际电机功率为 55kW。

（6）热量衡算

a. 计算基准　数量基准：kJ/h。基准温度：0℃。

b. 总热量衡算如图 3-22 所示。

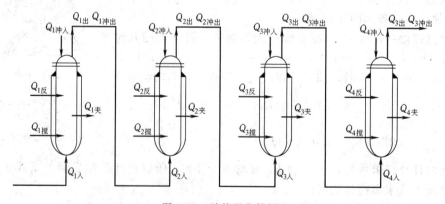

图 3-22　总热量衡算图

c. 各釜热量衡算关系式：

1 号釜　$Q_{1入} + Q_{1反} + Q_{1搅} + Q_{1冲入} = Q_{1出} + Q_{1冲出} + Q_{1夹}$

2 号釜　$Q_{2入} + Q_{2反} + Q_{2搅} + Q_{2冲入} = Q_{2出} + Q_{2冲出} + Q_{2夹}$

3 号釜　　$Q_{3入}+Q_{3反}+Q_{3搅}+Q_{3冲入}=Q_{3出}+Q_{3冲出}+Q_{3夹}$

4 号釜　　$Q_{4入}+Q_{4反}+Q_{4搅}+Q_{4冲入}=Q_{4出}+Q_{4冲出}+Q_{4夹}$

d. 搅拌热　根据资料介绍，搅拌热与胶液黏度大小有关。黏度大，搅拌热就大。设计中取 1 号釜电机功率的 70%、2 釜电机功率的 75%、3 号釜电机功率的 80% 及 4 号釜电机功率的 85% 用于形成搅拌热。

e. 各釜热量衡算　1 号釜热量衡算（目的是确定进料温度）

$$Q_{1入}=Gc_pT_1=8031.039\times2.2604\times T_1=18153.361T_1 \quad kJ/h$$

$$Q_{1反}=xG_{丁二烯}\Delta H_{反}=0.3781\times1648.180\times1381.38=860844.05 \quad kJ/h$$

$$Q_{1搅}=55\times0.70\times3600=138600 \quad kJ/h$$

$Q_{1冲入}=0$（首釜不冲冷油）

$Q_{1夹}=0$（因为首釜挂胶严重，传热系数较小，故不用夹套移热）

$$Q_{1出}=Gc_p(T_2-T_1)=8033.136\times2.5744\times(94-0)=1943967.5kJ/h$$

$Q_{1冲出}=0$

由 1 号釜热量平衡关系式知：$Q_{1入}=Q_{1出}-(Q_{1反}+Q_{1搅})$

$$18153.361T_1=1943967.5-(860844.05+138600)$$

解得：　　　　　　　　　　　　$T_1=52℃$

2 号釜热量衡算（目的是确定冲冷油量）

$$Q_{2入}=Q_{1出}=1943967.5kJ/h$$

$$Q_{2反}=0.2351\times1648.18\times1381.38=535266.96kJ/h$$

$$Q_{2搅}=55\times0.75\times3600=148500kJ/h$$

$Q_{2冲入}=0$（$T_{2冲}=0$）

$Q_{2出}=Q_{2入}$

$Q_{2夹}=K_2A_2\Delta t_{m2}$

已知：冷却盐水 $t_{进}=-12℃$，$t_{出}=-8℃$。

$$\Delta t_1=T-t_{进}=94-(-12)=106℃$$

$$\Delta t_2=T-t_{出}=94-(-8)=102℃$$

因为　　　　　　　　　　　$\Delta t_1=\dfrac{106}{102}=1.04<2$

所以　　　　　　　　　　　$\Delta t_m=\dfrac{106+102}{2}=104℃$

$$K_2=41.22W/(m^2\cdot℃)$$

取　　　　　　　　　　　　$A_2=27m^2$

则：　　　　　$Q_{2夹}=41.22\times27\times104\times3.6=416684.74kJ/h$

由热量平衡关系式知：　　$Q_{2冲出}=Q_{2反}+Q_{2搅}-Q_{2夹}$

$$Q_{2冲出}=535266.96+148500-416684.74=267082.22kJ/h$$

冷抽余油用量：　　$G_{2冲}=\dfrac{267082.22}{2.5744\times(94-0)}=1103.67kg/h$

冷却盐水用量：　　$G_{2盐}=\dfrac{416684.74}{2.859\times(-8+12)}=36436.23kg/h$

3 号釜热量衡算（目的是确定冲冷油量）

$$Q_{3入}=Q_{2出}+Q_{2冲出}=Q_{3出}=2211049.7kJ/h$$

$$Q_{3反}=0.1462\times1648.18\times1381.38=332862.73kJ/h$$

$$Q_{3搅}=55\times0.80\times3600=158400kJ/h$$

$$Q_{3夹} = 41.50 \times 27 \times 104 \times 3.6 = 419515.2kJ/h$$

$$Q_{3冲入} = 0 \quad (T_{3冲} = 0)$$

由热量平衡关系式知： $\quad Q_{3冲出} = Q_{3反} + Q_{3搅} - Q_{3夹}$

$$Q_{3冲出} = 332862.73 + 158400 - 419515.2 = 71747.53kJ/h$$

冷抽余油用量： $\quad G_{3冲} = \dfrac{71747.53}{2.5744 \times (94-0)} = 296.49kg/h$

冷却盐水用量： $\quad G_{3盐} = \dfrac{419515.53}{2.859 \times (-8+12)} = 36683.764kg/h$

4号釜热量衡算

$$Q_{4入} = Q_{3出} + Q_{3冲出} = Q_{4出} 2282797.3kJ/h$$

$$Q_{4反} = 0.091 \times 1648.18 \times 1381.38 = 207185.42kJ/h$$

$$Q_{4搅} = 55 \times 0.85 \times 3600 = 168300kJ/h$$

$$Q_{4夹} = 41.67 \times 27 \times 104 \times 3.6 = 421233.7kJ/h$$

$$Q_{4冲入} = 0 \quad (T_{2冲} = 0)$$

由热量平衡关系式知： $\quad Q_{4冲出} = Q_{4反} + Q_{4搅} - Q_{4夹}$

$$Q_{4冲出} = 207185.42 + 168300 - 421233.7 = -45748.28kJ/h$$

负数表示4号釜不用冲冷油只用夹套就可以满足传热要求。因此，要重新确定夹套的传热负荷与冷却盐水的用量。

$$Q_{4夹} = Q_{4反} + Q_{4搅}$$

$$Q_{4夹} = 207185.42 + 168300 = 375485.42kJ/h$$

冷却盐水用量： $\quad G_{4盐} = \dfrac{375485.42}{2.859 \times (-8+12)} = 32833.632kg/h$

f. 1～4号釜热量衡算总结果见表3-26。

表 3-26 1～4号釜总热量衡算

项 目	1号釜	2号釜	3号釜	4号釜
V_R/m^3	12	12	12	12
$T/℃$	94	94	94	94
$\bar{\tau}/min$	60	60	60	60
$X_{纯}/\%$	37.81	23.51	14.62	9.01
冲油前 $\omega/\%$	7.76	12.58	15.56	17.45
冲油后 $\omega/\%$	7.76	11.06	13.27	14.72
$K/[W/(m^2 \cdot ℃)]$	11.24	41.22	41.50	41.67
A/m^2	27	27	27	27
$\Delta t_m/℃$	104	104	104	104
$Q_{入}/(kJ/h)$	18153.361T1	1943967.5	2211049.7	2282797.3
$Q_{搅}/(kJ/h)$	138600	148500	158400	168300
$Q_{反}/(kJ/h)$	860844.05	535266.96	332862.73	207185.42
$Q_{出}/(kJ/h)$	1943967.5	1943967.5	2211049.7	2220223.8
$Q_{冲出}/(kJ/h)$	0	267082.22	71747.53	0
$Q_{夹}/(kJ/h)$	0	416684.74	419515.2	375485.42
$G_{冲}/(kg/h)$	0	1103.67	296.49	0
$G_{盐}/(kg/h)$	0	36436.23	36683.764	32833.632

3.2.1.2　项目分析——思维导图

顺丁橡胶（BR）生产工艺设计初步说明书中涉及的热量衡算结果如前面所示，建议按图 3-23 所示热量衡算思维导图进行审核与细化。

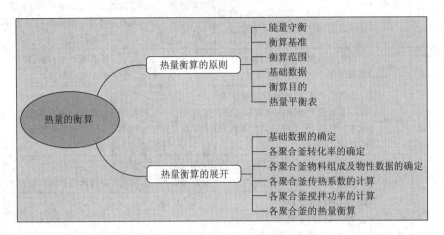

图 3-23　热量衡算思维导图

3.2.2　项目实施

3.2.2.1　项目实施展示的画面

子项目 3.2 实施展示的画面如图 3-24 所示。

图 3-24　子项目 3.2 实施展示的画面

3.2.2.2　建议采用的实施步骤

建议教学过程中采用表 3-27 所列步骤进行。

表 3-27 子项目 3.2 实施步骤

步骤	名称	时间	指导教师活动与结果		学生活动与结果	
一	项目解释方案制订学生准备	提前1周	项目内涵解释、注意事项;提示学生按项目组制订工作方案,明确组内成员的任务;组长检查记录	审核任务检查记录	工作方案个人准备	明确项目任务,各项目组制订初步工作方案(如何开展、人员分工、时间安排等),并按方案加以准备、实施
二	第一次讨论检查	15min	组织学生第一次讨论,检查学生准备情况	检查记录	工作日记汇报提纲	各项目组讨论、填写工作日记、整理汇报材料
三	第一次发言评价	15min	组织学生汇报对各项目组聚合反应系统热量衡算审核意见,说明参考的依据,接受项目委托方代表的评价	实况记录初步评价	汇报提纲记录问题	各项目组发言代表汇报倾听项目委托方代表评价
四	第一次指导修改	15min	针对汇报中出现的问题进行指导,提出修改性意见	问题设想实际问题	记录发言	学生以听为主,可以参加讨论,提出自己的想法
			设想的问题或思路 基础数据的审核: →聚合釜物料衡算数据 →聚合时间 →聚合釜台数 →聚合温度 →冷却盐水进出温度 →溶剂油组成及物性数据 →丁烯、丁二烯物性数据 →顺 BR 胶物性数据 →冷冻盐水物性数据 各聚合釜转化率的审核: →计算机软件程序利用 →确定时的理论模型 各聚合釜物料组成及物性数据的审核: →各聚合釜物料组成 →各聚合釜数据处理结果 各聚合釜对流传热系数和传热系数的审核: →夹套内冷却盐水的对流传热系数 →釜内对流传热系数 →各聚合釜总传热系数 聚合釜搅拌功率的审核: →搅拌器形式的选择 →搅拌功率的计算 →各聚合釜搅拌功率结果 热量衡算的审核: →计算基准 →总热量衡算图 →各聚合釜衡算关系(数学模型) →搅拌热的计算 →各聚合釜的热量衡算(1号釜的热量衡算目的确定丁油进料温度;2、3号釜的热量衡算确定冲冷油的量;4号釜的热量衡算确定冷却盐水用量) →总热量衡算表			
五	第二次讨论修改	10min	巡视学生再次讨论的过程,对问题进行记录	记录问题	补充修改意见	学生根据指导教师的指导意见,对第一次汇报内容进行补充修改,完善第二次汇报内容

步骤	名称	时间	指导教师活动与结果			学生活动与结果
六	第二次发言评价	5min	组织进行第二次汇报 记录学生未考虑到的内容，并给出评价意见	记录评价意见	发言提纲记录	学生倾听项目委托方代表的评价，记录相关问题
七	第二次指导修改	5min	针对各项目组第二次汇报的内容进行第二次指导	记录结果未改问题	记录发言	学生以听为主，可以参加讨论，提出自己的想法，对局部进行修补，做好终结性发言材料
			按第一次指导的思路，对各项目组未处理问题加以指导			
八	第三次发言评价报告整理	8min	组织各项目发言代表对项目完成情况进行终结性发言，并对最终结果加以肯定性评价	记录结论	发言稿记录	各项目组发言代表做终结性发言，倾听指导教师的评价，同时，完善项目报告的相关内容
九	归纳总结	15min	项目完成过程总结 结合热量衡算部分内容，展示教学课件，对相关知识进行总结性解释。适当展示相关材料	总结提纲理论课件	记录领悟	学生以听为主，可以提出自己的观点，参加必要的讨论
十	新项目任务解释	3min	子项目3.3 设备计算及选型结果的审核			

注：此子项目需要学时为 4 学时，故表中的时间均按 2 倍执行。

3.2.3 结果展示

结果展示主要采用 PPT 展示和项目报告的形式进行。其中 PPT 展示材料以电子稿形式上交，项目报告参考格式见子项目 1.1 项目报告样本。

3.2.4 考核评价

考核评价过程与内容与子项目 1.1 考核评价相同。

3.2.5 支撑知识

物料衡算之后便可以进行热量衡算，两者同是设备计算及其他工艺计算的基础。热量衡算是能量衡算的一种，全面的能量衡算包括热能、动能、电能等。

3.2.5.1 热量衡算的目的和任务

热量衡算以能量守恒定律为基础，即在稳定的条件下，进入系统的能量必然等于离开系统的能量和损失能量之和。通过计算传入或传出的热量，确定加热剂或冷却剂的消耗量以及其他能量的消耗；计算传热面积以决定换热设备的工艺尺寸；确定合理利用热量的方案以提高热量综合利用的效率。

热量衡算有两种情况：一种是对单元设备做热量衡算，当各个单元设备之间没有热量交换时，只需对个别设备做计算；另一种是整个过程的热量衡算，当各工序或单元操作之间有热量交换时，必须做全过程的热量衡算。

热量衡算的基本过程是在物料衡算的基础上进行单元设备的热量衡算（在实际设计中常与设备计算结合进行），然后再进行整个系统的热量衡算，尽可能做到热量的综合利用，如果发现原设计中有不合理的地方，可以考虑改进设备或工艺，重新进行计算。

3.2.5.2 单元设备的热量衡算

单元设备的热量衡算就是对一个设备根据能量守恒定律进行热量衡算。内容包括计算传入或传出的热量，以确定有效热负荷；根据热负荷确定加热剂（或冷却剂）的消耗量和设备必须满足的传热面积。

（1）方法与步骤

a. 画出单元设备的物料流向及变化示意图。

b. 根据物料流向及变化，列出热量衡算方程式：

$$\sum Q = \sum H_{出} - \sum H_{进} \qquad (3-8)$$

式中，$\sum Q$ 为设备或系统与外界环境各种换热量之和，其中常常包括热损失（低温时是传入的热量），kJ；$\sum H_{出}$ 为离开设备或系统各股物料的焓之和，kJ；$\sum H_{进}$ 为进入设备或系统各股物料的焓之和，kJ。

此外，在解决实际问题中，热平衡方程式还可以写成如下形式：

$$Q_1 + Q_2 + Q_3 + \cdots = Q_{\mathrm{I}} + Q_{\mathrm{II}} + Q_{\mathrm{III}} + \cdots \qquad (3-9)$$

式中，Q_1 为所处理的各股物料带入设备的热量，kJ；Q_2 为由加热剂（或冷却剂）传给设备和物料的热量，kJ；Q_3 为各种热效应如化学反应热、溶解热等，kJ；Q_{I} 为离开设备各股物料带走的热量，kJ；Q_{II} 为加热设备消耗的热量，kJ；Q_{III} 为设备的热损失，kJ。

c. 搜集有关数据　主要收集已知物料量（kg 或 kmol）、工艺条件（温度、压力）以及有关物性数据和热力学数据，如比热容、汽化潜热、标准生成热等。

d. 确定计算基准温度　在进行热量衡算时，应确定一个合理的基准温度，一般都以 273K(0℃) 和 298K(25℃) 为基准温度，这样，计算过程比较简单。其次，计算时还要确定基准相态。

e. 各种热量的计算如下。

① 各种物料带入（出）的热量 Q_1 和 Q_{I} 的计算。

$$Q = \sum m_i c_{pi} \Delta t_i \qquad (3-10)$$

式中，m_i 为物料的质量，kg；c_{pi} 为物料的比热容，kJ/(kg·K)；Δt_i 为物料进入或离开设备的温度与基准温度的差值，K。

② 过程热效应 Q_3 的计算。过程的热效应可以分为两类：一类是化学反应热；另一类是状态热。这些数据可以从手册中查取或从实际生产数据中获取，也可按有关公式求得。

③ 加热设备消耗的热量 Q_{II} 的计算。

$$Q_{\mathrm{II}} = \sum m_w c_{pw} \Delta t_w \qquad (3-11)$$

式中，m_w 为设备各部分的质量，kg；c_{pw} 为设备各部分材料的比热容，kJ/(kg·K)；Δt_w 为设备各部分加热前、后的平均温度，K。

计算时，m_w 可估算，c_{pw} 可在手册中查取。对于连续设备，Q_{II} 这一项可忽略，但对间歇过程必须计算。

④ 设备热损失 Q_{III} 的计算。

$$Q_{\mathrm{III}} = \sum A \alpha_T (t_w - t_0) \tau \qquad (3-12)$$

式中，A 为设备散热表面积，m²；α_T 为散热表面对周围介质的传热系数，kJ/(m²·h·K)；t_w 为设备壁的表面温度，K；t_0 为周围介质的温度，K；τ 为过程的持续时间，h。

当周围介质为空气作自然对流时，而壁面温度 t_w 又在 323～627K 的范围内，可按下列经验公式求取 α_T：

$$\alpha_T = 8 + 0.05 t_w \qquad (3-13)$$

有时根据保温层的情况，热损失 Q_{III} 可按所需热量的 10% 左右估算。如果整个过程为低温，则热平衡方程式的 Q_{III} 为负值，表示冷量的损失。

⑤ 传热剂向设备传入或传出的热量 Q_2 的计算。

Q_2 在热量衡算中是待求取的数值。当 Q_2 求出以后，就可以进一步确定传热剂种类（加热剂或冷却剂）、用量及设备所具备的传热面积。计算结果若 Q_2 为正值，则表示设备需要加热；若 Q_2 为负值，则表示需要从设备内部取出热量。

f. 列出热量平衡表。

g. 传热剂用量的计算　化工生产过程中，传入、传出设备的热量往往是通过传热剂按一定方式来传递的。因此，对传热剂的选择及用量的计算是热量计算中必不可少的内容。

① 加热剂用量的计算。在化工生产中常用的加热剂有水蒸气、烟道气、电能，有时也用联苯醚等有机载热体等。

间接加热时水蒸气消耗量的计算。

$$D=\frac{Q_2}{I-c_p t}\quad \text{kg} \tag{3-14}$$

式中，I 为水蒸气热焓，kJ/kg；c_p 为水的比热容，kJ/(kg·K)；t 为冷凝水温度（常取水蒸气温度），K。

燃料消耗量（B）的计算：

$$B=\frac{Q_2}{\eta_T Q_T}\quad \text{kg} \tag{3-15}$$

式中，η_T 为燃烧炉的热效率；Q_T 为燃料的发热值，kJ/kg。

电能消耗量（E）的计算：

$$E=\frac{Q_2}{860\eta}\quad \text{kW·h} \tag{3-16}$$

式中，η 为电热设备的电功效率（一般取 0.85～0.95）。

② 冷却剂消耗量（W）的计算。常见的冷却剂为水、空气、冷冻盐水等，可按下式计算

$$W=\frac{Q_2}{c_{p0}(t_K-t_H)}\quad \text{kg} \tag{3-17}$$

式中，c_{p0} 为冷却剂比热容，kJ/(kg·K)；t_K 为冷却剂进口温度，K；t_H 为冷却剂出口温度，K。

h. 传热面积的计算　在化工生产中，温度是重要的因素。为了及时地控制过程中的物料温度，使整个生产过程在适宜的温度下进行，就必须使所用的换热设备有足够的传热面积，传热面积的计算通常由热量衡算式算出所传递的热量 Q_2，再根据传热速率方程求取传热面积。

$$Q_2=KA\Delta t_m\quad \text{kJ} \tag{3-18}$$

由式(3-18) 得

$$A=\frac{Q_2}{K\Delta t_m}\quad \text{m}^2 \tag{3-19}$$

式中，K 为传热系数，kJ/(m²·h·K)；Δt_m 为传热剂与物料之间的平均温度差，K；A 为传热面积，m²。

间歇过程传热量往往随时间而变化，因此，在计算传热面积时，要考虑到反应过程吸热（或放热）强度不均匀的特点，应以整个过程中单位时间传热量最大的阶段为依据，也就是说反应设备传热面积应按过程中热负荷最大阶段的传热速率来决定。所以在计算传热面积时，必须先计算整个过程多个阶段的热量，通过比较才能决定热负荷最大的阶段，从而确定传热面积的大小。

(2) 注意事项

a. 必须根据物料走向及变化具体了解和分析热量之间的关系，然后，根据能量守恒定律列出热量关系式，式(3-9) 适用于一般情况，由于热效应有吸热和放热，有热量损失和冷

量损失，使式中有的热量将有正负两种情况，故在使用时须根据具体情况进行分析。另外，在计算过程中有些很小的热量可忽略不计。

b. 必须弄清过程中存在的热量形式，从而确定需要收集哪些数据。化工过程中的热效应（包括反应热、溶解热、结晶热等），可以直接从有关资料手册中查取。显热可由比热容计算，潜热可由汽化热计算，显热和潜热都可由焓计算得知，而且比较简单。

c. 计算结果是否符合实际，关键在于能否收集到可靠的数据。

d. 间歇操作设备常用"kJ/台"为计算基准，因热负荷随时间而变化，所以可用不均衡系数换算成"kJ/h"，不均衡系数则应根据具体情况取经验值，换算公式为：

$$Q = \frac{Q_2 \times \text{不均衡系数}}{\text{小时/台}} \quad \text{kJ/h} \tag{3-20}$$

此外，间歇操作时还应计算加热（冷却）设备的热量 Q_5。

3.2.5.3 系统热量平衡计算

系统热量平衡是对一个换热系统、一个车间（工段）和全厂（或联合企业）的热量平衡。其依据的基本原理仍然是能量守恒定律，即进入系统的热量等于出系统的热量和损失热量之和。

（1）系统热量平衡的作用 通过对整个系统能量平衡的计算求出能量的综合利用率。由此来检验流程设计时提出的能量回收方案是否合理，按工艺流程图检查重要的能量损失是否都考虑到了回收利用，有无不必要的交叉换热，核对原设计的能量回收装置是否符合工艺过程的要求。

通过各设备加热（冷却）利用量计算，把各设备的水、电、汽、燃料的用量进行汇总。求出每吨产品的动力消耗定额，每小时、每昼夜的最大用量以及年消耗量等，如表 3-28 所示。

表 3-28　动力消耗

序号	动力名称	规格	每吨产品消耗定额	每小时消耗量		每昼夜消耗量		每年消耗量	备注
				最大	平均	最大	平均		
1	2	3	4	5	6	7	8	9	10

动力消耗包括自来水（一次水）、循环水（二次水）、冷冻盐水、蒸汽、电、石油气、重油、氮气、压缩空气等。

动力消耗量根据设备计算的能量平衡部分及操作时间求出。消耗量的日平均值是以一年中平均每日消耗量计，小时平均值则以日平均值为准。每昼夜与每小时最大消耗量是以其平均值乘上消耗系数求取，消耗系数须根据实际情况确定。

动力规格是指蒸汽的压力、冷冻盐水的进出口温度等。

（2）系统热量平衡计算步骤 系统热量平衡计算步骤基本上与单元设备的计算步骤相同。

3.2.6 拓展知识——利用计算机进行丁二烯聚合转化率的计算

丁二烯溶液聚合采用等温连续釜式操作，聚合属于一级反应。各聚合釜反应转化率的计算公式参见 3.2.1.1。

已知：聚合釜体积为 $12m^3$；平均停留时间 60min；聚合温度 94℃；聚合温度下催化剂的利用率为 0.27。

若聚合采用 4 釜串联连续操作，则试确定满足聚合转化率为 85% 时的主催化剂浓度和各釜纯转化率与累积转化率。

计算机所用 BASIC 源程序：

```
100   N=0
110   Y=1:X(0)=0
120   INPUT"釜数 N","温度 T","累计转化率 X","纯转化率 X"
130   N=N+1
140   READ T:T=T+273.15
150   K=0.27*Co*3.637E+8*EXP(-4455/T)
160   Y=Y/(1+60*K)
170   X(N)=1-Y
180   PRINT N,T,X(N),X(N)-X(N-1)
190   IF X(N)<0.85 THEN 30
200   END
210   DATA 94,94,94,94
```

计算结果：

Co=1.92E-5

釜数 N	温度 T	累计转化率 X	纯转化率 X
1	367.15	0.3780685	0.3780685
2	367.15	0.6132013	0.2351328
3	367.15	0.7594377	0.1462364
4	367.15	0.8503867	9.094906E-02

计算框图如图 3-25 所示。

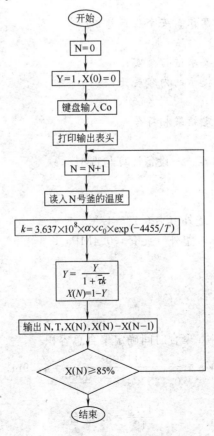

图 3-25　丁二烯聚合转化率的计算过程

（程序中 Co 表示 c_0）

3.3 设备计算及选型结果的审核

▲ **教学目的**

通过对 BR 车间初步工艺设计说明书中设备计算过程与选型结果的审核。使学生能够掌握设备计算与选型的过程、步骤、方法。

▲ **能力目标**

- 能够对 BR 车间初步设计说明书中设备计算的过程与结果进行审核；
- 能够对其他设备的选型结果进行审核；
- 能够熟练地查阅各种资料，并加以汇总、筛选、分析；
- 能够应用计算机进行典型设备的相关计算。

▲ **知识目标**

- 学习并初步掌握设备计算的过程、方法与步骤；
- 学习并初步掌握选型的依据与方法。

▲ **素质目标**

- 能够利用各种形式进行信息的获取；
- 在做事过程中如何与其他人员进行讨论、合作；
- 如何阐述自己的观点；
- 经济意识、环境保护意识、安全生产意识。

▲ **实施要求**

- 总体按项目 3 总实施要求进行落实；
- 各组可以按思维导图提示的内容展开；
- 注意分工与协作；
- 注意与工艺路线的确定结果相符合。

3.3.1 项目分析

3.3.1.1 需要审核的具体内容——设备计算与选型

（1）聚合釜计算

a. 基础数据

设计温度：釜内 120℃，釜外（夹套）－12℃。

设计压力：釜内 1.0MPa，釜外（夹套）0.4MPa。

工艺要求容积：12m³。

操作形式：满釜连续操作。

材质：1Cr18Ni9Ti。

其他数据同前。

b. 聚合釜容积确定　按 4h 聚合时间确定聚合总容积

$$V_{总} = \frac{11000}{0.135 \times 0.85 \times \frac{8000}{4}} = 47.9 \text{m}^3$$

需 12m³ 聚合釜台数为：　　$\frac{47.9}{12} = 3.99$ 台

圆整为 4 台，考虑 1.2 的备用系数，则需 12m³ 聚合釜 5 台。

c. 聚合釜筒体直径与筒体高度确定　因反应体系的黏度较大，所以解决好传热问题非常重要。查《聚合物合成设计基础》第 78 页知，一般釜的高径比在 1~3 之间，高径比大有利于传热，但不利于搅拌。设计中综合考虑取高径比为 2.4。

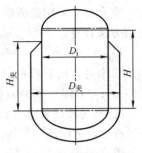

图 3-26　聚合釜筒体简图

如图 3-26 所示，高径比 $\gamma = \dfrac{H}{D_i}$

① 聚合釜筒体直径确定　设计中初选 $V_封 = 1\text{m}^3$，按下式估算聚合釜的筒体直径：

$$D_i = \sqrt[3]{\frac{4(V - V_封)}{\pi \gamma}}$$

式中，D_i 为聚合釜直径，m；V 为聚合釜容积，m^3；$V_封$ 为聚合釜封头容积，m^3；π 为圆周率；γ 为高径比。

$$D_i = \sqrt[3]{\frac{4 \times (12 - 1)}{3.14 \times 2.4}} \approx 1.801\text{m}$$

圆整取 1.8m。

② 封头容积及直边高度确定　封头选用椭圆形封头，结构如图 3-27 所示。

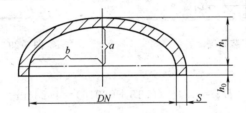

图 3-27　聚合釜封头筒体

根据筒体直径查《化工设备机械基础》第三册第 230 页及《化工设备标准手册》第四卷第 10 页得有关数据如下：

$h_1 = 450\text{mm}$；$h_0 = 40\text{mm}$；$A_{内表} = 3.73\text{m}^2$；$V_封 = 0.864\text{m}^3$；$G_封 = 479\text{kg}$（$S = 16\text{mm}$）

③ 筒体高度确定　由 $D_i = 1800\text{mm}$ 查《化工设备机械基础》附表 1-1 得每米筒体的体积 V_1 面积 A_1 和质量 m_1：$V_1 = 2.545\text{m}^3$；$A_1 = 5.66\text{m}^2$；当 $S = 16\text{mm}$ 时，$G_1 = 716\text{kg}$。

根据公式 $H = \dfrac{V - V_封}{V_1}$ 得

$$H = \frac{12 - 0.864}{2.545} \approx 4.376\text{m}$$

取 $H = 4.4\text{m}$，则：

$$V_实 = 4.4 \times 2.545 + 0.864 = 12.062\text{m}^3$$

考虑搅拌器等所占的容积，实际有效容积 V 约 12m^3

$$\gamma_实 = \frac{4.4}{1.8} \approx 2.44$$

d. 夹套直径及高度确定

① 夹套直径确定　查《化工设备机械基础》第 180 页表 25-3 知：D_i 在 700~1800mm 之间时

$$D_j = D_i + 100$$

因 $D_i = 1800\text{mm}$，所以：

$$D_j = 1800 + 100 = 1900\text{mm}$$

夹套封头采用椭圆形封头，直径采用与夹套筒体相同的直径，其他有关尺寸数据按前面介绍方法查得：

$h'_{0封}=40mm$；$h'_{1封}=475mm$；$A'_{封内}=4.14m^2$；$V'_{封}=1.01m^2$；$G'_{封}=397kg$（$S=8mm$）

每米夹套所具有的体积 $^*V'_{1夹}$、面积 $^*A'_{1夹}$ 和质量 $^*G'_{1夹}$ 为 $^*V'_{1夹}=2.806m^2$；$^*A'_{1夹}=5.97m^2$；$^*G'_{1夹}=558kg$（$S=8mm$）

② 夹套高度确定　夹套越高传热面越大，但过高会影响封头的装卸。如图 3-28 和图 3-29 所示，选用乙型平焊法兰，其基本尺寸可由《化工设备标准手册》第四卷第 358 页查得，其总质量为 1184.6kg。

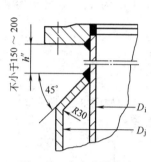

图 3-28　夹套安装高度

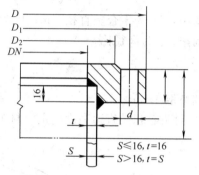

图 3-29　法兰几何尺寸

取 $h''=150mm$，则：

$$H_{夹}=4.4-(0.15+0.016)=4.234m$$

校核传热面积

$$A=A_{封}+A_{筒}=3.73+5.56\times4.234=27.3m^2$$

即传热面积完全满足工艺要求。

③ 夹套内螺旋导流板确定　根据《搅拌设备设计》第 142 页和《化工设备机械基础》第三册第 180 页中的内容进行选择。其几何尺寸如图 3-19 所示。

e. 聚合釜筒体壁厚确定　根据 $D_i=1800mm$，$p=1.0MPa$，$p_{夹}=0.4MPa$，$\gamma=2.44$，查《化工设备机械基础》第三册第 181 页表 25-4 知，壁厚应在 16～18mm 之间，本设计取壁厚 $S=16mm$。

f. 聚合釜封头壁厚确定　设计中选用标准椭圆封头，其壁厚计算公式

$$S=\frac{pD_i}{2[\sigma]^t\phi-0.5p}+C$$

$$C=C_1+C_2+C_3$$

$$C_3=0.11(S_0+C_2)$$

式中，S 为标准椭圆封头的壁厚，mm；D_i 为封头内直径，mm；C 为封头壁厚附加量，mm；C_1 为钢板负偏差，mm；C_2 为腐蚀余量，mm；C_3 为封头热加压成型时壁厚减薄量，mm；S_0 为计算壁厚，mm，$S_0=\frac{pD_i}{2[\sigma]^t\phi-0.5p}$；$p$ 为设计压力，MPa；$[\sigma]^t$ 为设计温度时的许用应力，MPa；ϕ 为焊缝系数，若为整块钢板制造，则 $\phi=1$。

查《化工机械基础》第 362 页表 23-6，取 $C_1=0.8mm$；$C_2=2mm$。查表 23-5，取 $\phi=0.7$。查第 361 页表 23-3，取 $[\sigma]^t=133MPa$。

壁厚计算结果

$$S=\frac{1.0\times1800}{2\times133\times0.7-0.5\times1.0}+0.8+3.29=13.78\text{mm}$$

取与简体相同的壁厚，即 16mm。

g. 夹套简体与封头壁厚确定　夹套选用钢材为 16MnR，其使用温度范围为 $-20\sim475℃$。

简体壁厚计算公式

$$S=\frac{pD_j}{2[\sigma]^t\phi-p}+C$$

查《化工机械基础》第 360 页表 23-2 得 $[\sigma]^t=173\text{MPa}$；查第 362 页表 23-6，取 $C_1=0.8\text{mm}$；$C_2=2\text{mm}$；查表 23-5，取 $\phi=0.7$。代入上式计算得：

$$S=\frac{0.4\times1900}{2\times173\times0.7-0.4}+2.8=5.94\text{mm}$$

夹套封头计算

$$C_3=0.11(S_0+C_2)=0.11\times(3.14+2)=0.57\text{mm}$$

$$S=\frac{0.4\times1900}{2\times173\times0.7-0.5\times0.4}+3.37=6.51\text{mm}$$

取夹套壁厚为 8mm。

h. 聚合釜质量估算

$$m_筒=4.4\times716=3150.4\text{kg}$$

$$m_封=2\times479=958\text{kg}$$

$$m_{法兰}=1184.6\text{kg}$$

$$m_夹=4.182\times558=2333.56\text{kg}$$

$$m_{夹封}=397\text{kg}$$

釜质量

$$m_釜=m_筒+m_封+m_{法兰}+m_夹=8023.56\text{kg}$$

i. 搅拌器的确定

① 搅拌器形式　采用双螺带式搅拌器，依据与结构参数见热量衡算部分。

② 搅拌器轴径确定　根据电机功率 55kW 和搅拌转速 59r/min，查《搅拌设备设计》表 5-11 初选轴径 $d'=113\text{mm}$，再查表 5-9 知，材质为 1Cr18Ni9Ti 时轴的变换系数为 $1.27\sim1.07$，实取 1.20 时，则：

轴径

$$d''=113\times1.20=135.6\text{mm}$$

考虑轴上开有若干键槽等，应增加 25%，则：

$$d=135.6\times(1+0.25)=169.5\text{mm}$$

取 170mm。

③ 减速机的选择　根据《化工工艺设计手册》上册第 972 页表 9-13，选单级减速 X 系列行星摆线针轮减速机。

型号：XLD55-11，传动比 1:17。

配套电机 X11YB280M-6；功率 55kW；电压 380V；电流 104.4A；转速 980r/min；F 级绝缘；750kg。

j. 各物料进出管管径确定

① 釜底、釜顶进出料管直径确定　根据式（5-1）进行计算，由物料衡算知 $V=12.332\text{m}^3/\text{h}$；参照《化工工艺设计手册》第二版第 338 页表 15-17，并综合考虑系统黏度情况，取 $u=0.2\text{m/s}$。则：

$$d_i = \sqrt{\frac{4 \times 12.332}{3600 \times 3.14 \times 0.2}} = 0.148\text{m}$$

圆整取 150mm，材质 1Cr18Ni9Ti。则实际流速为 0.19m/s。同理其他管径确定如下。

② 冲冷油入口直径　取 50mm，材质 1Cr18Ni9Ti。

③ 氮气入口直径　取 40mm，材质 1Cr18Ni9Ti。

④ 终止剂入口直径　取 25mm，材质 1Cr18Ni9Ti。

⑤ 盐水出入口直径　取 150mm　16Mn。

⑥ 人孔、热电偶孔、采样孔等直径　参照有关资料分别确定为：人孔 350×500mm；热电偶孔 25mm；采样孔 25mm；放空孔 40mm；温包孔 25mm。

（2）终止釜的设计　按停留时间 1h 考虑，选用与聚合釜相同结构、相同尺寸的釜 1 台。

（3）凝聚釜的确定　选用凝聚釜 1 台。$\phi2800 \times 6500$ 釜 1 个；$V = 50\text{m}^3$。气相停留时间为 0.75min；液相停留时间为 18.51min。

（4）油水分离器　几何尺寸如图 3-30 所示。设计主要校核水相与油相的停留时间。

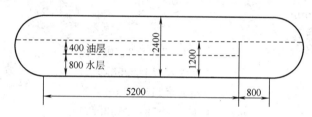

图 3-30　油水分离器几何尺寸

水相停留时间 87min；油相停留时间 38.73min。

（5）热水罐　取 $\phi2600 \times 9000$；$V = 50\text{m}^3$ 热水罐 1 个。热水停留时间 26min。

（6）胶液罐　取 4 个容积为 145m³ 胶液罐，装料系数为 80%。$\phi4000 \times 12000$。

（7）引发剂配制系统设备确定　各种引发剂配比和单位时间加入量汇总见表 3-29。

表 3-29　引发剂配比和单位时间加入量

引发剂种类	配比	加入量/(kg/h)	稀释剂加入量/(L/h)	合计
环烷酸镍	镍/丁二烯=2.0×10^{-5}	0.477	100	100
三异丁基铝	铝/丁二烯=1.0×10^{-4}	0.604		
三氟化硼乙醚络合物	硼/丁二烯=2.0×10^{-4}	0.867		
防老剂	丁二烯量的 0.79%	13.021		
终止剂	醇/铝=6	0.8427	111	

a. 浓环烷酸镍配制釜　配制时间：50h 配制 1 次。取 $\phi1400 \times 1600 \times 8$；$V = 2.5\text{m}^3$ 釜 1 台。其装料系数为 76%。

b. 稀环烷酸镍配制釜　取 $\phi1800 \times 1800 \times 12$；$V = 6.0\text{m}^3$ 釜 1 台。其装料系数为 80%。

c. 终止剂、防老剂配制釜确定　选 $\phi1800 \times 2200 \times 12$；$V = 7\text{m}^3$ 釜 1 台。装料系数为 80%。

d. 贮罐确定

① 三异丁基铝贮罐　选 $\phi1400 \times 1800 \times 8$；$V = 4.0\text{m}^3$ 贮罐 1 个。

② 硼剂贮罐　选 $\phi500\times1700\times3$；$V=0.35m^3$ 贮罐 1 个。装料系数 80%。

③ 乙醇贮罐　选 $\phi1800\times1800\times12$；$V=6.0m^3$ 贮罐。

④ 溶剂贮罐　选 $\phi1800\times1800\times12$；$V=6.0m^3$ 贮罐。

⑤ 镍剂贮罐　选 $\phi1800\times1800\times12$；$V=6.0m^3$ 贮罐。

⑥ 终止剂、防老剂贮罐　选 $\phi1800\times1800\times12$；$V=6.0m^3$ 贮罐。

⑦ 计量罐

铝剂计量罐　选用 $\phi500\times2000\times6$；$V=0.4m^3$ 计量罐 1 个。

镍剂计量罐　选用 $\phi500\times2000\times6$；$V=0.4m^3$ 计量罐 1 个。

终止剂、防老剂计量罐　选用 $\phi800\times1600\times6$；$V=1.0m^3$ 计量罐 1 个。

硼剂计量罐　选用 $\phi80\times2000\times4.5$；$V=0.01m^3$ 计量罐 1 个。

（8）换热器的选择

a. 丁油进料预热器、预冷器

① 预热器

加热蒸汽物性数据　根据 0.9（表压）MPa 查《基础化学工程》第 328 页得加热蒸汽的物性数据：温度 179℃；比容积 $0.1985m^3/kg$；密度 $5.037kg/m^3$；比热容 2.7083kJ/(kg·℃)；热导率 0.327W/(m·℃)；黏度 $1.54\times10^{-9}Pa\cdot s$；汽液焓差 2022.26kJ/h。

丁油物性数据　组成：79%溶剂油；21%丁二烯（包括少量丁烯）。取进口温度 35℃、出口温度 70℃，定性温度 52.5℃。查《化工工艺设计手册》下册有关图表，得定性温度下的物性数据并整理如表 3-30 所示。

表 3-30　定性温度（52.5℃）下丁油物性数据

物性	$n\text{-}C_5H_{12}$	$n\text{-}C_6H_{14}$	$n\text{-}C_7H_{16}$	溶剂油	C_4H_6	丁油
M_i	72	86	100	90.1	54	
$\omega_i/\%$	2.1	57.8	40.1	79	21	
$x_i/\%$	2.65	60.97	36.38	69.27	30.73	
比热容 $c_p/[kJ/(kg\cdot℃)]$	2.6163	2.3944	2.3358	2.3756	2.5451	2.3957
密度 $\rho/(kg/m^3)$	595	630	656	639.4	580	625.94
热导率 $\lambda/[W/(m\cdot℃)]$	0.1012	0.1058	0.1128	0.1085	0.0977	0.1062
动力黏度 $\mu/Pa\cdot s$	1.8×10^{-4}	2.4×10^{-4}	2.88×10^{-4}	2.6×10^{-4}	1.3×10^{-4}	2.2×10^{-4}

热负荷：　　　$8031.188\times2.3957\times(70-35)=673411.1kJ/h$

水蒸气用量：　　　$673411.1\div2022.26=333kg/h$

根据工艺条件，选用固定管板式换热器，丁油走管程，蒸汽走壳程；

平均温差：
$$\Delta t_m=\frac{(179-35)-(179-70)}{\ln\dfrac{179-35}{179-70}}=125.69℃$$

根据管程动力黏度查《化工原理课程设计》第 16 页表 1-1，取传热系数 K 为 600W/(m²·℃)，则：

$$A=\frac{673411.1}{600\times125.69}=8.9m^2$$

根据《化工工艺设计手册》上册第 119 页表 3-9 和表 3-10，选用 G159I-25-3 固定管板式换热器，其基本参数如下。

外壳直径 D	159mm	公称压强	0.25Pa·s
公称面积 A	3m²	管子排列方法	三角形
管长 l	3m	管子外径 d_0	25mm
管子总数 N	13	管程数	1
壳程数	1	管程通道截面积	0.0045m²

按传热面确定需要设备台数：

$$\frac{8.9}{3}=2.97 \text{ 台}$$

考虑 20% 的备用系数，则圆整取 4 台换热器进行串联使用。各种校核略。

② 预冷器 取丁油进口温度 35℃，出口温度 0℃，则定性温度为：

$$T=\frac{35+0}{2}=17.5℃$$

冷却盐水进口温度 −12℃，出口温度 −8℃，则定性温度为：

$$T=\frac{(-12)+(-8)}{2}=-10℃$$

查《化工工艺设计手册》下册第 633 页图 19-63；第 645 页图 19-73；第 658 页图 19-81；第 680 页图 19-100 得定性温度下丁油的物料性数据见表 3-31。

表 3-31　定性温度（17.5）下丁油物性数据

物　　性	n-C_5H_{12}	n-C_6H_{14}	n-C_7H_{16}	溶剂油	C_4H_6	丁油
M_i	72	86	100	90.1	54	
ω_i/%	2.1	57.8	40.1	79	21	
x_i/%	2.65	60.97	36.38	69.27	30.73	
比热容 c_p/[kJ/(kg·℃)]	2.4697	2.3860	2.2604	2.3374	2.3358	2.3371
密度 ρ/(kg/m³)	614	648	672	657	630	651
热导率 λ/[W/(m·℃)]	0.1093	0.1128	0.1186	0.1151	0.1168	0.1155
动力黏度 μ/Pa·s	2.1×10^{-4}	2.8×10^{-4}	3.6×10^{-4}	3.1×10^{-4}	1.8×10^{-4}	2.7×10^{-4}

查《化工工艺设计手册》得定性温度下冷却盐水的物料性数据如下。

比热容 c_p：2.8590kJ/(kg·℃)

密度 ρ：1245kg/m³

热导率 λ：0.4885W/(m·℃)

动力黏度 μ：6.15×10⁻³Pa·s

热负荷：　　8031.188×2.3371×(35−0)=656939.13kJ/h

冷却盐水用量：$\dfrac{656939.13}{2.8590\times(-8+12)}=57444.835$kg/h

根据工艺条件，选用浮头式列管换热器。确定丁油走壳程，冷却盐水走管程。

平均温差：$\Delta t_m=\dfrac{[35-(-8)]-[0-(-12)]}{\ln\dfrac{35-(-8)}{0-(-12)}}=24.3℃$

根据管程冷却盐水动力黏度查《化工原理课程设计》第 16 页表 1-1，取传热系数 K 为 350W/(m²·℃)，则：

传热面积　　　　　　　　$A=\dfrac{656939.13}{350\times24.3}=77.24$m²

根据传热面积查《化工工艺设计手册》下册第 145 页表 3-26 选择 FLB600-85-25-4 浮头式冷凝器，其结构参数查第 131 页表 3-19 确定如下。

公称直径 DN	600mm	换热面积 A	$90m^2$
公称压力 PN	2.5MPa	管程数	2 管程
换热管长度 l	6000mm	换热管规格	$\phi25\times2.5$
排管数	194 根	排列方式	正方形旋转 45°
管中心距	32mm	挡板间距	300mm
管程流道面积	$305cm^2$	材质	1Cr18Ni9Ti

校核 K 值：

管程 α_1

$$V=\frac{57444.835}{1245}=46.14m^3/h$$

$$u=\frac{46.14}{3600\times0.0305}=0.4202m/s$$

$$Re=\frac{0.02\times0.4202\times1245}{6.15\times10^{-3}}=1701.3$$

$$Pr=\frac{2.859\times10^3\times6.15\times10^{-3}}{0.4885}=36$$

由于 $Re<2100$，所以需按《基础化学工程》第 177 页表 3-8 强制对流情况进行计算。

$$\alpha_1=1.86\frac{\lambda}{l}\left[(Re)(Pr)^{\frac{1}{3}}\frac{L}{l}\right]^{\frac{1}{3}}\left(\frac{\mu}{\mu_w}\right)^{0.14}$$

$$=\frac{1.86\times0.4885}{0.02}\left[1702.3\times(36)^{\frac{1}{3}}\times\frac{6}{0.02}\right]^{\frac{1}{3}}\times1.05=5677.8W/(m^2\cdot℃)$$

壳程 α_2

由《基础化学工程》第 176 页知，对于圆缺挡板用下式计算 α_2。

$$\alpha_2=1.72\frac{\lambda}{d_0}l^{0.6}(Re)^{0.6}(Pr)^{\frac{1}{3}}\left(\frac{\mu}{\mu_w}\right)^{0.14}$$

式中 $$l=\frac{D^2-nd^2}{D^2+nd^2}=\frac{0.6^2-194\times0.025^2}{0.6^2+194\times0.025^2}=0.499m$$

$$f_1=hD\left(1-\frac{d_0}{t}\right)=0.3\times0.6\times\left(1-\frac{0.025}{0.032}\right)=0.0394m^2$$

$$f_2=\frac{\pi}{4}(D^2-nd_0^2)h=\frac{3.14}{4}\times(0.6^2-194\times0.025^2)\times0.3=0.0562m^2$$

$$f_m=\sqrt{f_1f_2}=\sqrt{0.0394\times0.0562}=0.0471m^2$$

$$u_m=\frac{V}{f_m}=\frac{12.332}{0.0471\times3600}=0.073m/s$$

$$Re=\frac{u_md_0\rho}{\mu}=\frac{0.073\times0.025\times651}{2.7\times10^{-4}}=4400.3$$

$$Pr=\frac{c_p\mu}{\lambda}=\frac{2.3371\times10^3\times2.7\times10^{-4}}{0.1155}=5.5$$

取 $\left(\frac{\mu}{\mu_w}\right)^{0.14}=0.95$

所以 $\alpha_2=1.72\times\frac{0.1155}{0.025}\times0.499^{0.6}\times4400.3^{0.6}\times5.5^{\frac{1}{3}}\times0.95=1347.8W/(m^2\cdot℃)$

根据《化工原理课程设计》第 30 页表 1-10，取管内污垢热阻 $0.000264(m^2\cdot℃)/W$；

取管外污垢热阻 0.001056(m² · ℃)/W。

$$\frac{1}{K}=\frac{1}{5677.8}+0.000264+\frac{0.0025}{17.445}+0.001056+\frac{1}{1347.8}=0.0024(m^2 \cdot ℃)/W$$

$$K=419.9W/(m^2 \cdot ℃)$$

传热系数 K 的贮备系数 η

$$\eta=\frac{K-K_0}{K_0}\times100\%=\frac{419.9-350}{350}\times100\%=20\%$$

满足要求。其他校核略。

b. 丁二烯升压器 选用 1 台浮头式冷凝器，型号 FA-400-20-40-4，蒸汽走壳程，丁二烯走管程。选择过程略。

c. 冲油预冷器 选用 1 台浮头式冷凝器，型号 FLB-400-15-25-4，油走壳程，冷冻盐水走管程。选择过程略。

d. 溶剂油冷凝冷却器 选用 2 台浮头式冷凝器，并联使用，型号 FLA-1100-425-25-4，油走壳程，冷冻盐水走管程。选择过程略。

e. 溶剂油升压器 选用 1 台浮头式冷凝器，型号 FA-325-10-40-2，蒸汽走壳程，溶剂油走管程。选择过程略。

（9）泵的选择（以溶剂油泵的选择为例）

a. 基础数据 输送介质：溶剂油（组成 2.1% n-C_5H_{12}；57.% n-C_6H_{14}；40.1% n-C_7H_{16}）。输送条件（20℃）下的物性数据见表 3-32。

表 3-32 溶剂油 20℃ 下的物性数据

物　　性	n-C_5H_{12}	n-C_6H_{14}	n-C_7H_{16}	溶剂油
M_i	72	86	100	90.1
$\omega_i/\%$	2.1	57.8	40.1	
$x_i/\%$	2.65	60.97	36.38	
蒸气压/MPa	0.056	0.018	0.005	0.0143
密度 $\rho/(kg/m^3)$	628	660	685	669
动力黏度 μ/Pa·s	2.34×10^{-4}	3.25×10^{-4}	5.0×10^{-4}	3.86×10^{-4}

操作温度：20℃。

贮罐液面压力 0.02MPa；聚合釜液面压力 0.45MPa。

流量：14m³/h。

入口液面至泵中心距离：4.5m。

出口液面至泵中心距离：6.5m。

吸入管管长：20m（管径 $\phi89\times3.5$；闸阀 1 个，止回阀 1 个，三通 2 个；90°弯头 5 个）。

排出管管长：120m（管径 $\phi76\times3$；闸阀 5 个；止回阀 1 个；换热器 2 个；出口变径 1 个；三通 2 个；90°弯头 10 个）。

b. 确定流量与扬程

① 流量（考虑 1.2 倍的安全系数）

$$Q=14\times1.2=16.8m^3/h$$

② 扬程 以泵中心线为基准，在贮罐液面与聚合釜液面之间列出伯努利方程式为：

$$H=Z_2-Z_1+\frac{u_1^2-u_2^2}{2g}+\frac{p_2-p_1}{\rho g}+\sum H_f$$

式中

$$\sum H_f=\sum H_{f入}+\sum H_{f出}$$

$$\sum H_{f入}=\left(\lambda\frac{l}{d}+\sum\zeta\right)\frac{u_入^2}{2g}$$

$$u_入=\frac{4\times14}{3600\times0.082^2\times3.14}=0.737\text{m/s}$$

$$Re=\frac{0.082\times0.737\times669}{3.86\times10^{-4}}=104700>4000\text{ 为湍流}$$

查《化工原理》上册第45页表1-1，取 $\varepsilon=0.25\text{mm}$，则 $\frac{\varepsilon}{d}=0.003$；再查第46页图1-31 得：$\lambda=0.028$。

查第53页表1-3得：

三通 $\zeta=1.3$；闸阀全开 $\zeta=0.17$；止回阀全开 $\zeta=2$；$\zeta_入=0.5$；90°弯头 $\zeta=0.75\times5=3.75$

所以 $\sum H_{f入}=\left(0.028\times\frac{20}{0.082}+1.3+0.17+2+3.75\right)\times\frac{0.737^2}{2\times9.81}=0.389\text{m（液柱）}$

$$\sum H_{f出}=\sum H_{f出管}+\sum H_{f换}$$

$$\sum H_{f出管}=\left(\lambda\frac{l}{d}+\sum\zeta\right)\frac{u_出^2}{2g}$$

$$u_出=\frac{4\times14}{3600\times0.07^2\times3.14}=1.01\text{m/s}$$

$$Re=\frac{0.082\times1.01\times669}{3.86\times10^{-4}}=143540.36>4000\text{ 为湍流}$$

查《化工原理》上册第45页表1-1，取 $\varepsilon=0.25\text{mm}$，则 $\frac{\varepsilon}{d}=0.00357$；再查第46页图 1-3 得：$\lambda=0.029$。

查第53页表1-3得：

三通 $\zeta=1.3\times2=2.6$；闸阀1/2开 $\zeta=4.5\times5=22.5$；止回阀全开 $\zeta=2$；90°弯头 $\zeta=0.75\times10=7.5$；$\zeta_出=1.0$

所以 $\sum H_{f出管}=\left(0.029\times\frac{120}{0.07}+2.6+22.5+2+7.5+1\right)\times\frac{1.01^2}{2\times9.81}$

$$=4.435\text{m（液柱）}$$

查《化工原理》上册第240页可知，换热器的压降范围在 $10.3\sim101.3\text{kPa}$，设计取 50kPa 则两台压降为100kPa。

$$\sum H_{f换}=\frac{100\times10^3}{669\times9.81}=15.24\text{m（液柱）}$$

$$\sum H_{f出}=\sum H_{f出管}+\sum H_{f换}=15.24+4.435=19.675\text{m（液柱）}$$

$$H=(6.5-4.5)+\frac{(0.45-0.02)\times10^6}{669\times9.81}+0.389+19.675$$

$$=87.589\text{m（液柱）}$$

若考虑1.1的安全系数，则扬程为96m液柱。

c. 选泵 根据输送物料的流量、扬程及性质确定选择 Y 型油泵。具体型号查《化工工艺设计手册》上册第798页表7-11确定为65Y-100×2A型。有关性能如下：

流量	23m³/h	扬程	175m
转速	2950r/min	效率	41%
允许汽蚀余量	2.8m	叶轮直径	270mm
叶轮出口宽度	6.5mm	泵重	280kg

d. 选电机　配套电机功率 40kW；轴功率 26.7kW。

e. 几何安装高度的确定　根据《化工原理》上册第 105 页式(2-7b)，其几何安装高度计算公式：

$$H_g = \frac{p_0 - p_v}{\rho g} - \Delta h - H_{f,0-1}$$

带入相应数据得：

$$H_g = \frac{(0.02 - 0.0143) \times 10^6}{669 \times 9.81} - 2.8 - 0.389 = -2.32\text{m}$$

即泵应安装在贮罐液面 2.32m 以下。

f. 总台数　2 台（正常生产 1 台，备用 1 台）。

其他各泵的选择过程与溶剂油泵基本相同，故过程略，其型号与主要性能参数见设备一览表。

(10) 其他设备选择　结果见各设备表，选择过程略。

3.3.1.2　项目分析——思维导图

顺丁橡胶（BR）生产工艺设计初步说明书中涉及的设备计算与选型的结果如前面所示，建议按图 3-31、图 3-32 聚合釜设备和其他设备的计算与选型思维导图的提示对其进行审核与细化。

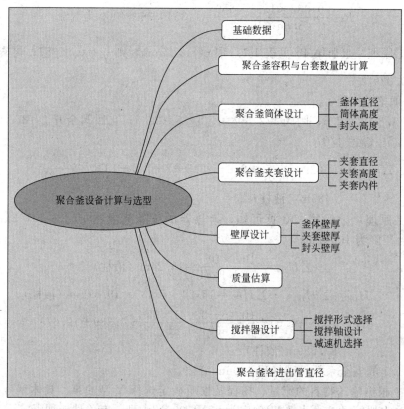

图 3-31　聚合釜设备计算与选型思维导图

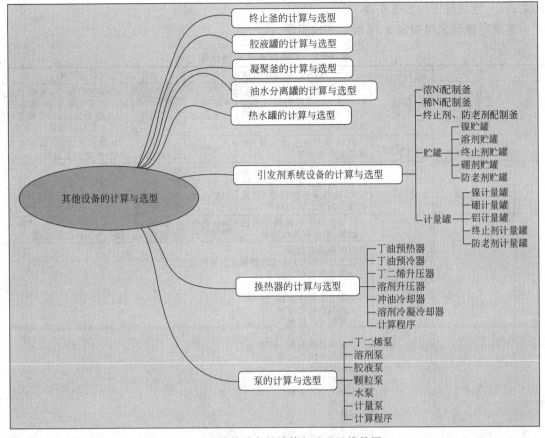

图 3-32 其他设备的计算与选型思维导图

3.3.2 项目实施

3.3.2.1 项目实施展示的画面

子项目 3.3 实施展示的画面如图 3-33 所示。

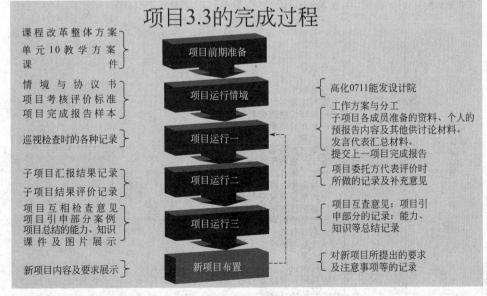

图 3-33 子项目 3.3 实施展示的画面

3.3.2.2 建议采用的实施步骤

实施时建议采用如表 3-33 所示实施步骤。

表 3-33 子项目 3.3 实施步骤

步骤	名称	时间	指导教师活动与结果			学生活动与结果	
一	项目解释 方案制订 学生准备	提前 1周	项目内涵解释、注意事项；提示学生按项目组制订工作方案，明确组内成员的任务；组长检查记录	审核任务 检查记录	工作方案 个人准备	明确项目任务，各项目组制订初步工作方案（如何开展、人员分工、时间安排等），并按方案加以准备、实施	
二	第一次 讨论检查	15min	组织学生第一次讨论，检查学生准备情况	检查记录	工作日记 汇报提纲	各项目组讨论、填写工作日记、整理汇报材料	
三	第一次 发言评价	15min	组织学生汇报对各项目组设备计算与选型结果的审核意见，说明参考的依据，接受项目委托方代表的评价	实况记录 初步评价	汇报提纲 记录问题	各项目组发言代表汇报 倾听项目委托方代表评价	
四	第一次 指导修改	15min	针对汇报中出现的问题进行指导，提出修改性意见	问题设想 实际问题	记录 发言	学生以听为主，可以参加讨论，提出自己的想法	
			设想的问题或思路 聚合釜计算审核（注意观察聚合釜装配图）： →基础数据 →聚合釜容积 →聚合釜筒体直径与高度 →夹套直径与高度 →聚合釜筒体壁厚 →聚合釜封头壁厚 →夹套筒体与封头壁厚 →聚合釜质量估算 →搅拌器确定 →各物料进出口管径 终止釜的设计审核： →结构 →尺寸 →停留时间 凝聚釜设计的审核： →数量 →几何尺寸 →停留时间 油水分离器的审核： →数量 →几何尺寸 →停留时间 热水罐的审核： →数量 →几何尺寸 →停留时间 胶液罐的审核： →数量 →几何尺寸 →装料系数 引发剂配制系统的审核： →浓环烷酸镍配制釜 →稀环烷酸镍配制釜 →贮罐 换热器选择结果的审核： →丁油进料预热器、预冷器 →丁二烯升压器 →冲油预冷器 →溶剂油冷凝冷却器 →溶剂油升压器 泵选择结果的审核： →基础数据 →流量与扬程 →选泵 →选电机 →几何安装高度 其他设备选择： →见设备表				

步骤	名称	时间	指导教师活动与结果			学生活动与结果	
五	第二次讨论修改	10min	巡视学生再次讨论的过程，对问题进行记录	记录问题	补充修改意见	学生根据指导教师的指导意见，对第一次汇报内容进行补充修改，完善第二次汇报内容	
六	第二次发言评价	5min	组织进行第二次汇报　记录学生未考虑到的内容，并给出评价意见	记录评价意见	发言提纲记录	学生倾听项目委托方代表的评价，记录相关问题	
七	第二次指导修改	5min	针对各项目组第二次汇报的内容进行第二次指导	记录结果未改问题	记录发言	学生以听为主，可以参加讨论，提出自己的想法，对局部进行修补，做好终结性发言材料	
七			按第一次指导的思路，对各项目组未处理问题加以指导				
八	第三次发言评价报告整理	8min	组织各项目发言代表对项目完成情况进行终结性发言，并对最终结果加以肯定性评价	记录结论	发言稿记录	各项目组发言代表做终结性发言，倾听指导教师的评价，同时，完善项目报告的相关内容	
九	归纳总结	15min	项目完成过程总结　结合设备计算与选型内容，展示教学课件，对相关知识进行总结性解释。适当展示相关材料	总结提纲理论课件	记录领悟	学生以听为主，可以提出自己的观点，参加必要的讨论	
十	新项目任务解释	3min	子项目 4.1 消耗定额、控制指标、人员定额、三废排放确定结果的审核				

注：此子项目需要学时为 4 学时，故表中的时间均按 2 倍执行。

3.3.3　结果展示

结果展示主要采用 PPT 展示和项目报告的形式进行。其中 PPT 展示材料以电子稿形式上交，项目报告参考格式见子项目 1.1 项目报告样本。

3.3.4　考核评价

考核评价过程与内容与子项目 1.1 考核评价相同。

3.3.5　支撑知识

3.3.5.1　典型设备工艺设计与选型

设备计算与选型是在物料衡算和热量衡算的基础上进行的，其目的是决定工艺设备的类型、规格、主要尺寸和台数，为车间布置设计、施工图设计及非工艺设计项目提供足够的设计数据。

由于化工过程的多样性，设备类型也非常多，所以实现同一工艺要求，不但可以选用不同的操作方式，也可以选用不同类型的设备。当单元操作方式确定之后，应当根据物料平衡所确定的物料量以及指定的工艺条件（如操作时间、操作温度、操作压力、反应体系特征和热平衡数据等），选择一种满足工艺要求而效率高的设备类型。定型产品应选定规格型号，非定型产品要通过计算以确定设备的主要尺寸。

3.3.5.2　设备设计与选型的基本要求

化工设备是化工生产的重要物质基础，对工程项目投产后的生产能力、操作稳定性、可靠性以及产品质量等都将起着重要的作用。因此，对于设备的设计与选型要充分考虑工艺上的要求；要运行可靠，操作安全，便于连续化和自动化生产；要能创造良好工作环境和无污染；便于购置和容易制造等。总之，要全面贯彻先进、适用、高效、安全、可靠、省材和节资等原则。具体还要从技术经济指标与设备结构上的要求加以考虑。

（1）技术经济指标　化工设备的主要技术经济指标有：单位生产能力、消耗系数、设备价格、管理费用和产品总成本。

单位生产能力　是指设备单位体积或单位质量或单位面积上单位时间内能完成的生产任务。因此，设备的生产能力要与流程设计的能力相适应，而且，效率要高。通常设备的生产能力愈高愈好，但其效率却常常与设备大小和结构有关。

消耗系数　是指生产单位质量或单位体积产品消耗的原料和能量，其中包括原材料、燃料、蒸汽、水、电等。一般来说，消耗系数愈低愈好。

设备价格　直接影响工程投资。一般要选择价格便宜、制造容易、结构简单、用材不多的设备，但要注意设备质量和生产效率。

设备的管理费用　包括劳动工资、维护和检修费用等。要尽量选用管理费用低的设备，以降低产品成本。

产品总成本　是化工企业经济效益的综合反映。一般要求产品的总成本愈低愈好。实际上该项指标是上述各项指标的综合反映。

（2）设备结构上的要求　化工设备除了满足上述要求之外，在结构上还应满足下述各项要求。

化工设备及构件要满足强度与刚性的要求，达到规定的标准。

耐久性是设备能使用的年限。一般化工设备的使用年限为 $10\sim20$ 年，而高压设备为 $20\sim25$ 年。在实际生产过程中，设备的耐久性主要取决于设备被腐蚀的情况。

密封性对化工设备是一个很重要的问题，特别在处理易燃、易爆、有毒介质时尤为重要。要根据有毒物质在车间的允许浓度来确定设备的密封性。

在用材和制造上，要尽量减少材料用量，特别是一些贵重材料。同时又要尽量考虑制造方便，减少加工量，力求降低设备的制造成本。

还要考虑安装、操作及维修的方便；考虑设备的尺寸和形状与运输的方便等问题。

3.3.5.3　设备设计的基本内容

设备设计的基本内容主要是定型（或标准）设备的选择，非定型（非标准）设备的工艺计算等。

（1）定型设备的选择　定型设备的选择除了要符合上述基本要求外，还要注意以下问题。

首先，根据设计项目规定的生产能力和生产周期确定设备的台数。运转设备要按其负荷和规定的工艺条件进行选型；静设备则要计算其主要参数，如传热面积、蒸发面积等，再结合工艺条件进行选型。设备选型可参照国家标准图集或有关手册和生产厂家的产品目录、说明书等进行选择。

其次，在选型时，要注意被选用设备的备品（件）供应情况；选用的设备在生产能力上，若无完全对口的，则选用偏高一级的，并应兼顾生产的发展；在工艺条件满足上，也应从偏高一个等级的设备中选用。

下面就具体的典型设备加以选择。

a.泵的选型　化工生产用泵的种类很多，并均有标准系列可查。表 3-34 为各种泵的特点简介，可供选型时参考。实际选泵时程序如下。

列出基础数据，包括：介质物性（介质名称、输送条件下的密度、黏度、蒸气压、腐蚀性及毒性）；介质中含有的固体颗粒种类、颗粒直径和含量；介质中气体含量（体积分数）；操作条件（温度、压力、流量）；泵所在位置的情况（包括环境温度、海拔高度、装置平立面布置要求等）。

表 3-34 泵的类型与特点

指标＼类别	叶 片 式			容 积 式	
	离心式	轴流式	旋涡式	活塞式	转子式
液体排出状态	流 率 均 匀			有脉冲	流率均匀
液体品质	均一液体（或含固体液体）	均一液体	均一液体	均一液体	均一液体
允许吸上真空高度/m	4～8	—	2.5～7	4～5	4～5
扬程（或排出压力）	范围大 10～600m（多级）	低 2～20m	较高,单级可达100m 以上	范围大,排出压力(29～590)×10^{-2}MPa	
体积流量/(m³/h)	范围大 5～30000	大 约 6000	较小 0.4～20	范围较大 1～600	
流量与扬程关系	流量减小扬程增大;反之,流量增大,扬程降低	同离心式	同离心式,但增率和降率较大（即曲线较陡）	流量增减排出压力不变,压力增减流量近似为定值（电动机恒速）	
构造特点	转速高,体积小,运转平稳,基础小,设备维修较易		与离心式基本相同,翼轮较离心式叶片结构简单,制造成本低	转速低,能力小,设备形庞大,基础大,与电动机联接复杂	同离心式泵
流量与轴功率关系	依泵比转速而定,当流量减少,轴功率减少	依泵比转速而定,当流量减少,轴功率增加	流量减少,轴功率增加	当排出压力定值时,流量减少,轴功率减少	

确定流量和扬程：流量按最大流量计或正常流量的 1.1～1.2 倍计；扬程为所需的实际扬程，它依管网系统的安装和操作条件而定。所选泵的扬程值应大于所需的扬程值。

根据现有系列产品、介质物性和工艺要求初选泵的类型，再根据样本选出泵的型号。

一般溶液可用任何类型泵输送；悬浮液可用隔膜式往复泵或离心泵输送；输送黏度大的液体、胶体溶液、膏状物和糊状物时可用齿轮泵、螺杆泵和高黏度泵，这几种泵在高聚物生产中广泛应用；毒性或腐蚀性较强的可用屏蔽泵；输送易燃易爆的有机液体可用防爆型电机驱动的离心式油泵等。

对于流量均匀性没有一定要求的间歇操作可用任何一类的泵；对于流量要求均匀的连续操作以选用离心泵为宜；扬程大而流量小的操作可选用往复泵；扬程不大而流量大时选用离心泵合适；流量很小但要求精确控制流量时可用比例泵，例如输送催化剂和助剂的场所。

此外，还需要考虑设置泵的客观条件，如动力种类和来源（电、蒸汽、压缩空气等）、厂房空间大小、防火防爆等级等。

因离心泵结构简单，输液无脉动，流量调节简单，因此，除离心泵难以胜任的场合外，应尽可能选用离心泵。

泵的类型确定后，可以根据工艺装置参数和介质特性选择泵的系列和材料；根据泵的样本及有关资料确定其具体型号；按工艺要求核算泵的性能；确定泵的几何安装高度，确保泵在指定的操作条件下不发生汽蚀；计算泵的轴功率；确定泵的台数。

b. 换热器的选择　化工生产中换热器是应用最广泛的设备之一，其特征如表 3-35 所示，仅供选用时参考。

表 3-35　各种型式换热器特征比较

传热形式	操作压力	设备型式	适宜使用范围		构　造	流体的污浊程度	备　　注
			传热面积	流量			
管壁传热	低压至高压均可使用	列管式	小～大	小～大	固定管板型	壳程大管程小	(1)壳程一侧污浊程度小,可采用三角排列,污浊大则采用正方形排列 (2)壳程一侧传热系数小,可以采用加挡板和螺旋翅板来提高传热效果
					浮头型	壳程大管程小	
					U形管式	壳程大管程小	
		套管式	小	小	可以清扫结构	大	(1)用于传热面积小和流量小的场所 (2)成本低(趋于大型时成本增高) (3)外管侧若传热系数小可加翅片来加强传热效果
					不能清扫结构	小	
		蛇管	小	小～中	—	管外大管内小	管外侧传热系数小可加搅拌强化传热
板壁式传热	低至中压能用高压不能用	平板	小～中	小～中	凹凸板型	中	压力损失小,流速大,传热系数大
					翅片板型	小	
		螺旋板	小～大	小～大	—	大	(1)适用于液体有部分发生状态变化的场合 (2)压力损失小,流速大,传热系数大

注：由于聚合物单体容易自聚堵塞设备，所以要选择易于清扫的流通空间。

　　选择换热器型式时，要根据热负荷、流量的大小，流体的流动特性和污浊程度，操作压力和温度，允许的压力损失等因素，结合各种换热器的特征与使用场所的客观条件来合理选择。

　　目前，国内使用的管壳式换热器系列标准有：固定管板式换热器（JB/T 4715—92）、立式热虹吸式重沸器（JB/T 4716—92）、钢制固定式薄管板列管换热器（HG 21503—92）、浮头式换热器、冷凝器（JB/T 4714—92）、U 形管式换热器（JB/T 4717—92）。设计时应尽量选用系列化的标准产品，这样可以简化设计过程。其选用的大体程序如下。

　　收集数据（如流体流量、进出口温度、操作压力、流体的腐蚀情况等）；计算两股流体的定性温度，并确定定性温度下流体的物性数据，如动力黏度、密度、比热容、热导率等；根据设计任务计算热负荷 Q 与加热剂（或冷却剂）用量；根据工艺条件确定换热器类型，并确定走管程、壳程的流体；计算平均温差 Δt_m 一般先按逆流计算，待后再校核；由经验初估传热系数 $K_{估}$；由 $A_{估}=Q/(K_{估}\,\Delta t_m)$ 计算传热面积 $A_{估}$；根据 $A_{估}$ 查找有关资料，在系列标准中初选换热器型号，确定换热器的基本结构参数；分别计算管、壳程传热膜系数，确定污垢热阻，求出传热系数 K，并与 $K_{估}$ 进行比较，若相差太大，则需要重新假设 K 值；有关图表查温度较正系数 ϕ；由传热基本方程计算传热面积 $A=Q/(K\phi\Delta t_m)$，应使所选的换热器的传热面积是 A 的 1.15～1.25 倍，否则应重选设备；计算管、壳程压力降，如果超过允许范围，则重选换热器再进行计算。

　　（2）非定型设备的设计计算

　　a. 精馏设备　在化工生产中，精馏设备——塔设备应用最广泛的非定型设备。由于用途不同，操作原理不同，所以塔的结构形式、操作条件差异很大。这里主要以精馏塔为例介绍塔的类型、性能、选型原则、设计方法与步骤等。

　　多组分溶液精馏方案的选择　多组分溶液精馏方案按精馏塔中组分分离的顺序不同可以分为：按挥发度递减的顺序采出馏分的流程；按挥发度递增的顺序采出馏分的流程；按不同挥发度交错采出馏分的流程。

　　最佳分离方案的选择对于工艺流程的设计和精馏塔的设计都是非常关键的。一个好的分离方案应当具备合理利用能量、降低能耗；设备的投资少；生产能力大、产品质量稳定及操作容易等几方面优点。

冷凝器的流程与型式　如图 3-34 所示，主要有以下三种。

整体式。将冷凝器和塔联成一体。优点是占地面积少，节省冷凝器封头，缺点是塔顶结构复杂、检修不便，多用于冷凝器较小或凝液难以用泵输送以及用泵输送有危险的场合。如图 3-34(a)、(b) 所示。

自流式。将冷凝器装在塔顶附近的台架上。其特点与整体式相近，凝液自流入塔，靠改变台架高低来获得回流和采出所需的位差。如图 3-34(c) 所示。

强制循环式。将冷凝器装在离塔顶较远的低处，用泵向塔内提供回流，在冷凝器和泵之间要设置回流罐。如图 3-34(d)、(e) 所示，大规模生产中多采用这种形式。

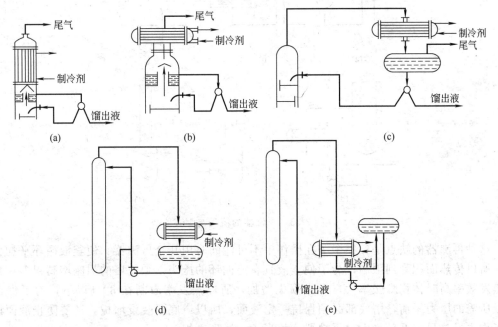

图 3-34　冷凝器的流程与型式

分凝与全凝　采用分凝或全凝依据下列因素确定。

塔顶出料的状态。如果塔顶产品在后续加工中以气态使用，同时，也能满足其他工艺要求时，最好采用分凝形式以气相出料。反之，若要得到液态产品时，最好采用全凝形式以液态出料。

内回流控制。在采用分凝条件下，一般回流液的温度是泡点，也是蒸汽出料的露点，这就需要较多的回流液循环以增加回流。如果采用全凝，回流液是作为过冷液体送回塔内的，这时回流的多少可由回流液温度来控制。

分凝与全凝的比较。冷凝方式决定于采用的操作压力，所以要从投资费用和操作费用的经济角度考虑，对分凝和全凝按表 3-36 逐项进行比较。

表 3-36　分凝与全凝的比较

因　素	分　凝	全　凝	因　素	分　凝	全　凝
塔顶产品	蒸　汽	液　体	塔板数	少	多
压　力	较　低	较　高	塔壁厚	较　薄	较　厚
温　度	相　同	相　同	处理能力	小	大

注：处理能力以蒸汽速度计。

再沸器的流程与型式　　再沸器的流程与型式如图 3-35 所示。

立式再沸器（立式热虹吸循环型）　　如图 3-35(a) 所示。它具有如下优点：传热效果好；釜液通过管内容易清洗，釜液在加热区停留时间短；加热剂通过管间，如用不污染的加热剂，则可以用固定管板式换热器以降低换热器造价；再沸器与塔釜的配管短，配管中压力损失小，装置布置紧凑；占地面积小，基础简单；塔釜到再沸器之间管路可以安装流量计，易于调节。

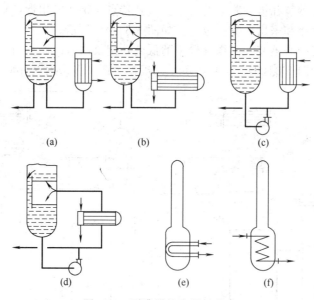

图 3-35　再沸器的流程与型式

这种再沸器的缺点是：一个塔在操作中不可能同时用几个再沸器，使釜液循环平均分配难，所以传热面积受到限制；为了使釜液具有能循环的压头，须使塔的裙座增高很多；再沸器蒸发效率高时体积膨胀率大，压力损失增加，所以蒸发率限制在 30% 以下；为了保证热虹吸所需的压力平衡，塔底部必须保持一定液面，所以塔底要装设堰板，还要防止液面调节阀工作失灵；只有循环量大时再沸器才相当于一块理论板。

卧式再沸器（卧式热虹吸循环型）　　如图 3-35(b) 所示。优点：传热面积可比立式再沸器大；从再沸器液面通到塔身的蒸汽管位于再沸器液面上较高处的，有效压头增大使得循环量增大；塔釜到再沸器之间管路可安装流量计，调节流量容易。缺点：占地面积大，基础和附加费用高；釜液通过管间清洗困难，所以在釜液有污染和黏结性质时采用 U 形管插入卧式再沸器，以便能把管束从再沸器中抽出清洗；蒸发率限于 30% 以下；只有循环量大时再沸器才相当于一块理论板。

强制循环型再沸器　　如图 3-35(c)、(d) 所示。优点：不能自然循环的高黏稠液体或液压头不足的情况可以采用它来实行强制循环；易结垢、聚合、结焦的釜液会恶化再沸器的传热系数，采用强制循环能起到冲刷和抑制作用从而改善操作情况；大规模装置的一个塔如需同时使用几个再沸器时，可分别用泵控制流量使釜液能在各再沸器内均匀分配；还可以在低蒸发率的操作条件下运行。缺点：因为要另添设泵，所以固定费用和检修费用都较高，只有在自然循环不能操作的情况下才用强制循环。

内插式再沸器　　如图 3-35(e)、(f) 所示。优点是：不需要再沸器的筒体和循环系统的配管；釜液无漏的问题；小塔径可用蛇管束。缺点是：只限再沸器热负荷较小的情况采用；塔内部须装管束架；为了抽出管束必须设有大口径人孔或手孔；在更换再沸器管束时必须停工，而塔外再沸器可在操作中更换不必停车。

精馏设备的选型 精馏设备的型式很多，按塔内部主要部件不同可以分为板式塔与填料塔两大类型。板式塔又有筛板塔、浮阀塔、泡罩塔、浮动喷射塔等多种型式，而填料塔也有多种填料。在精馏设备选型时应注意满足生产能力大，分离效率高，体积小，可靠性高，满足工艺要求，结构简单，塔板压力降小的要求。

上述要求在实际中很难同时满足，要根据塔设备在工艺流程中的地位和特点，在设计选型时注意满足主要要求。在表 3-37 中列出了各类塔板的性能，可供选型时参考。

表 3-37　各类塔板性能比较

塔板结构\指标	溢 流 板									穿 流 板			备　注
	F型浮阀	十字架型浮阀	条型浮阀	筛板①	舌形板	浮动喷射塔板	圆形泡罩	条形泡罩	S形泡罩	栅板	筛孔板	波纹板	
液体和气体负荷高	4	4	4	4	4	4	2	1	3	4	4	4	
液体和气体负荷低	5	5	5	2	3	3	3	3	3	2	3	3	
弹性(稳定操作范围)	5	5	5	3	3	4	4	3	4	1	1	2	
压力降	2	2	2	3	2	4	0	0	0	4	3	3	符号说明
雾沫夹带量	3	3	3	4	3	1	3	2	3	4	4	4	0—不好
分离效率	5	5	5	3	3	3	4	3	4	3	4	4	1—尚可
单位设备体积的处理量	4	4	4	4	4	4	2	1	3	4	4	4	2—合适
制造费用	3	3	3	4	3	3	2	1	3	5	5	5	3—较满意
材料消耗	4	4	4	4	5	4	2	2	3	5	5	4	4—很好
安装和拆装	3	3	3	3	3	3	2	1	3	5	5	4	5—最好
维修	3	3	3	3	3	3	2	1	3	5	5	4	
污垢物料对操作的影响	2	3	2	1	2	3	1	0	0	2	4	4	

① 所给筛板塔指标与一些研究结果有出入。

在各种板式塔中，浮阀塔由于具有生产能力大，容易变动的操作范围大，塔板效率高，雾沫夹带量少，液面梯度小以及结构比较简单等优点，已在生产中得到了广泛应用。筛板塔由于结构简单，近年来又发展出大孔筛板、复合筛板和斜孔筛板等新板型，也得到了较广泛的应用。我国近年来相继研究出许多新型塔板，如导向板、旋流塔板等，其允许气速和板效率都比较高，正在逐步推广应用。

填料塔一般常用拉西环填料，还有阶梯环、鞍形填料、波纹填料及网体填料等。

对各种型式塔板的成本费用做比较时，不仅考虑一层塔板的造价，还应当将塔板的效率和处理能力考虑在内，也就是从完成同一分离任务考虑，对塔的总投资来进行比较。

精馏塔工艺设计的一般步骤

- 确定塔设计的基础数据。主要包括进料量及进料组成；产品要求（产品质量及收率）；进料状态（温度与相态）；冷却介质及冷却温度；塔设计时所需的物性数据，如气、液的密度，黏度，表面张力，液体的起泡性，对温度的敏感性等。
- 选择合适的工艺流程与设备型式。
- 收集或计算汽液平衡数据。
- 确定塔顶、塔底产品的组成及全部物料平衡。
- 确定塔的操作压力及温度。包括塔顶操作压力、塔顶温度、塔底温度、进料温度。
- 精馏塔结构尺寸的确定。计算最小回流比；计算操作回流比和理论塔板数；计算进料位置；计算塔高和塔径；塔的结构设计与流体力学计算。

　　b. 反应器的选型与设计　　反应器是化工生产中的关键设备，合理选择设计好反应器是有效利用原料；提高收率；减少分离装置的负荷，节省分离所需的能量；满足生产要求的一项必不可少的工作。

　　对反应器的工艺要求与设计要点　　要满足反应动力学要求、热量传递的要求、质量传递过程与流体动力学过程的要求、工程控制的要求、机械工程的要求、技术经济管理要求。

　　反应器分类与选型　　反应器的种类很多。现按基本结构分类如下。

　　• 管式反应器　　特点是传热面积较大，传热系数较高，流体流速较快，因此反应物停留时间短，便于分段控制以创造最适宜的温度梯度和浓度梯度。此外还有结构简单、耐高压等优点。管式反应器一般用于大规模的气相反应和某些液相反应，还可用于强烈放热或吸热的化学反应。

　　• 釜式反应器　　特点是可间歇操作也可连续操作，停留时间可长可短，温度、压力范围可高可低，在停止操作时易于开启进行清理。釜式反应器一般用于有液相参加的化学反应，如液-固、液-液、液-气、液-固-气等化学反应。

　　• 固定床反应器和流化床反应器　　它们的共同特点是气固相间传热、传质面积大，传质、传热系数高，便于实现过程连续化和自动化。它们之间的区别是停留时间分布和温度分布不同。固定床与流化床反应器用于气-固相反应和气-固相的催化反应。

　　除了以上几种反应器之外，还有鼓泡式反应器、塔式反应器等。

　　鼓泡反应器主要用于气-液反应。

　　釜式反应器的结构　　典型的釜式反应器的结构如图 3-36 所示。主要由以下部件组成。

　　• 釜体及封头　　提供足够的反应体积以保证反应物达到规定转化率所需的时间，并且有足够的强度、刚度、稳定性及耐腐蚀能力以保证运行可靠。

　　• 换热装置　　有效地输入或移出热量，以保证反应过程最适宜的温度。

　　• 搅拌器　　使各种反应物、催化剂等均匀混合，充分接触，强化釜内传热与传质。

　　• 轴密封装置　　用来防止釜体与搅拌轴之间的泄漏。

　　• 工艺接管　　为满足工艺要求，设备上开有各种加料口、出料口、视镜、人孔及测温孔等。它们的大小和安装位置均由工艺条件确定。

　　反应釜设计程序及计算方法　　根据工艺流程特点确定反应釜的操作方式；收集包括反应物、生成物及其他组分的物性数据；计算依据如生产能力、转化率、反应时间、装料系数、温度、压力、密度等；物料衡算和热量衡算；反应釜体积计算。

　　① 间歇反应釜的体积计算　　可由下式求得：

$$V_a = \frac{V_c \tau_{周}}{24 N_p \varphi} \tag{3-21}$$

　　式中，V_a 为反应器的实际体积，m^3；V_c 为每昼夜处理的物料量，m^3；$\tau_{周}$ 为生产一个周期的时间，h；包括加料、反应、卸料及清洗设备等所用的时间；φ 为装料系

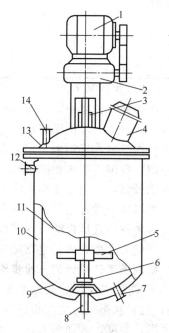

图 3-36　反应釜的基本结构

1—电动机；2—传动装置；3—密封装置；
4—人孔；5—搅拌器；6—搅拌器轴承；
7,12—夹套直管；8—出料管；
9—釜底；10—夹套；11—釜体；
13—顶盖；14—加料管

数，在液相反应时 φ 一般取 $0.75\sim0.8$；对容易起泡和有气相参加的反应，φ 取 $0.4\sim0.5$；N_p 为生产中实际操作的反应釜台数，要考虑到设备的检修和生产能力的后备，所以，反应釜实际台数 N 以式(3-22) 计算。

$$N = N_p n \tag{3-22}$$

式中，n 为设备的安全系数或备用系数，通常在 $1.05\sim1.3$ 范围内，若 N_p 大时，n 可以取小些，反之可取大些。

② 连续反应釜的体积计算　若为满釜操作则用式(3-23) 计算：

$$V_{N_p} = \frac{V_c \tau}{N_p} \tag{3-23}$$

式中，V_{N_p} 为满釜操作时，每台设备体积（也是物料所占的体积），m^3；V_c 为每小时处理物料量，$m^3/$台；τ 为物料平均反应时间，h；N_p 为满釜操作设备台数，同样，$N = N_p n$。若为非满釜操作，其装料系数为 φ，则每台设备的体积为：

$$V_c = \frac{V_{N_p}}{\varphi} \tag{3-24}$$

③ 反应釜直径 D_i 与筒体高（长）H 的确定　根据釜总体积与筒体高径比 γ（$\gamma = H/D_i$）确定 H、D_i 的大小。即：

$$D_i = \sqrt[3]{\frac{V_a - V_封}{\pi/4\gamma}} \tag{3-25}$$

式中，V_a 为每台反应釜的总体积，m^3；$V_封$ 为封头容积，m^3；先算出 D_i，据此 D_i 化整为公称尺寸 D_i'，现由此 D_i' 查手册，将查得的 $V_封$ 容积代入式中计算；γ 为 H/D_i 筒体高径比。

γ 趋于 1 时，釜型趋于矮胖型，釜内液体表面更新容易，适用于间歇反应，这时单位釜容所消耗的钢材比 γ 大时要少。

γ 增大时，釜型趋向细长型，这时单位釜容的夹套传热面积相应增大有利于传热，同时，γ 大对气体的吸收有利，还可以减少物料返混。但是，γ 愈大同一釜容的轴愈长，加工愈难，

由于各种要求不同，所以，高径比没有统一的规定，一般高径比 γ 在 $1\sim3$ 之间。还应注意由式(3-25) 求得的 D_i 必须化整为公称尺寸再确定 γ 与 H。

搅拌器设计　搅拌器的型式有桨式、涡轮式、推进式、框式（或锚式）、螺杆式及螺带式等。在选择时，可以首先根据搅拌器型式与釜内物料容积及黏度的关系进行大致的选择，如图 3-37 所示和表 3-38 进行确定。也可以查有关标准系列手册确定。搅拌器的材质可根据物料的腐蚀性、黏度及搅拌转速等确定。

确定搅拌器尺寸及转速 n；计算搅拌器轴功率；计算搅拌器实际消耗功率；计算搅拌器的电机功率；计算搅拌轴直径。

传热计算　主要考虑方式和传热面积。

反应器换热方式及选择　反应釜的换热主要有夹套、内冷、外冷、溶剂蒸发、回流冷却和直接加冷溶剂等方式。

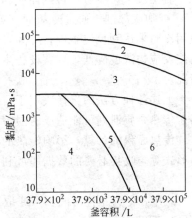

图 3-37　黏度、釜容与
搅拌型式关系图

1—桨式改进型式；2—桨式；3—涡轮式；
4—推进式（1750r/min）；5—推进式
（1150r/min）；6—推进式
（420r/min）

表 3-38　搅拌器型式选用表

操作类别	控制因素	适用搅拌型式	D_i/D	H/D_i	层数及位置
调和(低黏度均相液体混合)	容积循环率(液体循环流量)	推进式 涡轮式 要求不高时用桨式	推进式:3～4 涡轮式:3～6 桨式:1.25～2	不限	单层或多层、中央插$C/D=1$;桨式$C/D=$0.5～0.75
分散(非均相液体混合)	液滴大小(分散度)容积循环速率	涡轮式	3～3.5	0.5～1	$C/D=1$
固体悬浮(固体颗粒与液体混合)	容积循环速率湍流强度	按固体大小、密度及含量决定用桨式、推进式或涡轮式	推进式:2.5～3.5;桨式、涡轮式:2～3.2	0.5～1	根据固体粒度、含量及密度决定C/D
气体吸收	剪切作用;高速率	涡轮式	2.5～4	1～4	单层或多层C/D
传热	容积循环速率,流经传热面的湍流程度	桨式 推进式 涡轮式	桨式:1.25～2 推进式:3～4 涡轮式:3～4	0.5～2	
高黏度液体的搅拌	容积循环速率,低速率	涡轮式、锚式、框式、螺杆式、螺带式、桨式	涡轮式:1.5～2.5;桨式:1.25左右	0.5～1	
结晶	容积循环速率,剪切作用;低速率	按控制因素用涡轮式、桨式或改进型式	涡轮式:2～3.2	1～2	单层或多层,单层一般桨在$H/2$处

- **夹套**　是应用最广的方式。具有结构简单,不影响釜内流型等优点,所不足的是换热面积较小,传热系数不大。近年来采用了夹套内加螺旋板、安装喷嘴等方法来增加传热系数。

- **内冷管**　在需要较大传热面积而夹套传热面积不足时,可在釜内增设列管、盘管、烛形换热管(插套式)等。但对那些容易粘壁、结疤的物料,釜内尽量不加或少加内冷管。

- **外冷装置**　有两种型式,即物料外循环——将物料引出釜外经换热后又重新返回釜内,反复循环以调节釜温。对于低温结壁、结块的物料不宜使用这种方法,防止堵塞管路。溶剂蒸发回流——溶剂或反应物在反应温度下汽化吸收热量,蒸汽在釜外冷凝器中冷凝回流。若蒸汽中夹带有惰性气体应当排除。

- **加冷却剂**　通过冷却剂(或稀释剂或反应物料)来吸收热量从而达到调温的目的。使用冷料来达到反应釜内自冷却,还有助于克服高黏度物料传热不易的困难。但是,冷却剂会使反应物浓度降低,导致设备生产能力减小而溶剂回收费用增加,所以此法只适用于特殊情况。

上述各种方法的选择决定于:传热面积是否容易被沾污而需要清洗;所需传热面积的大小;传热介质泄漏可能造成的损害;传热介质的温度和压力。

传热面积的计算　影响传热的因素有:釜的高径比,换热介质的进出口温度与流速,传热形式等。收集必要的数据即可利用传热方程式(3-26)来计算传热面积A。

$$Q = KA\Delta t \tag{3-26}$$

式中,Q为单位时间加入或取出的热量,kJ/h;Δt为载热体与反应物的温度差,K;A为传热面积,m^2;K为传热系数,$kJ/(m^2 \cdot h \cdot K)$。

轴密封装置　为了防止反应釜的跑、冒、滴、漏,特别是防止有毒、易燃介质的泄漏,选择合理的密封装置是很重要的。主要密封装置有如下两种。

- **填料密封**　优点是结构简单,填料拆装方便,造价低。但使用寿命短,密封可靠性差。

- **机械密封**　优点是密封可靠(其泄漏量仅为填料密封的1%),使用寿命长,范围广、功率消耗少。但是它的造价高，安装精度要求高。

c. 蒸发设备　蒸发设备的选型主要考虑被蒸发溶液的性质，如黏度、发泡性、腐蚀性、热敏性和是否容易结晶或析出结晶等因素。

选型时注意如下几点：蒸发热敏性物料时，选用膜式蒸发器，以防止物料分解；蒸发黏度大的溶液，为保证物料流速而选用强制循环型回转薄膜式或降膜式蒸发器；蒸发易结垢或析出结晶的物料，可用标准式或悬筐式蒸发器或管外沸腾式和强制循环型蒸发器；蒸发发泡性溶液时，应选用强制循环型和长管薄膜式蒸发器；蒸发腐蚀性物料时注意设备用材；蒸发废酸等物料选用浸没燃烧蒸发器；对处理量小的或采用间歇操作时，可选用夹套或锅炉蒸发器，以便制造、操作和节约投资。

蒸发器的计算有蒸发水量、加热剂用量和蒸发器的传热面积。

d. 存储设备　化工生产中需要存储的有原料、中间产品、成品、副产品以及废液和废气等。常见的存储设备有罐、桶、池等。有敞口的也有密封的；有常压的也有高压的；可根据存储物的性质、数量和工艺要求选用。

一般固体物料，不受天气影响的，可以露天存放；有些固体产品和分装液体产品都可以包装、封箱、装袋或灌装后直接存储于仓库，也可运销于厂外。但有一些液态或气态原料、中间产品或成品需要存储于设备之中，按其性质或特点选用不同的存储容器。大量液体的存储一般使用圆形或球形储槽；易挥发的液体，为防物料挥发损失，而选用浮顶储槽；蒸气压高于大气压的液体，要视其蒸气压大小专门设计储槽；可燃液体的存储，要在存储设备的开口处设置防火装置；容易液化的气体，一般经过加压液化后存储于高压钢瓶中；难于液化的气体，大多数经过加压后存储在高压球形储槽或柱形容器中；易受空气和湿度影响的物料应存储于密闭的容器内。

根据存储物料的性质和工艺要求选择容器的形式和设备材料。

• 存储量的确定　原料的存量要保证生产正常进行，主要根据原料市场供应情况和供应周期而定，一般以 1～3 个月的生产用量为宜；当货源充足，运输周期又短，则存量可以更少些，以减少存储设备容积，节约投资。中间产品的存量主要考虑在生产过程中因某一前道工段临时停产仍能维持后续工段的正常生产，所以，一般要比原料的存量少得多；对于连续化生产，视情况存储几小时至几天的用量，而对于间歇生产过程，至少要存储一个班的生产用量。对于成品的存储主要考虑工厂短期停产后仍能保证满足市场需求为主。

• 存储容器适宜容积的确定　主要依据总存量和存储容器的适宜容积确定存储容器的台数。这里存储容器的适宜容积要根据容器形式、存储物料的特性、容器的占地面积，以及加工能力等因素进行综合考虑确定。

• 装料系数的确定　一般存放气体的容器的装料系数为 1。而存放液体的容器装料系数一般为 0.8。

• 存储设备结构尺寸的确定　经过上述考虑后便可以具体计算存储容器的主要尺寸，如直径、高度及壁厚等。

3.3.5.4　设备材料的选择

(1) 介质的性质、温度和压力　在选择设备的材质时，首先要了解处理介质的性质（包括：氧化性、还原性、介质的浓度、腐蚀性能）；其次是设备要承受的温度（高温、常温还是低温）。各种材料的耐温性能是不同的，一般随温度升高其耐温性能减弱。在低温下要考虑材料的脆性。最后还要考虑设备承受的压力（高压、中压、低压或真空）。一般压力愈高，要求材料的强度、耐腐蚀性能也要愈好。

(2) 设备的类型和结构　设备的类型和结构不同，其选用的材料也不同。例如，泵体及叶轮要求材料具有良好的抗磨性和铸造性能；而换热设备却要求材料具有良好的导热性能；产品的存储设备要求材料表面清洁光滑且无腐蚀物产生等。

（3）材料价格和来源 选择设备材料时应注意价格便宜，来源容易。凡是能用碳钢和普通铸铁的设备就尽量不用其他贵重材料。应尽量使用耐腐蚀铸铁、低合金和无铬不锈钢，而尽量少用高铬镍不锈钢。

（4）制造加工方便 在满足上述条件的基础上，还要考虑选用的材料制作容易，加工方便，如可熔性、可焊性、可锻性、淬火性及切削加工性等。

3.3.5.5 编制设备及装配图一览表

对于非定型设备最后还要进行强度计算。有关压力容器的强度计算的详细内容可参阅有关压力容器设计、化工设备及容器等方面的资料。

当设备选型和设计计算结束后，将结果汇编成设备一览表，见表 3-39。对主要设备绘出总装配图。这种图上主要有视图、尺寸、明细栏（装配一览表）、管口符号和管口表、技术特性表、技术要求、标题栏及其他等。

表 3-39 设备一览表

| 序号 | 流程及布置图上的位号 | 设备名称和技术规格 | 型号或图号 | 计量单位 | 数量 | 材料 | 净重 | | 隔热及隔声 | | 内壁防腐 | 管口方位图图号 | 备注 |
							单重	总重	型式代号	主要层厚度			
			编制					设备一览表（例 表）			工程名称：设计项目：		
		日期	校核										
			审核								专业	第 页	共 页

3.3.5.6 设备强度设计计算简介

化工容器和设备的强度设计计算是根据计算出的工艺尺寸结合工作条件，考虑化工设备自身制造和安装检修的要求，对化工容器和设备的各个元件正确地选择材料，并选择合理的结构形式，在进行全面的载荷分析及应力分析的基础上确定设备的强度尺寸，校核容器、设备能否满足强度、刚度、稳定性等诸多方面的要求，使所设计的设备既经济合理、又安全可靠。

（1）结构设计 结构设计是根据工艺尺寸和相关的工作条件，确定反应釜各部分的结构和尺寸。

搅拌反应器主要由搅拌装置、轴封和搅拌罐三大部分组成，下面分别介绍这三部分的设计计算过程。

a. 搅拌装置的设计 搅拌装置包括传动装置、搅拌轴和搅拌器。

搅拌装置是用来搅拌反应器内的反应物，使反应物达到混合与接触，强化其传质与传热，并使反应物料分子互相撞击，不断更新接触，促进化学反应。

传动装置是用来带动搅拌器，使其旋转，为其提供动力的装置。它由电动机、减速装置、联轴器和搅拌轴等组成。

搅拌器的设计要重点考虑两个主要的因素，一是介质的性质，二是反应过程的特性和传质、传热的要求，根据这两个因素来选择合适的搅拌器。

搅拌轴的设计主要是结构设计和强度设计。

b. 轴封装置 轴封装置是用来密封转轴的，起到保证搅拌设备内处于一定的正压或负压以及防止反应物料溢出和杂质渗入的作用。常用的轴封装置有填料密封、机械密封、迷宫密封、浮动密封等。轴封装置的选取要依轴的转速和釜内物料的压力等因素来定。

　　c. 搅拌罐罐体的设计　　常用的罐体是立式圆筒形容器，包括顶盖、筒体和罐底，通过支座安装在基础或平台上，为物料提供一定的反应空间。

　　为满足工艺要求或搅拌罐自身结构上的需要，罐体上装有各种不同用途的附件。例如在本例中的聚合釜为了传热，需要在罐体的外侧安装夹套。

　　搅拌反应器罐体的结构设计主要包括罐体的尺寸、搅拌反应器的传热、工艺接管等三个方面的内容。

　　(2) 强度设计　　强度设计要依据工艺要求，在满足工艺要求的前提下，对容器及其各个零、部件进行选材，确定各个零、部件的尺寸，最后进行强度校核，以确保容器或设备在生产操作时满足安全要求。

　　化工容器的设计必须遵循国家和其他有关部门颁发的有关标准，在设计中应首先遵循国标《钢制压力容器》的规定，有关参数的选取、设计计算方法等要严格按其规定执行。

　　下面简要介绍化工容器的设计步骤。

　　a. 选材　　容器及其零部件的选材原则主要是根据容器中介质的压力、温度和介质的腐蚀特性来确定。

　　b. 容器及其零部件尺寸的确定　　依据工艺要求，确定容器各部位的工艺尺寸。

　　根据工艺尺寸确定容器壁厚，容器壁厚的确定必须按国标《钢制压力容器》的确定方法进行设计计算。

　　强度校核，校核容器在压力试验时的薄膜应力作用下是否能满足强度要求。

3.3.6　拓展知识

3.3.6.1　利用计算机进行设备及工艺计算

　　利用电子计算机可以对反应器、蒸馏塔、换热器等主要设备进行设计计算。

　　管壳式换热器程序可在满足热负荷、最大压降和最大流速条件下，求出最少数量、最小尺寸、串联/并联的换热器。

　　塔类设备除需按物料衡算、热量平衡及相平衡求出塔板数、回流比、冷凝器与再沸器热负荷外，还需按汽-液负荷及流体力学计算塔盘的结构参数。

　　反应器是化工装置的核心设备，它的类型很多，而各工艺过程反应的特殊性和差异又很大，往往要针对某个工艺过程和某种结构类型的反应器而编制专门的计算程序。一个最佳操作方案或最佳反应器设计和操作方式的开发，通常是一个需要大量迭代计算的复杂问题。

3.3.6.2　利用计算机进行化工设备图的绘制

　　化工设备图结构复杂，图中的线条变化多，比绘制化工工艺流程图难度要大得多，在这里仅就聚合釜装配图的绘图过程和步骤作一简要介绍。

　　(1) 设置绘图环境　　绘制化工设备图与绘制化工工艺图在绘图环境的设置上大同小异。

　　① 启动 AutoCAD2004，自动生成一个新图形文件。如果 AutoCAD2004 在运行中，可选择【文件】→【新建】命令，新建一个图形文件，将该新文件以"聚合釜"为名称保存。

　　② 设置绘图界限（Limits）。

　　为方便作图，可设置图形界限。

　　方法有两种：

　　• 下拉菜单：【格式】→【图形界限】

　　• 在"命令："提示符下输入 Limits，按空格键或回车键。

　　选择以上任一方法，此时命令行会出现以下提示：

指定左下角点或[开(on)/关(off)]＜0.0000,0.0000＞：

可回车或用空格键接受其默认值。随后 AutoCAD 提示用户设置绘图界限右上角点的位置：

指定右上角点＜841.000，1189.0000＞：

所设图形界限为 A0 图纸幅面。

③ 线型设置　选择【格式】→【线型】命令，在弹出的"线型管理器"对话框中，单击加载按钮，弹出"加载或重载线型"子对话框，在该对话框中选择 ACAD ＿ IS002W100 和 CENTER 两种线型，单击确定按钮，如图 3-38 所示。

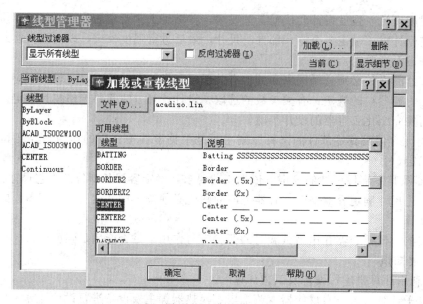

图 3-38　线型设置

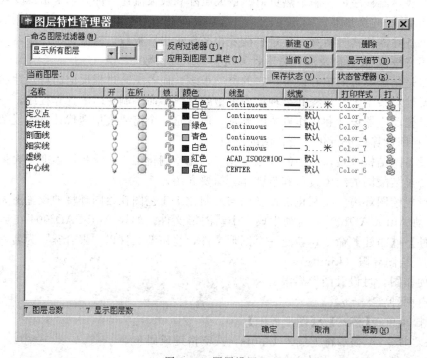

图 3-39　图层设置

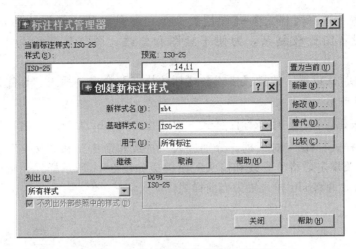

图 3-40 "标注样式管理器"对话框

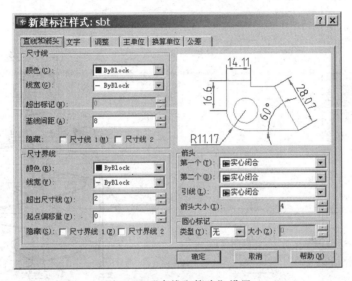

图 3-41 "直线和箭头"设置

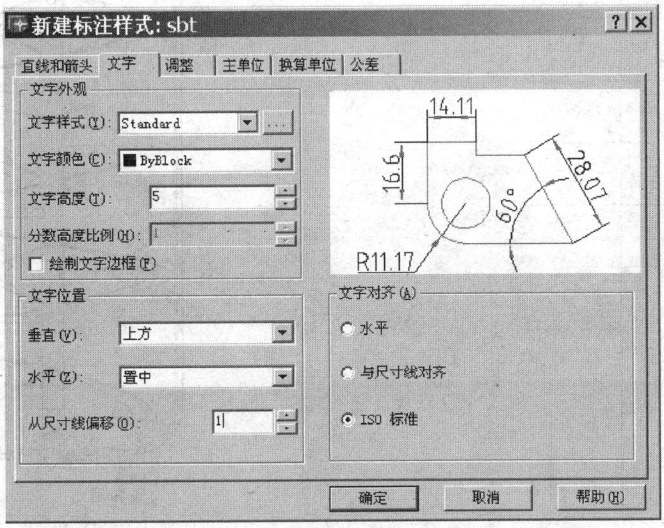

图 3-42 "文字"设置

④ 图层设置　选择【格式】→【图层】命令，在弹出的"图层特性管理器"对话框中，由于化工设备图比较复杂，为便于绘图和修改，图层数量设为七层，如图 3-39 所示。

⑤ 尺寸标注样式设置　选择【格式】→【标注样式】命令，弹出"标注样式管理器"对话框，如图 3-40 所示。

单击 新建 按钮，在"创建新标注样式"对话框中以 sbt 为新样式名，单击 继续 按钮，弹出"新建标注样式：sbt"对话框，分别进入"直线和箭头"和"文字"选项卡，根据制图国家标准的有关规定，将"直线和箭头"设置成如图 3-41 所示样式，将"文字"设置成图 3-42 所示样式，并将 sbt 样式置为当前样式。

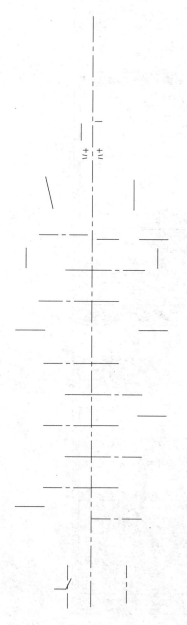

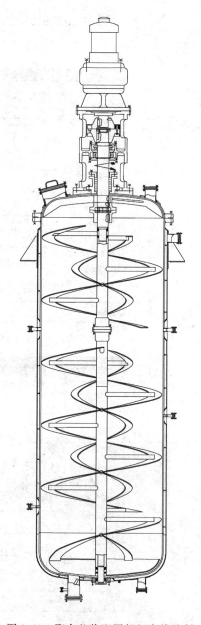

图 3-43　聚合釜装配图中心线绘制   图 3-44　聚合釜装配图粗细实线绘制

"调整"和"主单位"选项卡采用默认设置。

⑥ 文字样式设置、图形单位设置 文字样式、图形单位的设置与化工流程中的文字样式、图形单位设置基本相同，这里不再重述。

（2）计算机绘制化工设备图方法与步骤 由于化工设备图较为复杂，仅以聚合釜的主视图为例，说明其绘图过程。

① 绘制中心线 根据图形，用点画线（CENTER）绘制中心线，如图 3-43 所示。

该部分图形绘制，用直线命令。

② 绘制釜体及其他部件，用细实线、粗实线绘制，如图 3-44 所示。

这部分图形绘制过程中，用到的绘图命令较多，主要是直线、圆弧、椭圆、样条曲线等

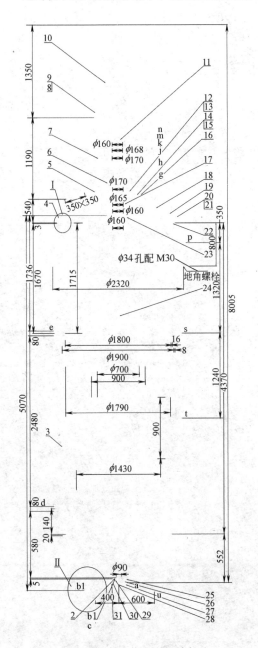

图 3-45 聚合釜装配图尺寸标注

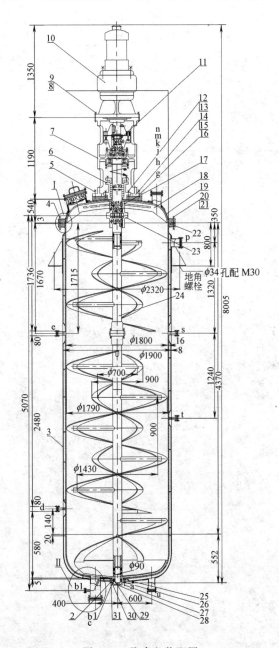

图 3-46 聚合釜装配图

常用命令。绘制过程中需要有一定的耐心。

③ 画剖面线　用图案填充命令（见有关书籍）。

④ 尺寸标注和零件序号编写　用尺寸标注、引线标注和文本标注等命令，如图 3-45 所示。

最后，完成的图形如图 3-46 所示。

完整的聚合釜装配图如图 3-47 所示（见插页）。

4

顺丁橡胶(BR)生产车间相关问题确定结果的审核

★ **总教学目的**

通过对顺丁橡胶（BR）生产车间设计过程中的消耗定额、控制指标、人员定额、条件提交、概算等相关问题的审核，学习并初步掌握对应的相关知识，能够处理类似的相关工程设计问题。

★ **总能力目标**

- 基本能够进行化工产品消耗定额的界定与计算；
- 基本能够进行化工产品生产控制指标的确定；
- 基本能够进行化工产品生产各岗位人员数量的确定；
- 基本能够将化工产品工艺设计的相关结果向其他非工艺设计进行设计条件提交；
- 基本能进行概算内容的较宽范围的初步确定。

★ **总知识目标**

- 学习并初步掌握化工产品消耗定额的确定方法、计算方法；
- 学习并初步掌握化工产品生产控制指标的确定范围与方法；
- 学习并初步掌握化工产品生产各岗位人员确定的方法与标准；
- 学习并初步掌握化工工艺设计与其他非工艺设计的关系，并能向其提供设计条件；
- 学习并初步掌握概算的基本知识与方法。

★ **总素质目标**

- 培养学生的经济意识、环保意识、标准意识；
- 培养学生严格执行国家标准的意识；
- 培养严谨细致的工作作风；
- 自觉执行国家法令、法规；
- 团队合作。

★ **总实施要求**

- 基本要求同子项目 1.1 的实施要求；
- 针对此部分内容计算量较大的特点，各项目组一定要做好任务分工（保持相对完整），同时一定要关注前后的密切联系；
- 审核内容的结果必须由学生亲自去计算。

4.1 消耗定额、控制指标、人员定额、三废处理确定结果的审核

▲ **教学目的**

通过对 BR 车间初步工艺设计说明书中消耗定额确定、聚合主要控制指标、人员定额确定、聚合三废排放处理的审核，使学生掌握上述问题处理的过程、步骤、方法。

▲ **能力目标**

- 能够对 BR 车间初步设计说明书中消耗定额确定、聚合主要控制指标、人员定额确定、聚合三废排放处理的过程与结果进行审核；
- 能够熟练地查阅各种资料，并加以汇总、筛选、分析。

▲ **知识目标**

- 学习并初步掌握消耗定额确定的过程、方法与步骤；
- 学习并初步掌握控制指标确定的过程、方法与步骤；
- 学习并初步掌握人员定额确定的依据与方法；
- 学习并初步掌握三废的确定与处理方法。

▲ **素质目标**

- 能够利用各种形式进行信息的获取；
- 在做事过程中如何与其他人员进行讨论、合作；
- 如何阐述自己的观点；
- 经济意识、环境保护意识、安全生产意识。

▲ **实施要求**

- 总体按项目 4 总实施要求进行落实；
- 各组可以按思维导图提示的内容展开；
- 注意组内任务的分工与协作；
- 注意与工艺路线的确定结果相符合。

4.1.1 项目分析

4.1.1.1 需要审核的具体内容——消耗定额、控制指标、人员定额、三废处理确定结果

（1）原材料、动力消耗定额及消耗量　原材料消耗定额及消耗量（部分）如表 4-1 所示。

表 4-1　聚合部分原料消耗定额一览表

序号	原材料名称	规格	单位	每吨胶消耗定额
1	丁二烯	100%	t	1.045
2	溶剂油	60～90℃	t	0.15
3	环烷酸镍		kg	0.24
4	三异丁基铝		kg	0.44
5	三氟化硼乙醚络合物		kg	0.87
6	工业乙醇		kg	13
7	防老剂		kg	0.85

（2）生产控制分析　聚合工段主要控制指标见表 4-2。

表 4-2　聚合工段主要控制指标

物料名称	采样地点	分析项目	控制指标	分析时间
丁二烯	丁二烯总管线	组成 水值 杂质 胺值	＞99％ ＜20mg/kg 乙腈检不出 ＜1mg/kg	每班一次 每班一次
溶剂油	溶剂油总管	水值 碘值	＜20mg/kg ＜0.2mg/100g	
浓镍	浓镍高位槽	浓度		
稀镍	镍配制槽	浓度	(1.0±0.05)g/L	
稀铝		浓度		
防老剂	配制釜	浓度		
丁油	丁油管线	水值 丁浓	＜20mg/kg 12～15g/L	
胶液	末釜出口	胶含量 转化率	≥100g/L ≥83％	
胶液	首釜出口 末釜出口	门尼黏度 门尼黏度	50 45	

成品胶质量控制指标如表 1-10 所示。

（3）定员　车间各班采用五班三倒制，连续生产，每班 8h。各工段定员根据生产需要定岗定编。一般包括各岗位的人数（生产工人、辅助工人、管理人员、轮休人员）操作班次等。聚合工段定员见表 4-3。其他岗位定员略。

表 4-3　聚合工段定员

岗位 名称	生产工人		辅助工人		管理 人员	操作 班次	轮休 人员	合 计
	每班定员	技术等级						
罐区岗	2	初级					8	
配制计量	2	中级			2	5	8	39
聚合岗	3	中高级					12	
合计	9				2		28	39

（4）三废治理　车间三废排量及组成如表 4-4 所示。

表 4-4　三废排量及组成

名称	温度 /℃	压力 /Pa	排出点	排放量			组成及 含量	国家排 放标准	处理 意见	备注
				单位	正常	最大				
废水			聚合总下水				B、F、N		生化 处理 后排放	
			挤压机排水				B、F、N			
			洗胶罐排水				B、F、N			
			油水分离罐				B、油			
废气			脱水回流罐				$C_4^{==}$、C_5、C_6		送火炬 燃烧	
			胶液罐排气				$C_4^{==}$			
废渣			铝渣				溶剂油、铝		污泥 焚烧	
			废胶				网状结构凝胶			

4.1.1.2 项目分析——思维导图

顺丁橡胶（BR）生产工艺设计初步说明书中涉及的消耗定额、控制指标、人员定额三废处理确定结果如前面所示，建议按如图 4-1～图 4-4 等思维导图的提示对其进行审核与细化。

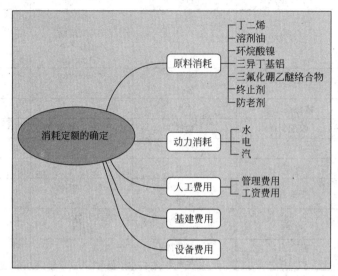

图 4-1　消耗定额的确定

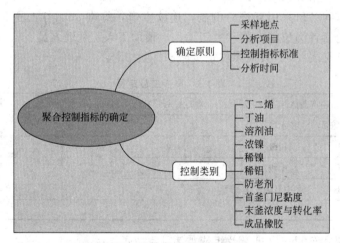

图 4-2　聚合控制指标的确定

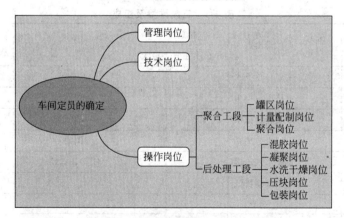

图 4-3　车间定员的确定

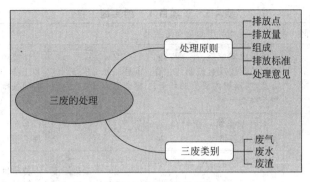

图 4-4　三废的处理

4.1.2　项目实施

4.1.2.1　项目实施展示的画面

子项目 4.1 实施展示的画面如图 4-5 所示。

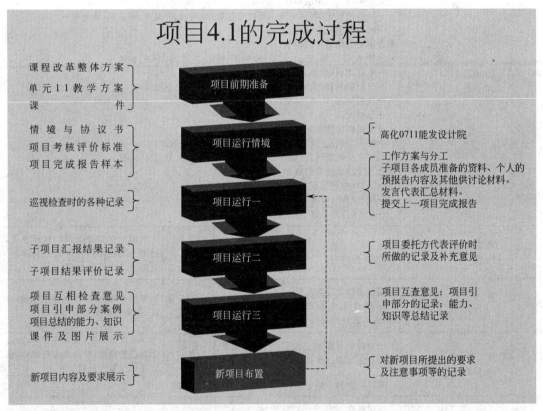

图 4-5　子项目 4.1 实施展示的画面

4.1.2.2　建议采用的实施步骤

建议项目 4.1 的实施过程采用表 4-5 所列形式。

4.1.3　结果展示

结果展示主要采用 PPT 展示和项目报告的形式进行。其中 PPT 展示材料以电子稿形式上交，项目报告参考格式见子项目 1.1 项目报告样本。

4.1.4　考核评价

考核评价过程与内容与子项目 1.1 考核评价相同。

表 4-5　子项目 4.1 的实施过程

步骤	名称	时间	指导教师活动与结果			学生活动与结果
一	项目解释方案制订学生准备	提前1周	项目内涵解释、注意事项；提示学生按项目组制订工作方案，明确组内成员的任务；组长检查记录	审核任务检查记录	工作方案个人准备	明确项目任务，各项目组制订初步工作方案(如何开展、人员分工、时间安排等)，并按方案加以准备、实施
二	第一次讨论检查	15min	组织学生第一次讨论，检查学生准备情况	检查记录	工作日记汇报提纲	各项目组讨论、填写工作日记、整理汇报材料
三	第一次发言评价	15min	组织学生汇报对各项目的审核意见，说明参考的依据，接受项目委托方代表的评价	实况记录初步评价	汇报提纲记录问题	各项目组发言代表汇报倾听项目委托方代表评价
四	第一次指导修改	15min	针对汇报中出现的问题进行指导，提出修改性意见	问题设想实际问题	记录发言	学生以听为主，可以参加讨论，提出自己的想法
			设想的问题或思路 消耗定额确定结果的审核： →原料消耗定额(每吨胶消耗的丁二烯、溶剂油、引发剂、终止剂、防老剂) →水电汽消耗定额 聚合主要控制指标的审核： →种类(丁二烯、溶剂油、浓镍、稀镍、稀铝、防老剂、丁油、胶液) →采样地点(管线、釜、罐等) →分析的项目(组成、浓度、胶含量、转化率、门尼黏度等) →控制指标 →分析时间 人员定额确定结果的审核： →按岗位确定(罐区岗、配制岗、聚合岗，其他未考虑?) →按人员类型确定(生产工人、辅助人员、管理人员、轮休人员) 聚合三废排放处理的审核： →废水(排放位置、排放量、组成、处理) →废气(排放位置、排放量、组成、处理) →废渣(排放位置、排放量、组成、处理)			
五	第二次讨论修改	10min	巡视学生再次讨论的过程，对问题进行记录	记录问题	补充修改意见	学生根据指导教师的指导意见，对第一次汇报内容进行补充修改，完善第二次汇报内容
六	第二次发言评价	5min	组织进行第二次汇报记录学生未考虑到的内容，并给出评价意见	记录评价意见	发言提纲记录	学生倾听项目委托方代表的评价，记录相关问题
七	第二次指导修改	5min	针对各项目组第二次汇报的内容进行第二次指导	记录结果未改问题	记录发言	学生以听为主，可以参加讨论，提出自己的想法，对局部进行修补，做好终结性发言材料
			按第一次指导的思路，对各项目组未处理问题加以指导			
八	第三次发言评价报告整理	8min	组织各项目发言代表对项目完成情况进行终结性发言，并对最终结果加以肯定性评价	记录结论	发言稿记录	各项目组发言代表做终结性发言，倾听指导教师的评价，同时，完善项目报告的相关内容
九	归纳总结	15min	项目完成过程总结结合相关内容，展示教学课件，对相关知识进行总结性解释。适当展示相关材料	总结提纲理论课件	记录领悟	学生以听为主，可以提出自己的观点，参加必要的讨论
十	新项目任务解释	3min	子项目 4.2 BR 工艺设计需要向其他设计提交数据的审核			

4.1.5　支撑知识

4.1.5.1　废气处理技术

（1）废气　空气污染物是指由于人类活动或自然过程进入大气的并对人或环境产生有害影响的那些物质。按其存在状态主要分为气溶胶态污染物和气态污染物两种类型。

气溶胶态污染物是沉降速度可以忽略的固体粒子、液体粒子或固体粒子在气体介质中的悬浮体，按气溶胶的物理性质可以分为粉尘、烟、飞灰、黑烟、液滴、轻雾、雾。

气态污染物主要包括含硫化合物、碳的氧化物、含氮化合物、碳氢化合物、卤素化合物等的气体。

上述两类空气污染物主要来源于锅炉烟气、回收尾气、装置泄漏、裂解尾气、焦化、加热炉等。

（2）处理方法

- 冷凝法　用于回收高浓度的有机物蒸气和汞、砷、硫、磷等无机物，处理属于高浓度废气的一级处理。

- 吸收法　用于净化含有 SO_2、NO_x、HF、SiF_4、HCl、Cl_2、NH_3、汞蒸气、酸雾、沥青烟和多种有机物蒸气。

- 吸附法　用于净化废气中低浓度污染物质，并可用于回收废气中的有机化合物及其污染物。

- 直接燃烧法　用于净化含有有机污染物的废气。

- 催化燃烧法　主要是在催化剂作用下，将较低温度下废气中的有机物完全转化为 CO_2 和 H_2O。

4.1.5.2　废水处理技术

（1）废水　废水中主要含有酚类化合物、硝基苯类化合物、苯胺类化合物、烃类化合物、有机溶剂（如乙醇、苯、氯仿、醋酸甲酯、石油醚）等有机化合物以及含氟、汞、铬、铜等有毒元素的无机化合物。

（2）废水处理原则与方法

a. 废水处理的原则　工艺改革、抓源治本，回收利用、综合治理，优中取优。

b. 废水处理的方法

- 隔油法（重力分离法）　利用油和水的密度不同进行分离。

- 气浮法　用于油类、纤维、活性污泥等密度接近于水的悬浮物质。

- 沉淀法　利用固体物质在水中的重力沉降作用进行沉淀处理。

- 均衡法　在废水处理系统中设置均衡调节池，对水量和水质进行均衡调节，再进行处理。

- 好氧生物处理法　在氧气充分的条件下，通过微生物吸附和氧化作用，使废水中的有机污染物降解或去除，从而使废水得到净化。

- 缺氧-好氧生物处理法　在氧气缺少的条件下，活性污泥中的反硝化细菌利用氧化态氮和废水中的含碳有机物进行反硝化作用，使化合态氮转化为分子态氮，获得同时去碳和脱氮的效果。处理时，一般是在常规好氧处理系统增设缺氧段，让废水交替进入好氧段和缺氧段。

- 厌氧生物处理法　厌氧生物处理主要经过酸发酵阶段和甲烷发酵阶段，前一阶段是将复杂的有机物转化为乙酸、丙酸、丁酸等低级脂肪酸中间体，后一阶段再将这些中间体转化为二氧化碳和甲烷。

- 过滤法 主要是利用"筛网"将污水中的悬浮固体和油过滤出来。

4.1.5.3 废渣处理技术

化工、医药、石化等企业生产过程中，会产生多种固体废物，其种类繁多，成分复杂，这些均属于化学废渣，具有易燃、有毒、易反应的特点，必须妥善处理。

a. 废渣的处理原则 通过处理使其无毒化或与人们隔开，但首先考虑的是废渣的再资源化。

b. 废渣处理途径 革新工艺，减少废渣或少产生或不产生废渣；综合利用，回收利用，变废为宝。

c. 废渣的处理主要采用以下两种方法。

- 填埋法 主要处理有毒、有害的固体废弃物。但必须清楚它的性质，防止再次污染。
- 焚烧法 主要处理有毒、有害的固体有机物。可以用于燃烧发电。

4.1.5.4 噪声控制技术

a. 噪声主要是以低、中频气流噪声为主的声音。

b. 噪声的控制原则 声源根治，传播降低，受点保护。

c. 噪声控制方法主要有以下几种：

- 吸声 利用装置吸声结构材料吸收噪声；
- 隔声 利用隔声室、隔声罩、隔声屏对噪声进行隔离；
- 消声 利用消声器对产生噪声的管路出口进行消声处理。

4.1.6 拓展知识

4.1.6.1 初步设计阶段对环境保护的总体要求

初步设计阶段必须编制环境保护的内容，以保证环境影响报告书及其审批意见所确定的各项措施得到落实，其主要内容包括：

- 环境保护设施的设计依据；
- 设计采用的环境保护标准；
- 主要污染源的主要污染物的种类、成分、数量、排放方式、温度、压力等特性参数；
- 设计采用的环境保护措施及简要处理流程，预期效果；
- 绿化规划设计；
- 对建设项目引起的生态变化所采取的防范措施；
- 环境保护管理机构及定员；
- 环境监测措施；
- 环境保护投资概算；
- 存在问题及建议。

4.1.6.2 初步设计阶段对环境保护的细致要求

（1）编制依据

- 建设项目的项目建议书、可行性研究报告（设计任务书）中有关环境保护内容的要求及规定；
- 环境影响报告书及其批文；
- 环境保护协调文件，如当地环境部门的意见，协调办法，总包单位与分包单位之间的分工等；
- 环境部门、主管部门的文件指示、要求。

（2）设计采用的环境标准

• 环境质量标准

标准名称、代号、等级；

无国际或地方标准的列出参考标准或特殊规定，给出具体数值。

• 排放标准

标准名称、代号、等级；

无标准的或特殊要求的应给出具体数据。

（3）主要污染源及主要污染物

• 主要污染源

工艺流程简述，重点突出对环境可能造成污染的环节、原料、材料消耗情况等；

在总平面图上用符号标出污染位置及污染物排放量。

• 主要污染物

列表说明建设项目最终排放的污染物种类（废气、废水、废渣、噪声）、名称、数量、组成、特性及排放方式。

（4）设计中采取的环保措施及简要处理工艺流程

• 分条，逐项，扼要地介绍环保措施，并列表说明预期效果；

• 对建设项目引起生态变化所采取的防范措施。

（5）绿化概况

• 绿化规划；

• 绿化面积，绿化系数；

• 主要树种，叙述各种树的功能。

（6）其他环保措施

• 改变能源结构、节省能耗、综合利用、废物资源化等。

（7）环境监测体制

• 建设地区环境状况简述　内容包括地理位置及地貌；水文、地质、气象等特征；污染状况等。

• 监测项目　包括大气、水体、渣、噪声、其他等。

• 监测布点　主要体现在总平面布置图上用符号标出监测网点的位置。

• 环境监测站概况　主要包括环境监测的方式及方法，主要仪器设备。

• 建筑面积　注明监测站的面积。

• 定员　注明监测人员的数量。

（8）环境保护投资概算

（9）环保管理机构及定员

• 包括机构设置及人员配备；主要职责。

（10）存在问题及建议

4.2　BR 工艺设计需要向其他设计提交数据的审核

▲ **教学目的**

通过对 BR 车间初步工艺设计说明书中工艺设计需要向其他设计提交数据的确定结果的审核，使学生掌握上述问题处理的过程、步骤、方法。

▲ **能力目标**

• 能够对 BR 车间初步设计说明书中工艺专业向其他设计提交数据的确定结果进行审核;

• 能够较为准确地向其他非工艺设计提供设计条件;

• 能够熟练地查阅各种资料,并加以汇总、筛选、分析。

▲ **知识目标**

学习并初步掌握工艺设计向其他设计提交数据的过程、方法与步骤。

▲ **素质目标**

• 能够利用各种形式进行信息的获取;

• 在做事过程中如何与其他人员进行讨论、合作;

• 如何阐述自己的观点;

• 工艺设计与其他设计人员的关系处理;

• 经济意识、环境保护意识、安全生产意识。

▲ **实施要求**

• 总体按项目 4 总实施要求进行落实;

• 各组可以按思维导图提示的内容展开;

• 注意分工与协作;

• 注意从工艺设计中寻找向非工艺设计提供的条件。

4.2.1 项目分析

4.2.1.1 需要审核的具体内容——工艺设计向非工艺设计提供的条件

原设计说明书中并无此类内容,故需要重新整理。

4.2.1.2 项目分析——思维导图

由于顺丁橡胶(BR)生产工艺设计初步说明书中没有提供到工艺设计向其他非工艺设计提交的设计条件,因此建议按图 4-6 思维导图的提示对其进行重新细化。

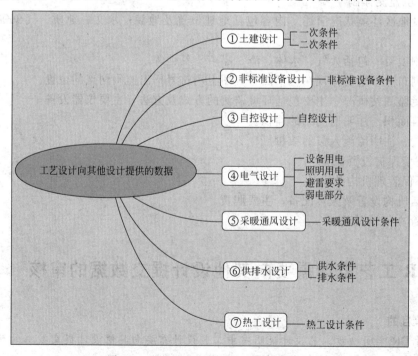

图 4-6 工艺设计向其他设计提供的数据

4.2.2　项目实施

4.2.2.1　项目实施展示的画面

子项目 4.2 实施展示的画面如图 4-7 所示。

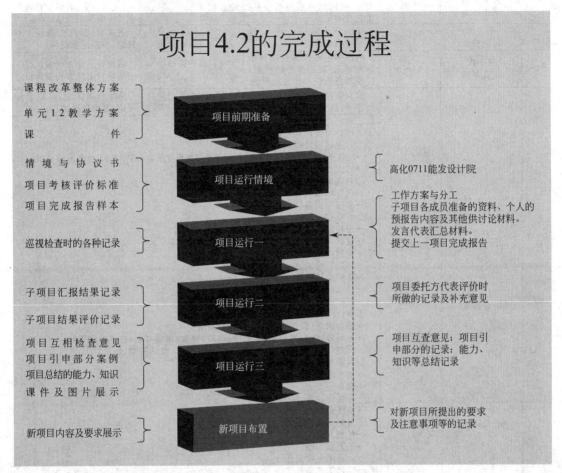

图 4-7　子项目 4.2 实施展示的画面

4.2.2.2　建议采用的实施步骤

建议项目 4.2 实施采用如表 4-6 所列步骤。

4.2.3　结果展示

结果展示主要采用 PPT 展示和项目报告的形式进行。其中 PPT 展示材料以电子稿形式上交，项目报告参考格式见子项目 1.1 项目报告样本。

4.2.4　考核评价

考核评价过程与内容与子项目 1.1 考核评价相同。

4.2.5　支撑知识

工艺设计对非工艺设计提供的条件

4.2.5.1　工艺设计与非工艺设计的相互关系

（1）非工艺专业设计的范围　一个完整的化工设计除了化工工艺设计外，还需要非工艺专业的密切配合与通力协作才能最后完成。化工设计中非工艺专业的设计一般有：建筑设计（一般建筑工程、特殊构筑物）；非定型设备设计；自动控制设计；电气设计；采暖通风设计；热工设计；供排水设计。这些非工艺专业的设计应由相应专业人员根据工艺专业提供的条件来完成。

表 4-6　子项目 4.2 实施步骤

步骤	名称	时间	指导教师活动与结果			学生活动与结果
一	项目解释 方案制订 学生准备	提前 1周	项目内涵解释、注意事项；提示学生按项目组制订工作方案，明确组内成员的任务；组长检查记录	审核任务 检查记录	工作方案 个人准备	明确项目任务，各项目组制订初步工作方案（如何开展、人员分工、时间安排等），并按方案加以准备、实施
二	第一次 讨论检查	15min	组织学生第一次讨论，检查学生准备情况	检查记录	工作日记 汇报提纲	各项目组讨论、填写工作日记、整理汇报材料
三	第一次 发言评价	15min	组织学生汇报对各项目的审核意见，说明参考的依据，接受项目委托方代表的评价	实况记录 初步评价	汇报提纲 记录问题	各项目组发言代表汇报倾听项目委托方代表评价
四	第一次 指导修改	15min	针对汇报中出现的问题进行指导，提出修改性意见	问题设想 实际问题	记录 发言	学生以听为主，可以参加讨论，提出自己的想法
			设想的问题或思路： 工艺设计需要向其他设计提交数据的审核 ①对土建设计提供 →一次条件(工艺流程图及简述、设备平立面布置图及土建要求、人员表、设备重量表) →二次条件(预埋件、开孔、基础、地沟、支架等) ②对机械设备设计提供 →已有标准设备系列图号 →非标准设备的条件 ③对自控设计提供 →带控制点工艺流程图 →设备布置图 →控制室位置与面积 →环境特性表 →自控设计条件 →调节阀计算数据表 →信号要求 ④对电气设计提供 →设备用电(设备布置图。用电设备表) →照明避雷(照明位置、照明度、地段、亮度、避雷要求、特殊要求等) →弱电(弱电位置要求、火警、警卫信号要求、电话种类、数量) ⑤对采暖通风设计提供 →工艺流程图 →设备一览表 →采暖方式 →采暖条件 ⑥对热工设计提供 →代汽方式 →工艺流程图 →设备平面布置图 →供汽工艺条件 ⑦对给排水设计提供 →供水(设备布置图，注明各种用水要求) →排水(排水条件，生活用水)			
五	第二次 讨论修改	10min	巡视学生再次讨论的过程，对问题进行记录	记录问题	补充修 改意见	学生根据指导教师的指导意见，对第一次汇报内容进行补充修改，完善第二次汇报内容
六	第二次 发言评价	5min	组织进行第二次汇报 记录学生未考虑到的内容，并给出评价意见	记录 评价意见	发言提纲 记录	学生倾听项目委托方代表的评价，记录相关问题
七	第二次 指导修改	5min	针对各项目组第二次汇报的内容进行第二次指导	记录结果 未改问题	记录 发言	学生以听为主，可以参加讨论，提出自己的想法，对局部进行修补，做好终结性发言材料
			按第一次指导的思路，对各项目组未处理问题加以指导			
八	第三次 发言评价 报告整理	8min	组织各项目发言代表对项目完成情况进行终结性发言，并对最终结果加以肯定性评价	记录 结论	发言稿 记录	各项目组发言代表做终结性发言，倾听指导教师的评价，同时，完善项目报告的相关内容
九	归纳总结	15min	项目完成过程总结 结合工艺设计与非工艺设计的关系、概算书编写内容，展示教学课件，对相关知识进行总结性解释。适当展示相关材料	总结提纲 理论课件	记录 领悟	学生以听为主，可以提出自己的观点，参加必要的讨论
十	新项目 任务解释	3min	子项目 4.3 概算问题确定结果审核			

（2）工艺设计与非工艺设计的相互关系　在化工设计中，工艺专业是主体，非工艺专业是附属，但关系非常密切，彼此条件往返频繁，尤其在施工图设计阶段，工艺专业与非工艺专业的密切配合程度直接影响着设计质量和进程。为此，要求工艺设计人员在设计过程中，一要全面出色地完成设计任务；二是要组织和协调设计工作的进行（主要是解决好工艺专业与其他专业的关系以及其他专业之间的关系）；三要为其他专业设计提供比较完整而准确的设计依据和条件。

实际上，工艺设计人员在进行化工工程设计时，一般要分几次向其他专业提供设计条件。第一次提供的条件是使其他各专业对工程项目有总体的了解，明确自己在工程设计中所承担的设计任务，并能开始本专业的方案设计以及进行必要的计算。第二次提供的条件只是一些较小的补充和完善条件。一般来说，对多数其他专业，工艺专业分两次提供条件即能满足要求，只有个别专业在设计较复杂的工程时才需要提供第三次条件，作为第二次提供条件的补充和完善。当然，以上所说的只是一般原则。对于简单的成熟项目，工艺人员设计经验丰富，也可以一次提供设计条件就能满足其他专业设计的要求。特别是一些精细化工产品项目更是如此。

非工艺专业接到设计条件后，要从本专业的角度构思设计方案，如发现条件不全或不符合本专业的技术规范和设计原则，或无法满足工艺要求时，要及时返回信息，以便工艺专业及时修改、完善、直到妥善解决为止。同时，各非工艺专业之间也要相互提出要求和提供设计条件，然后才开始初步设计。在设计过程中还会遇到一些具体问题，再不断磋商解决，最后完成最终设计，使各专业的设计既符合各自的设计规范和设计原则，又符合工程项目的总体要求，从而确保化工设计项目的质量。图 4-8 所示简要说明了工艺专业与非工艺专业之间的关系。

4.2.5.2　工艺设计向非工艺专业提供设计条件

（1）土建设计条件　土建设计包括全厂所有建筑物、构筑物（框架、平台、设备基础、爬梯等）的设计。

a. 化工建筑基本知识　化工厂的建筑形式有三种：封闭式厂房、敞开式厂房和露天框架。趋势是向敞开式厂房和露天框架发展。

建筑构造

组成建筑物的构件有：地基、基础、墙、柱、梁、楼板、屋顶、楼梯、门和窗户等。

地基　是建筑物的地下土壤部分，它的作用是支承建筑物的重量。为保证建筑物正常、持久使用，地基必须具有足够的强度和稳定性。为此在地基强度不够时，采取换土法、桩基法、水泥灌浆法等进行人工加固。此外，还要考虑土壤的冻胀和地下水位的影响。

基础　是建筑物或设备支架的下部结构，埋在地面以下，它的作用是支承建筑物和设备，并将它们的载荷传到地基上去。基础的材料有砖、毛石、混凝土、钢筋混凝土等。设备的基础材料常用混凝土或钢筋混凝土。基础的型式、材料和构造取决于建筑物的结构形式、载荷大小、地质条件、材料供应和施工条件等因素，它的几何尺寸由计算而得。

墙　一般分为承重墙、填充墙、防火防爆墙等。承重墙是承受屋顶楼板等上部载荷，并传递给基础的墙，常用砖砌体作材料，墙的厚度取决于强度和保温的要求，一般有一砖厚（240mm）、一砖半厚（370mm）、二砖厚（490mm）三种；填充墙不承重，仅起围护、保温、隔声等作用，常用空心砖或轻质混凝土等轻质材料制成；防火防爆墙是把危险区同一般生产部分隔开的墙，它应有独立的基础，常采用 370mm 砖墙或 200mm 的钢筋混凝土墙，

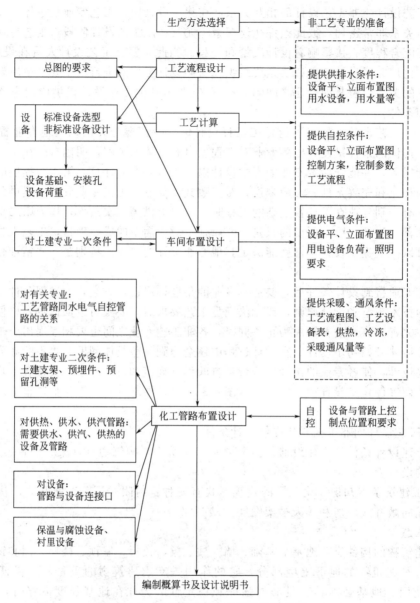

图 4-8　工艺专业与非工艺专业的关系

这类墙上不准随意开设门窗等孔洞。

门、窗和楼梯　门在正常时的作用是人员流通，物质和设备输送，在特殊情况时的作用是安全疏散。因此，厂房的门一般不少于 2 个，门宽不宜小于 0.9m，并且门要向外开。

窗户供采光、通风和泄压用，为便于泄压，窗户应向外开。

楼梯是多层厂房垂直方向的通道，为保证内部交通方便和安全疏散，多层厂房应设置 2 个楼梯，宽度不宜小于 1.1m，坡度一般为 30°。

其他建筑物构件如梁、柱、楼板、地面、屋顶以及建筑物的变形缝都有一定规定和要求。

厂房的结构尺寸

工业建筑模数制　模数制是按大多数工业建筑的情况，把工业建筑的平立面布置的有关尺寸统一规定成一套相应的基数，而设计各种工业建筑时，有关尺寸必须是相应基数的倍数。这样有利于设计标准化、构件工厂预制化和机械化施工。

模数制的主要内容有：基本模数为100mm；门、窗、洞口和墙板的尺寸，在墙的水平和垂直方向均为300mm的倍数；厂房的柱距采用6m或6m的倍数；多层厂房的层高为0.3m的倍数。

厂房的经济结构尺寸　单层厂房　跨度≤18m时，采用3m的倍数；跨度＞18m时，采用6m的倍数，常用的跨度为6m和18m，柱间距为6m和12m。

多层框架式厂房常用方格式柱网（6m×6m）。内廊式厂房的柱距及跨度参见图4-9。层高最低不低于3.2m，净高不低于2.5m，常用3.9m、4.2m、4.8m、6.0m。

辅助建筑开间（宽）一般为3.3m或3.6m；进深一般为5.4m、6.0m、7.2m。

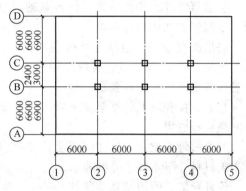

图4-9　内廊式厂房的结构尺寸

化工建筑的特殊要求

根据化工生产的特点对化工建筑提出的特殊要求是耐火、抗爆泄压与防腐蚀。在化工生产建筑设计中，要按照生产的火灾危险性不同，选择合适的建筑物耐火等级、厂房的防爆距离和防爆措施等，应严格执行国家制定的建筑设计防火规范。

根据《建筑设计防火规范》的规定，生产的火灾危险分为甲、乙、丙、丁、戊五类，一般石油化工厂均属于甲、乙类生产，应采用一、二级耐火建筑，即由钢筋混凝土楼盖、屋盖和砌体墙等组成。对腐蚀性介质要采取防腐措施，如气体介质腐蚀情况下，对门、窗、梁、柱要涂刷防腐涂料；配电室、仪表室、生活室、办公室等均不得设在腐蚀性设备的底层。

b. 工艺专业向土建设计提供的条件　工艺人员一般分两次集中提出。一次是在带控制点工艺流程图（施）和设备布置图基本完成，各专业布局布置方案基本落实后提交，二次条件是在管路布置图基本完成后或进行到一定时期后提交。

一次条件

一次条件中必须向土建介绍工艺生产过程，物料特性，物料运入、输出和管路关系情况，防火、防爆、防腐、防毒等要求，设备布置布局，厂房与工艺关系和要求，厂房内设备吊装等。具体书面条件包括以下几项。

① 提供工艺流程图及简述

② 提供设备布置平、剖面布置图　并在图中加入对土建有要求的各项说明及附图。其中包括：车间或工段的区域划分、防火、防爆、防腐和卫生等级；门和楼梯的位置，安装孔、防爆孔的位置、大小尺寸；操作台的位置、大小尺寸及其上面的设备位号、位置；吊装梁、吊车梁、吊钩的位置，梁底标高及起重能力；各层楼板上各个区域的安装荷重、堆料位置及荷重、主要设备的安装方式及安装路线（楼板安装荷重：一般生活室为250kg/cm²，生产厂房为400kg/cm²、600kg/cm²、800kg/cm²、1000kg/cm²）；设备位号、位置及其他建筑物的关系尺寸和设备的支承方式；有毒、有腐蚀性等物料的放空管路与建筑物的关系尺寸、标高等；楼板上所有设备基础的位置、尺寸和支承点，悬挂或放在楼板上超过1t的管路及阀门的重量及位置；悬挂在楼板上或穿过楼板的设备和楼板的开孔尺寸，楼板上孔径≥500mm的穿孔位置及尺寸；对影响建筑物结构的强振动设备应提出必要的设计条件。

③ 人员表 列出车间中各类人员的设计定员、各班人数、工作特点、生活福利要求、男女比例等，以此配置相应的生活行政设施。

④ 设备重量表 列出设备位号、规格、总重和分项重量（自重、物料重、保温层重、充水重）。

二次条件

包括预埋件、开孔条件、设备基础、地脚螺栓条件图、全部管架基础和管沟等。

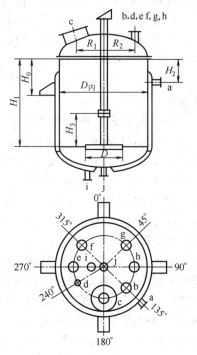

提出所有设备（包括室外设备）的基础位置尺寸、基础螺栓孔位置和大小、预埋螺栓和预埋钢板的规格、位置及伸出地面长度等要求。

在梁、柱和墙上的管架支承方式、荷重及所有预埋件的规格和位置。

所有的管沟位置、尺寸、深度、坡度、预埋支架及对沟盖材料、下水箅子等的要求。

管外管架、管沟及基础条件。

各层楼板及地坪上的上下水箅子的位置、尺寸。

在楼板上管径<500mm 的穿孔位置及尺寸。

在墙上管径＞200mm 和长方孔大于 200mm × 100mm 的穿管预留孔位置及尺寸。

图 4-10 非定型设备条件

（2）非定型设备设计条件 非定型设备机械设计由机械专业人员完成，它的工作是根据工艺设计人员提供的非定型设备条件表，选择设备的结构材料，进行强度、刚度等计算，确定壁厚及腐蚀余量，确定零部件的结构尺寸，确定设备的施工要求，最后作出设备施工图，提交设备制造厂加工。非定型设备条件表由设备结构条件表和条件图两部分组成。见图 4-10 和表 4-7。

① 对已有标准系列的设备，如换热器、罐等若基本符合要求，则只要在工艺设备一览表中列出所选设备的系列图号，并由工艺及设备负责人将其编进非定型设备图纸目录中即可。

② 若在提交设备条件时，管路布置尚未确定，则某些设备的管口方位和罐耳、支脚位置留待编制管口方位时解决。

③ 管口方位图。管路布置完成后，编制管口方位图。

（3）自动控制设计条件 自动控制与化工生产关系非常密切，是实现装置安全运行，保证产品质量与产量的重要手段，此项工作由自动控制专业人员承担。

a. 自动控制设计的内容 化工生产车间的自动控制设计大致包括以下内容。

自动检测系统设计 通过该系统实现对化工生产各参数（温度、压力、流量、液位等）的自动连续测量与结果自动指示或记录。

自动信号联锁保护系统设计 通过该系统实现在化工生产中事故发生前自动报警、自动采取紧急措施、必要时紧急停车以防止事故发生和扩大的作用。

此外，还包括自动操纵系统设计和自动调节系统设计。

b. 自动控制设计条件 带控制点工艺流程图；设备布置图，在图中注明控制室位置与面积；环境特性表和自控设计条件；调节阀计算数据表；提出信号要求，并在布置图上标明安装地点。自控设计条件如表 4-8 所示。

表 4-7　非定型设备条件表

项　　目		设备内	夹套内	管内	管间
操作压力（表压）/MPa					
操作温度/℃					
物料	名称				
	特性				
设备材料及衬里					

全容积/m³		换热面积/m²	
装料系数		过滤面积/m²	
搅拌形式		保温材料及厚度	
搅拌转速/(r/min)		塔板数或填料高度	
密封要求		板间距	
电动机型号及功率			
安装方式及环境			
检修要求			
本设备选用参考资料			

其他要求	

符　号	公称直径	连接方式	用　途	符　号	公称直径	连接方式	用　途
编　制			（设计单位名称）			工程名称	
校　核						主项名称	
审　核			设备结构条件图表			流程图位号	

表 4-8　自控设计条件

序号	仪表	计量器具	名称	物料名称及组分	物料或混合物密度/(kg/m³)	自动分析			温度/℃
						黏度	密度	pH值	

压力/MPa	流量/(m³/h)或液面/m			指示、遥控记录，调节或累计	控制情况			管路及设备规格	备注
	最大	正常	最小		就地安装	控制室	就地		

　（4）电气设计条件　电气设计条件一般分为三个方面，一是设备用电部分；二是照明、避雷部分；三是弱电部分。下面分别叙述。

　a. 设备用电部分　工艺设备布置图，并标明电动设备位置及进线方向，就地的控制按钮位置；用电设备见表 4-9。

表 4-9　用电设备

序号	流程位号	设备名称	介质名称	环境介质	负荷等级	数量		正反转要求	控制联锁要求	防护要求	计算轴功率/kW
						常用	备用				

电动设备								操作情况		备注
序号	型号	防爆标志	容量/kW	相数	电压/V	成套或单机供应	立式或卧式	年工作时间	连续或间歇	

电加热条件表主要包括加热温度、控制精度、热量及操作情况；环境特性表包括环境的范围，特性（温度、相对湿度、介质）和防爆、防雷等级；其他用电量。如机修、化验室以及检修电源等。

b. 照明、避雷部分　按照工艺设备布置图标明照明位置、照明度；照明地段，照明亮度；避雷要求，防爆要求；各种特殊要求，如事故灯、机修灯、接地设备和管路。

c. 弱电部分　按照工艺设备布置图标明弱电位置和要求；火警、警卫信号要求；电话种类和数目。

（5）采暖通风设计条件　本专业在化工设计中不一定都存在，主要取决于化工设计项目的要求。如工程建设在暖地就不用采暖。生产过程中没有有毒气体和高温产生，一般也不用专门设计排风装置。如果需要工艺专业应提供下列设计条件。

① 工艺流程图。图中标明需采暖通风的设备和地域。

② 设备一览表。

③ 提出采暖方式。是集中采暖，还是分散采暖。

④ 列出采暖设计条件。包括生产类别、工作制度（班数，最大班人数），对温度和湿度及有无防尘要求等。

⑤ 采用的通风方式（自然通风或机械排风），设备的散热量、产生有毒物质的名称、数量和产生的粉尘情况。

（6）热工设计条件

① 供汽方式。间断供汽，还是连续供汽。

② 工艺流程图。标明供汽工段和设备。

③ 工艺设备平面布置图。标明接管地点，管材和管径等。

④ 供汽的工艺条件。包括压力、温度、流量、废蒸汽或冷凝液的回收利用要求等。

（7）供排水设计条件

a. 供水设计条件　生产用水方面要提供工艺设备布置图，逐一标明用水设备名称和其他用水点和用水点的标高；详细说明用水条件，如最大、最小和平均用水量、用水温度、压力和水质等参数；提出用水方式，连续用水或间歇用水等。

生活消防用水方面要提供按照设备平面布置图标明沐浴室、洗涤间、消防用水点和厕所等位置；用水总人数和高峰用水量；采用的消防种类（如灭火方法）；采用的生产工艺有何特点，如电石车间不能用水作消防。

化验分析用水方面要提供按设备平面布置图标明化验分析点；用水种类与条件。

b. 排水设计条件　生产排水条件包括：按设备布置图标明排水设备名称、排水点、排水条件，如排水量、排水压力、水温和成分等。排水方式，采用的处理方式，连续或间断排水，间断时间等。排水口位置及标高。

生活用水条件包括：按设备布置图标明厕所、沐浴室、洗涤间位置；总人数、使用沐浴总人数、最大班使用沐浴人数；排水情况，方式、处理与否、排水口位置及标高。

供排水条件可填写成表 4-10。

表 4-10　供排水条件

序号	车间编号	车间名称	主要设备名称	水的主要用途	用水（排水量）/(m³/h)				水质（污水）技术数据		需水（排水）量		管子		备注
					经常		最大		水温/℃	物理化学成分	进口、出口压力/MPa	连续或间断	管材	管径	
					1期	2期	1期	2期							

4.3　概算问题确定结果的审核

▲ **教学目的**

通过对 BR 车间初步工艺设计说明书中工艺设计概算问题确定结果的审核，使学生掌握上述问题处理的过程、步骤、方法。

▲ **能力目标**

- 能够对 BR 车间初步设计说明书中概算问题确定结果进行审核；
- 能够熟练地查阅各种资料，并加以汇总、筛选、分析。

▲ **知识目标**

学习并初步掌握概算书编写的过程、方法与步骤。

▲ **素质目标**

- 能够利用各种形式进行信息的获取；
- 在做事过程中如何与其他人员进行讨论、合作；
- 如何阐述自己的观点；
- 经济意识、环境保护意识、安全生产意识。

▲ **实施要求**

- 总体按项目 4 总实施要求进行落实；
- 各组可以按思维导图提示的内容展开；
- 注意分工与协作；
- 注意与工艺路线的确定结果相符合。

4.3.1　项目分析

4.3.1.1　需要审核的具体内容——概算部分

原设计说明书中并无此类内容，故需要重新整理。

4.3.1.2　项目分析——思维导图

顺丁橡胶（BR）生产工艺设计初步说明书中没有提供概算说明部分内容，因此建议按图 4-11 思维导图的提示对其进行重新细化。

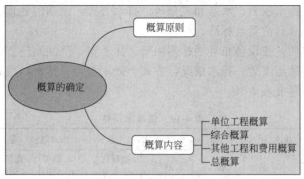

图 4-11　概算的思维导图

4.3.2　项目实施

4.3.2.1　项目实施展示的画面

子项目 4.3 实施展示的画面如图 4-12 所示。

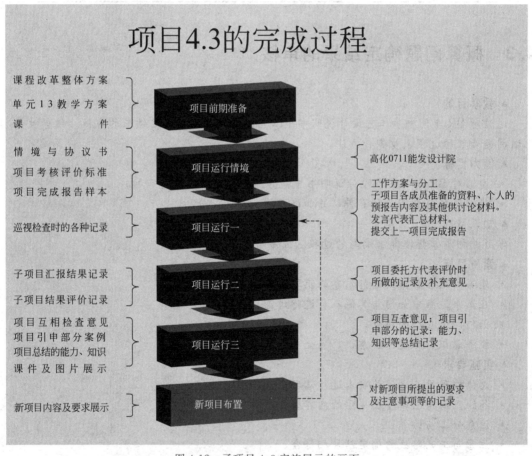

图 4-12　子项目 4.3 实施展示的画面

4.3.2.2　建议采用的实施步骤

建议采用的实施过程见表 4-11。

4.3.3　结果展示

结果展示主要采用 PPT 展示和项目报告的形式进行。其中 PPT 展示材料以电子稿形式上交，项目报告参考格式见子项目 1.1 项目报告样本。

表 4-11 子项目 4.3 的实施过程

步骤	名称	时间	指导教师活动与结果		学生活动与结果	
一	项目解释 方案制订 学生准备	提前 1 周	项目内涵解释、注意事项；提示学生按项目组制订工作方案，明确组内成员的任务；组长检查记录	审核任务 检查记录	工作方案 个人准备	明确项目任务，各项目组制订初步工作方案（如何开展、人员分工、时间安排等），并按方案加以准备、实施
二	第一次 讨论检查	15min	组织学生第一次讨论，检查学生准备情况	检查记录	工作日记 汇报提纲	各项目组讨论、填写工作日记、整理汇报材料
三	第一次 发言评价	15min	组织学生汇报对各项目的审核意见，说明参考的依据，接受项目委托方代表的评价	实况记录 初步评价	汇报提纲 记录问题	各项目组发言代表汇报，倾听项目委托方代表评价
四	第一次 指导修改	15min	针对汇报中出现的问题进行指导，提出修改性意见	问题设想 实际问题	记录 发言	学生以听为主，可以参加讨论，提出自己的想法
			设想的问题或思路 概算问题确定结果的审核： 查找标准进行审核，如果原设计没有此部分内容，提出增加的条目与要求			
五	第二次 讨论修改	10min	巡视学生再次讨论的过程，对问题进行记录	记录问题	补充修改意见	学生根据指导教师的指导意见，对第一次汇报内容进行补充修改，完善第二次汇报内容
六	第二次 发言评价	5min	组织进行第二次汇报 记录学生未考虑到的内容，并给出评价意见	记录 评价意见	发言提纲 记录	学生倾听项目委托方代表的评价，记录相关问题
七	第二次 指导修改	5min	针对各项目组第二次汇报的内容进行第二次指导	记录结果 未改问题	记录 发言	学生以听为主，可以参加讨论，提出自己的想法，对局部进行修补，做好终结性发言材料
			按第一次指导的思路，对各项目组未处理问题加以指导			
八	第三次 发言评价 报告整理	8min	组织各项目发言代表对项目完成情况进行终结性发言，并对最终结果加以肯定性评价	记录 结论	发言稿 记录	各项目组发言代表做终结性发言，倾听指导教师的评价，同时，完善项目报告的相关内容
九	归纳总结	15min	项目完成过程总结 结合工艺设计与非工艺设计的关系、概算书编写内容，展示教学课件，对相关知识进行总结性解释。适当展示相关材料	总结提纲 理论课件	记录 领悟	学生以听为主，可以提出自己的观点，参加必要的讨论
十	新项目 任务解释	3min	子项目 5.1 车间平面与设备布置设计			

4.3.4 考核评价

考核评价过程与内容与子项目 1.1 考核评价相同。

4.3.5 支撑知识

4.3.5.1 设计概算的意义、原则和内容

（1）设计概算的意义和原则 设计概算（以下简称概算）是编制设计项目全部建设过程所需费用的一项工作，是整个设计的重要组成部分，是国家控制基本建设投资，编制基本建设计划和考核建设成本的依据。通过概算可以衡量设计是否经济合理。

工程设计在初步设计阶段编制概算，通用设计在施工阶段编制概算，施工阶段由施工单位编制预算，施工结束后由建设单位进行决算。

（2）概算的内容和分类

a. 概算的内容　主要包括：单位工程概算；综合概算；其他工程和费用概算；总概算（包括编制说明书，主要设备，建筑安装的三大材料：钢材、木材、水泥，用量估算表，投资分析及总概算表）。

b. 按概算费用用途分类

① 设备购置费　包括工艺设备（主要生产、辅助生产、公用工程项目的设备）；电气设备（电动、变电配电、电信设备）；自控设备（各种计量仪器仪表、控制设备及电子计算机等）；生产工具、器具及家具等的购置费。

② 设备安装工程费　包括主要生产、辅助生产、公用工程项目的工艺设备的安装；电动、变电配电、电信等电气设备安装；计量仪器、仪表等自控设备安装费用。

设备内部填充（不包括催化剂）、内衬、设备保温、防腐以及附属设备的平台、栏杆等工艺金属结构的材料及其安装费。

相应的大型临时设施费。

③ 建筑工程费　包括如下内容。

• 一般土建工程包括生产厂房、辅助厂房、库房、生活福利房屋、设备基础、操作平台、烟囱、各种地沟、栈桥、管架、铁路专用线、码头、道路、围墙、冷却塔、水池以及防洪等建设费用。

• 大型土石方场、地平整及建筑工程的大型临时设施费。

• 特殊构筑工程，包括气柜、原料罐、油罐、裂解炉及特殊工业炉工程。

• 室内供排水及采暖通风工程，包括暖风设备及安装、卫生设施、管路煤气、供排水及暖风管路和保温等建设费用。

• 电气照明及避雷工程，包括生产厂房、辅助厂房、库房、生活福利房的照明和厂区照明，以及建筑物、构筑物的避雷等建设费用。

• 主要生产、辅助生产、公用工程等车间内外部管路、阀门以及管路保温、防腐的材料及安装费。

• 电动、变配电、电信、自控、输电线路、通信网路等安装工程的电缆、电线、管线、保温等材料及其安装费。

④ 其他基本建设费用　包括上述费用以外的有关费用，如建设单位管理费、生产工人进厂后培训费、基本建设试车费、生产工具器具及家具购置费、办公及生活用具购置费、建筑场地准备费（如土地征用及补偿费、居民迁移费、建筑场地清理费等）、大型临时设施费及施工机构转移费等。

c. 概算项目按工程性质分类

① 工程费用

• 主要生产项目　包括原料的储存、产品的生产和包装、储存的全部工序并包括主要为生产装置服务的工程，如空分、冷冻、催化剂等工程和集中控制室、工艺外管等。

• 辅助生产项目　包括机修、电修、仪表修理、中心实验室、空压站、设备材料库等。

• 公用工程　包括供排水（全厂泵房、冷却塔、水塔、水池及外管等）；供电及电信（包括全厂变电、配电所、开关所、电话站、广播站及输电、通信线路等）；供汽（包括全厂锅炉房、供热站及外管等）；总图运输工程（包括全厂码头、防洪围墙、大门、公路、铁路、道路及运输车辆等）。

• 服务性工程　包括厂部办公室、食堂、汽车库、消防车库、医务室、浴室等。

• 生活福利工程　包括宿舍、住宅、食堂、托儿所、幼儿园、子弟学校及相应的公用设施等。

• 厂外工程　如水源工程、热电站、远距离输油管线、铁路、铁路编组站、厂外供电线路、公路等（厂内外划分按设计要求）。

② 其他费用　可根据具体情况酌情增减，其主要项目如下。

建设单位管理费；生产工人进厂及培训费；基本建设试车费；生产工具、器具及家具购置费；办公及生活用具购置费；建设场地准备费；大型临时设施费；施工机构转移费。

4.3.5.2　概算的编制依据和方法

（1）概算的编制依据

a. 设计说明书和图纸　要求按说明书和图纸逐项计算、编制。

b. 设备价格资料　定型设备按国家或地方主管部门规定的现行产品最近出厂价格计算。

c. 概算指标（概算定额）　以原化工部规定的概算指标为依据，不足部分可按各有关专业部和建厂所在省、市、自治区的概算指标。

d. 概算费用指标　按原化工部化工设计概算编制办法中的概算费用指标计算，其他可按建厂所在省、市、自治区的规定。

如果查不到指标，可采用结构相同（或相似）、参数相同（或相似）的设备或材料指标，或与制造厂家商定指标，或按类似的工程的预算参考计算。

（2）概算的编制办法

a. 单位工程概算　单位工程概算是以生产车间（工段）为单位进行编制的。它是综合概算和总概算的基础，编制好这项概算是搞好概算的关键。编制的项目如下。

工艺设备（定型、非定型设备及安装）；电气设备（电动、变配电、通信设备及安装）；自控设备（各种计器仪表、控制设备及安装）；管路（车间内外部管路、阀门及保温、防腐、刷油等）；土建工程等。其中工艺设备、电气设备、自控设备部分采用表 4-12 的格式编制；土建工程部分采用表 4-13 的格式编制。

表 4-12　单位工程概算（1）

工程项目名称

序号	编制依据	设备及安装工程名称	单位	数量	质量/t		概算价值/元					
							单价			总价		
					单位质量	总质量	设备	安装工程		设备	安装工程	
								合计	其中工资		合计	其中工资
1	2	3	4	5	6	7	8	9	10	11	12	13

审核　　　　　　　　核对　　　　　　　　编制　　　　　　　　年　月　日

表 4-13　单位工程概算（2）

价格依据	名称及规格	单位	数量	单价/元		总价/元	
				合计	其中工资	合计	其中工资

审核　　　　　　　　核对　　　　　　　　编制　　　　　　　　年　月　日

　　b. 综合概算　综合概算是在单位工程概算的基础上，以单项工程为单位进行编制的。综合概算是编制总概算的依据。

　　每个单项工程一般包括主要生产项目、辅助生产项目、公用工程、服务性工程、生活福利性工程、厂外工程等。

　　综合概算就是把各车间（单位工程）的单项工程划分好，分别填在综合概算表 4-14 的第 2 栏中。然后，把各车间（单位工程）的单位工程概算表中的设备费、安装费、管路费及土建的各项费用，按工艺、电气、自控、土建、室内供排水、照明避雷、采暖通风各项分类汇总在综合概算表中。

表 4-14　综合概算

主项号	工程项目名称	概算价值/万元	单位工程概算价值/万元												
			工艺			电气			自控			土建	室内	照明	采暖
			设备	安装	管路	设备	安装	线路	设备	安装	线路	构筑物	供排水	避雷	通风
1	2	3	4	5	6	7	8	9	10	11	12	13	14	15	16
	一、主要生产项目 （一）××装置（或系统） （二）××装置（或系统） 　　⋮ 二、辅助生产项目 　　⋮ 三、公用工程 （一）供排水 （二）供电及电信 （三）供汽 （四）总图运输 四、服务性工程 五、生活福利工程 六、厂外工程 　总计	填表说明： 　1. 各栏填写内容 　第 1 栏：填写设计主项（或单元代号） 　第 2 栏：填写主项（或单元名称） 　第 4,5 栏：填写主要生产项目、辅助生产项目和公用工程的供排水、供汽、总图运输以及相应的厂外工程的设备和设备安装费 　第 6 栏：填写上述各项目的室内外管路及安装费 　第 7～16 栏：分别填写电动、变配电、电信、自控等设备和设备安装费及其内外部线路、厂区照明、土建、室内供排水、采暖通风等费用 　第 3 栏：为第 4～16 栏之和 　2. 工程项目名称栏内一～六项每项均列合计数。总计为合计之和。第一项主要生产项目除列合计数外，其中各生产装置（或系统）还应分别列小计。第三项公用工程中供排水、供电及电信、供汽、总图运输均应分别列小计 　3. 本表金额以万元为单位，取两位小数														

审核　　　　　　　　校对　　　　　　　　编制　　　　　　　　年　月　日

　　c. 其他费用概算　有关其他费用包括的内容见 4.3.5.1 节。

　　d. 总概算　总概算包括从筹建到建筑安装完成以及试车投产的全部建设费用。由综合概算和其他费用概算组成。一般采用表 4-15 的格式编制。初步设计说明书中的概算书，要以总概算的形式表示。总概算一般是按一个独立厂或联合企业进行编制，如果需要按一个装置（或系统）进行概算，可不经过综合概算直接进行总概算。总概算的内容如下。

　　① 编制说明　扼要说明工程概貌，如生产品种、规模、公用工程及厂外工程的主要情况，编制概算的依据及经济综合分析与论证。

　　② 材料用量估算　主要设备、建筑和安装三大材料用量估算，可按表 4-16、表 4-17 的格式编制。

　　③ 投资分析　主要分析各项投资比重以及与国内外同类工程比较，并分析投资高低的原因。可以表格的形式表示。

　　④ 总概算表的编制　总概算表分工程费用和其他费用两大部分。如有"未可预见的工程费用"，一般按表中一、二部分总费用的 5％计算。详见表 4-15。

表 4-15　总概算

序号	工程或费用名称	概算价值/万元				合计	占总概算价值/%	技术经济指标		
		设备购置费	安装工程费	建筑工程费	其他基建费			单位	数量	指标/万元
1	2	3	4	5	6	7	8	9	10	11
	第一部分:工程费用 一、主要生产项目 (一)××装置(或系统) ⋮ 二、辅助生产项目 三、公用工程 (一)供排水 (二)供电及电信 ⋮ 小 计 四、服务性工程 五、生活福利工程 六、厂外工程 合 计 第二部分:其他费用 其他工程和费用 第一、二部分合计 未可预见的工程和费用 总概算价值	填表说明: 1. 各栏填写说明 　第2栏:按本表规定项目填写,除主要生产项目列出生产装置,集中控制室,工艺外管等项目外,其他不列细目 　第3栏:填写综合概算表的第4,7,10栏之和及其他费用中的生产工具购置费 　第4栏:填写综合概算表中的第5,8,11栏之和及其大型临时设施相应费用 　第5栏:填写综合概算表中的第6,9,12～16栏之和及其他工程和费用中,大型土石方,场地平整,大型临时设施的相应费用 　第9,10栏:填写生产规模或主要工程量 　第11栏:等于7栏 2. 本表金额以万元为单位,取两位小数									

审核　　　　　　校对　　　　　编制　　　　　　　　　年　月　日

表 4-16　主要设备用量

项目	设备总台数	设备总质量/t	定型设备		非定型设备					
			台数	质量/t	台数	质量/t	其　中			
							碳钢	不锈钢	铝	其他

注: 本表根据设备一览表填列各车间(工段)的生产设备。一般通用设备填入定型设备栏,非定型设备除填列质量外,同时按材质填入质量。

表 4-17　主要建筑、安装三材用量

项目	木材用量/m³	水泥用量/t	钢材用量/t					
			板材	其中不锈钢	管材	其中不锈钢	型材	其中不锈钢

注: 可根据单位工程概算表中的材料(t、m³)统计数字填写。又以上两表中"项目"一栏按主要生产项目、辅助生产项目、公用工程等填写,其中主要生产项目按装置填写,其他不列细项。

4.3.5.3 技术经济指标的综合分析

为了检查设计工作是否做到技术上先进、经济上合理，在总概算编制之后，需要与同类型企业，尤其与先进企业进行对比分析，从而综合评价此项设计的经济效果。

综合评价的方法：将设计的生产规模、职工人数、全厂占地面积、基本建设投资总额等主要经济指标与同类先进企业的指标进行比较，对比设计方案的技术经济特点，从中找出设计中存在的问题及改进的途径。可采用表 4-18 的形式作比较分析。

表 4-18　全厂主要技术经济指标综合表

序号	指标名称	计量单位	设计企业的指标	同类型先进企业的指标
1	工厂规模（生产能力）	t/a		
2	年产量	万元		
3	职工在册总人数	人		
	其中①基本工人	人		
	②辅助工人	人		
	③工程技术工人	人		
	④职员	人		
	⑤服务人员	人		
4	劳动生产率			
	①每个基本工人的年产量	元		
	②每个工人的年产量	元		
	③每个职工的年产量	元		
5	全厂占地总面积	m²		
	①厂区面积	m²		
	②建筑面积	m²		
	③建筑系数	%		
	④厂区利用系数	%		
6	设备数量	台		
	其中①主要工艺设备	台		
	②……	台		
7	动力设备安装容量	kW		
8	基本建筑投资总额	万元		
9	单位生产能力投资额	元/(a·t)		
10	单位产品工厂成本	元/t		
11	其他			

4.3.6 拓展知识——化工建设设备与材料划分

4.3.6.1 工艺及辅助生产设备与材料

（1）设备范围　包括定型的标准设备和未定型的非标准设备，具体如下。

a. 加工订货的化工专用设备

① 整体到货的一般容器　包括槽、罐、贮斗等；

② 反应容器　包括反应器、发生器、反应釜、聚合釜、混合器、结晶器、塔类、电解槽等；

③ 换热容器　包括热交换器、冷凝器、加热器、蒸发器、冷却（盘）管、废热锅炉等；

④ 分离容器　包括分离器、过滤器、干燥洗涤器等；

⑤ 贮存容器　包括盛装生产和生活用的原料、气体钢瓶、槽罐车等。

b. 通用设备 包括各种泵类、压缩机、鼓风机、空分设备、冷冻设备以及配套电机和成套附属设备。

c. 起重、运输、包装机械 包括各种起重机、运输机、电梯、运输车辆、包装机、成型机、缝袋机、称量设备等。

d. 其他机械 包括破碎机、振动筛、离心机、加料器、喷射器、混合设备、脱水设备、净化设备、压滤机、除尘器、过滤机，以及机、电、仪修等设备。

e. $\phi 100$ 以上的电动阀门。

f. 设备内的一次性填充物料，如各种瓷环、钢环、钢球等。各种化学药品如树脂、触媒、干燥剂、催化剂等均为设备的组成部分。

g. 一次性大型转动机械冷却油、透平油、变压器油等。

h. 随设备供应的配件、备品和附属于设备本体制作成型的梯子、平台、栏杆、吊装柱以及随设备供应的少量阀门、管材、管件等。

i. 备品备件、化验分析仪器、生产工器具以及生产用台、柜、架等。

j. 热力设备、成套或散装供货的锅炉及其附属设备、汽轮发电机及其附属设备、各种工业用水箱、油箱、贮槽和水处理设备等。

（2）材料范围

① 供应原材料在现场由施工企业制作安装的气柜、油罐；

② 不属于设备供货，由施工企业现场制作安装的操作平台、栏杆、梯子、支架零部件及其他工艺金属构件；

③ 设备内由施工企业现场加工的衬里材料如玻璃钢、塑料、橡胶、树脂、瓷板、石墨板、铸石板、喷金属、衬铅、衬锡等；

④ 设备或管路由施工企业现场施工的各种保温、保冷、防腐材料、油漆；

⑤ 设备制造厂以散件分段、分片供货的球罐、塔类、容器和空分装置等需要在现场由施工企业拼接、组装、焊接、安装内件、热处理或改制时所需要的工、料、机械台班等；

⑥ 各种材质的管材、阀门、管件、紧固件以及现场制作安装的支架、金属构件、预埋件；

⑦ 排气筒、火炬筒及其支架。

4.3.6.2 工业炉设备与材料

（1）设备范围

① 在设备制造厂加工订货的各种工业炉，如煤气发生炉、气化炉、一二段转化炉、变换炉、转窑、电石炉等；

② 附属设备供货的配件，如反应器、换热器、炉门、烟道闸板、加煤装置、烧嘴、风机、吹灭器、点火器、油泵、过滤器、油罐、缓冲器、灭火器等；

③ 炉窑砌筑方面，属于炉窑本体的金属铸件、锻件、加工件以及测温装置、计器仪表、消烟回收、除尘装置等；装置在炉窑中的成品炉管、电机、鼓风机和炉窑传动、提升装置；随炉供应已安装就位的金具、耐火衬里、炉体金属预埋件等。

（2）材料范围

① 现场制作安装的金属构件、钢平台、爬梯、栏杆、烟囱、吊支架、风管、炉管、以及随炉墙砌筑时埋置的铸铁块、看火孔、窥视孔、人孔等各种成品的埋件、挂钩；

② 各种管材、管件阀门、法兰、保温防腐，以及各种现场砌筑的材料、填料；

③ 散装到货的锅炉其水冷壁、过滤器、预热器、省煤器、金属框架等需要现场分片组

装或焊接在现场安装的工料、机械、台班；

④ 工业炉的墙板，炉管等分片供应及其框架、操作台、栏杆、梯子、炉门、烧嘴、烟囱、炉内管束等。

4.3.6.3 自控设备与材料

（1）设备范围 生产装置上各控制点所用温度测量仪表、压力仪表、流量仪表、液位仪表、显示仪表、气表、压力仪表、流量仪表、液位仪表、显示仪表、气（电）动单元组合仪表、执行机构、转换器、变送器、调节阀、分析仪器、操作台、工业电视机、电子计算机和成型供应的盘、箱和柜屏等。

（2）材料范围

① 仪表设备连接的测量管，气源和气信号连接用管线、穿线管、保温伴热管等，连接管及连接相应的阀门管件、电缆桥架、各种支架、固定安装仪表盘箱用的钢材；

② 各种电线、电缆、补偿导线、接线端子板、信号灯、蜂鸣器、开关、按钮及继电器、接线盒、熔断器、现场制作的盘箱等电气材料；

③ 自动化控制装置及仪表盘、箱、屏柜的改装修配件；

④ 随管线同时组合安装的一次仪器仪表，元件配件等。

4.3.6.4 电气设备与材料

（1）设备范围 各种电力变压器、互感器、调压器、感应移相器、电抗器、高压断路器、高压熔断器、稳压器、电源调整器、启动器、控制器、变阻器、稳流器、信号发生器、避雷器、高压隔离开关、万能转换开关、空气开关、组合开关、行程开关、限位开关、直流快速开关、铁壳开关、电力电容器、蓄电池、磁力自动器、报警器、电流表、电压表、万能表、功率表、兆欧表、电度表、频率表、电位表计、交直流电桥、检流表、高斯计、高阻计、测试量仪器、成套供应的箱、盘、柜及其随设备带来的母线和支持瓷瓶操作台等。

（2）材料范围 各种电线、电缆、母线、管材及其配件型钢、桥架、支吊架、槽盒、立柱、托臂、灯具及其开关、信号灯、荧光灯、灯座插头、蜂鸣器、P 型开关、保险器、熔断器、各种绝缘子、金具、电线杆、铁塔、各种支架杆上避雷器、各种避雷针、各种小型装在墙上的照明配电箱、0.5kV·A 照明变压器、电扇等小型电器。

4.3.6.5 通信设备与材料

（1）设备范围

① 市内及长途电话设备（各种电话机、纵横控制交换机、程控交换机、其他交换机、各种长途交换机、设备和附件）；

② 载波通信设备、微波通信设备、电报通信设备、中短波通信设备、移动通信设备、数字通信设备、通信电源设备和通信常用计分表；

③ 其他通信设备及广播设备，如传真机、数据通信设备、充气设备、配线架、通信用的机动车辆、工具、器具，有线广播设备、闭路电视设备、报警信号设备、中短波信号设备、电视天线装置等。

（2）材料范围 电信用杆及附件、钢木横担、各种线路、电缆挂钩、挂带瓷瓶、人手孔铁盖圈及附件、电缆桥架、各种材质电话管路、胶木绝缘板、插头、插座、信号灯、荧光灯、防爆灯、手灯、端子板、开关、蜂鸣器、按钮、按键、型钢等。

4.3.6.6 给排水、污水处理设备与材料

（1）设备范围 各种水泵、鼓风机、抽风机、玻璃钢冷却塔、玻璃钢风筒、冷却塔、污水处理池内各种一次性填料、加氯机、加药机、电渗析器、溶药器、离子交换器、起重设

备、空分机、曝气机、刮泥机、搅拌机械、调节堰板、各种过滤机、压缩机、挤干机、离心机、污泥脱水机、石灰消化器、启闭机械、机械格栅、各种非标准贮槽（罐）、循环水系统的旋转滤网、消防车辆、化验分析仪器等。

（2）材料范围　各种管材、阀门、管件、支架、栓类、民用水表、卫生器具、现场加工的各种水箱、喷嘴、曝气头、钢板闸门、拦污格栅、污水池内各种现场加工制作安装的非标准钢制件以及各种防腐、保温材料。

4.3.6.7　采暖通风设备与材料

（1）设备范围　各种通风机、空调机、暖热风机、空气加热器、冷却器、除尘设备、过滤器、泵、空气吹淋装置、外购消声器、净化工作台等。

（2）材料范围　各种材质通风管、排气管、蒸气管、散热器及其管配件、阀门、风帽、支架及其他部件、构件等。

5

顺丁橡胶(BR)生产车间布置、管路布置的设计审核

★ **总教学目的**

通过对顺丁橡胶（BR）生产车间布置、管路布置设计结果的审核，使学生能够利用车间平面、设备平立面、管路布置知识解决相关问题，学习相关知识。

★ **总能力目标**

- 基本能进行简单化工生产车间的布置设计和管路设计；
- 基本能利用电子计算机进行化工生产车间的布置设计和管路设计；
- 基本能看懂现场实际平面、立面和管路布置图。

★ **总知识目标**

- 学习并初步掌握化工生产车间布置设计的原则、标准、方法；
- 学习并初步掌握化工生产车间设备平立面布置设计的原则、标准、方法；
- 学习并初步掌握化工生产车间管路布置设计的原则、标准、方法与管路图的绘制。

★ **总素质目标**

- 培养学生的逻辑思维意识；
- 培养学生严格执行国家标准的意识；
- 培养严谨细致的工作作风；
- 自觉执行国家法令、法规；
- 团队合作。

★ **总实施要求**

- 基本要求同子项目 1.1 的实施要求；
- 针对此部分内容计算量较大的特点，各项目组一定要做好任务分工（保持相对完整），同时一定要关注前后的密切联系；
- 审核内容的结果必须由学生亲自去试做。

5.1 车间平面与设备布置设计

▲ **教学目的**

通过对顺丁橡胶（BR）生产车间平面设计结果的审核，使学生能够利用车间平面布置与设备知识解决相关问题，学习相关知识。

▲ **能力目标**

- 基本能进行简单化工生产车间的平面布置设计；
- 基本能看懂化工生产车间平面布置图和设备布置图；
- 基本能利用电子计算机和手工绘制简单化工生产车间平面布置图与设备布置图。

▲ **知识目标**

- 学习并初步掌握化工生产车间平面布置设计与设备布置设计的原则与方法；
- 领会国家相关标准；
- 学习电子计算机绘图软件的使用方法与技巧。

▲ **素质目标**

- 能够利用各种形式进行信息的获取；
- 在做事过程中如何与其他人员进行讨论、合作；
- 如何阐述自己的观点；
- 经济意识、环境保护意识、安全生产意识。

▲ **实施要求**

- 总体按项目 5 总实施要求进行落实；
- 各组可以按思维导图提示的内容展开；
- 注意分工与协作；
- 注意与工艺路线的确定结果相符合。

5.1.1 项目分析

5.1.1.1 需要审核的具体内容——车间平面布置图与设备布置图

因原设计中没有提供车间平面布置图与设备布置图，故需要重新设计。

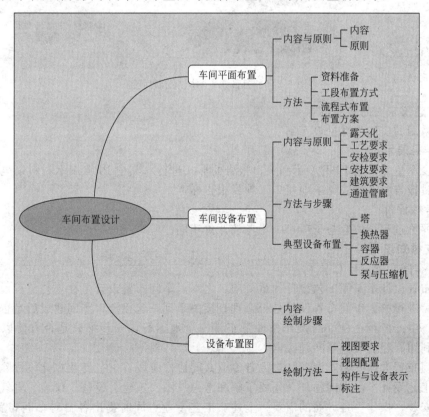

图 5-1 车间布置设计思维导图

5.1.1.2 项目分析——思维导图

车间布置设计思维导图如图 5-1 所示。

5.1.2 项目实施

5.1.2.1 项目实施展示的画面

子项目 5.1 实施展示的画面如图 5-2 所示。

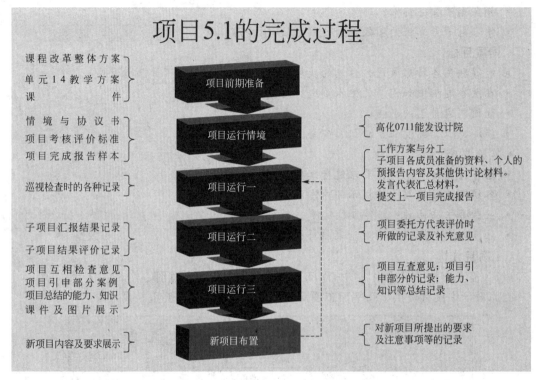

图 5-2　子项目 5.1 实施展示的画面

5.1.2.2 建议采用的实施步骤

建议采用的实施步骤见表 5-1。

5.1.3 结果展示

结果展示主要采用 PPT 展示和项目报告的形式进行。其中 PPT 展示材料以电子稿形式上交，项目报告参考格式见子项目 1.1 项目报告样本。

5.1.4 考核评价

考核评价过程与内容与子项目 1.1 考核评价相同。

5.1.5 支撑知识

5.1.5.1 车间布置设计总况

车间布置设计是车间工艺设计的重要项目之一，车间布置设计是在工艺流程设计和设备选型完成后进行的。车间布置设计是否合理直接关系到基建投资，车间建成后是否符合工艺设计要求，生产能否在良好的操作条件下正常安全地运行，安装维修是否方便以及车间管理、能量利用、经济效益等问题。

从车间布置设计开始，设计就进入各专业共同协作阶段，工艺专业在此阶段除集中主要精力考虑工艺设计本身的问题外，还要了解和考虑总图、土建、设备、仪表、电气、供排水及机修、安装、操作等各方面的需要；上述非工艺专业也同时提出各自对车间布置的要求。因此，车间布置设计是以工艺专业为主导，并在其他专业密切配合下集中各方面意见，最后由工艺专业人员汇总完成的。

表 5-1　子项目 5.1 实施步骤

步骤	名称	时间	指导教师活动与结果			学生活动与结果
一	项目解释方案制订学生准备	提前1周	项目内涵解释、注意事项；提示学生按项目组制订工作方案，明确组内成员的任务；组长检查记录	审核任务检查记录	工作方案个人准备	明确项目任务，各项目组制订初步工作方案（如何开展、人员分工、时间安排等），并按方案加以准备、实施
二	第一次讨论检查	15min	组织学生第一次讨论，检查学生准备情况	检查记录	工作日记汇报提纲	各项目组讨论、填写工作日记、整理汇报材料
三	第一次发言评价	15min	组织学生汇报对各项目的审核意见，说明参考的依据，接受项目委托方代表的评价	实况记录初步评价	汇报提纲记录问题	各项目组发言代表汇报倾听项目委托方代表评价
四	第一次指导修改	15min	针对汇报中出现的问题进行指导，提出修改性意见 设想的问题或思路： 车间平面布置 →内容与原则 →方法 车间设备布置 →内容与原则 →方法与步骤 →典型设备布置 设备布置图 →内容 →绘制步骤 →绘制方法	问题设想实际问题	记录发言	学生以听为主，可以参加讨论，提出自己的想法
五	第二次讨论修改	10min	巡视学生再次讨论的过程，对问题进行记录	记录问题	补充修改意见	学生根据指导教师的指导意见，对第一次汇报内容进行补充修改，完善第二次汇报内容
六	第二次发言评价	5min	组织进行第二次汇报记录学生未考虑到的内容，并给出评价意见	记录评价意见	发言提纲记录	学生倾听项目委托方代表的评价，记录相关问题
七	第二次指导修改	5min	针对各项目组第二次汇报的内容进行第二次指导	记录结果未改问题	记录发言	学生以听为主，可以参加讨论，提出自己的想法，对局部进行修补，做好终结性发言材料
			按第一次指导的思路，对各项目组未处理问题加以指导			
八	第三次发言评价报告整理	8min	组织各项目发言代表对项目完成情况进行终结性发言，并对最终结果加以肯定性评价	记录结论	发言稿记录	各项目组发言代表做终结性发言，倾听指导教师的评价，同时，完善项目报告的相关内容
九	归纳总结	15min	项目完成过程总结结合车间平面与设备布置设计的内容展示教学课件，对相关知识进行总结性解释。适当展示相关材料	总结提纲理论课件	记录领悟	学生以听为主，可以提出自己的观点，参加必要的讨论
十	新项目任务解释	3min	子项目 5.2 顺丁橡胶（BR）生产车间管路布置设计审核			

车间布置包括车间各工段、各设施在车间场地范围内的平面布置和设备布置两部分，即车间平面布置和车间设备布置，二者一般是同时进行的，因为工艺设备布置草图是车间平面布置设计的前提，而最后确定的车间平面布置又是工艺设备布置定稿的依据。

5.1.5.2　车间平面布置

（1）车间平面布置的内容与原则

a. 车间平面布置的内容　化工车间通常包括生产设施（生产工段、原料和产品仓库、控制室、露天堆场或贮罐区等）、生产辅助设施（除尘通风室、配电室、机修间、化验室等）、生活行政设施（包括车间办公室、更衣室、浴室、卫生间等）及其他特殊用室（劳动保护室、保健室等）。

车间平面布置就是将上述内容在平面上进行组合布置。

b. 车间平面布置的原则　车间平面布置要服从于全厂总图布置，与其他车间、公用工程系统、运输系统结合成一有机整体；保证经济效益好，尽量做到占地面积少，建设、安装费用少，生产成本低；便于生产管理、物料运输，操作维修方便；生产要安全，要妥善解决好防火、防爆、防毒、防腐等问题，必须符合国家的各项有关法规；要考虑将来的扩建与增建的余地。

（2）车间平面布置的方法

a. 资料准备

① 工艺流程图　表示车间组成、工段划分、物料的输送关系、主要设备特征，由此可以估算各工段的占地面积。

② 总图与规划设计资料　表明场地与道路情况，公用工程管路、污水排放点及有关车间的位置，由此可以从物料输送和各车间相互关联的角度确定车间各工段的位置；由气象资料，如根据温度、雨量，再结合工艺要求与操作情况，就能决定装置能否在露天布置；主导风向决定工段的相对位置，如散发有害气体的工段应布置在下风向，泄漏的可燃气体不能吹向炉子，炉子烟囱的排烟不能吹向压缩机房与控制室，冬季冷却塔水汽不能吹向建筑物或道路等。

③ 有关的规范与标准　根据安全防火规定可以决定各工段及设备间的安全距离。

b. 各工段布置形式的确定

① 分散布置与集中布置　对生产规模较大，车间内各工段的生产特点有显著差异，需要严格分开或厂区平坦地形较少时，一般考虑分散布置，厂房的安排多采用单元式，即把原料处理、成品包装、生产工段、回收工段、控制室及特殊设备独立布置，分散为许多单元。

对生产规模较小，生产中各工段联系频繁，生产特点无明显差异，且地势较平坦时，一般可以考虑集中布置，即在符合建筑设计防火规范及工业企业设计卫生标准的前提下，结合建厂地点的具体情况，可将车间的生产、辅助、生活设施集中在一幢房内。

② 露天布置与室内布置　露天布置的优点是建筑投资少、用地少，有利于安装检修，有利于通风、防火、防爆、防毒；缺点是受气候影响大，操作条件差，自动控制要求高。露天布置是优先考虑的第一方案，只要有可能都要采用露天布置或半露天布置。目前较大型的化工厂多采用此类布置。即大部分设备布置在露天或敞开式的多层框架上，部分设备布置在室内或设顶棚，如泵、压缩机、造粒及包装设备等；生活、行政、控制、化验室集中在一幢建筑物内，布置在生产设施附近。

室内布置受气候影响小，劳动条件好。小规模的间歇操作、操作频繁的设备或低温地区的设备以布置在室内为宜，这类车间中常将大部分生产设备、辅助设备和生活行政设施布置在一幢或几幢厂房中。

c. 流程式布置 按流程顺序在中心管廊的两侧依次布置各工段，可以避免管路的重复往返，缩短管路总长，已证明是最经济的布置方案。

各工段分别组成长方形区域，再组成整个车间，这样既便于生产管理又容易布置道路。道路布置是车间平面布置的重要内容，它一方面是物料与设备的运输通道，另一方面还决定了管廊、上下水道、电缆等的布置。所以，要避免弯曲的或成尖角的道路布置。总的说来，车间平面愈小方形布置就愈经济。

d. 车间平面布置方案

① 直通管廊长条布置 又称直线形或一字形布置。如图 5-3 所示，适合于小型车间。是露天布置的基本方案。

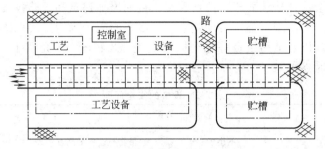

图 5-3 直通管廊长条布置举例

② T 形、L 形布置 对于较复杂的车间可以采用 T 形或 L 形的管廊布置，即管路可由两个或三个方向进出车间。如图 5-4 所示。

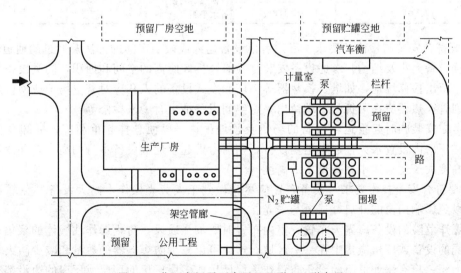

图 5-4 化工车间平面布置（T 形、L 形布置）

③ 组合形布置 对组成复杂的车间可以采取直线形、T 形和 L 形相组合的形式布置。

5.1.5.3 车间设备布置

(1) 设备布置的内容与原则 车间设备布置是确定各个设备在车间中的位置；确定场地与建筑物的尺寸；确定管路、生产仪表管线、采暖通风管线的走向和位置。

最佳的设备布置应做到：经济合理，节约投资，操作维修方便安全，设备排列紧凑，整齐美观。

a. 设备布置露天化 属于下列几种情况者，可以考虑设备露天布置。生产中不需要经常操作的设备、自动化程度较高的设备或受气候影响不大的设备。如塔、冷凝器、液体原料贮罐、气柜等。需要大气调节温度、湿度的设备，如凉水塔、空气冷却器等。有爆炸危险的设备。

b. 满足生产工艺与操作要求　设备布置时一般采用流程式布置，以满足工艺流程顺序，保证工艺流程在水平和垂直方向的连续性。在不影响工艺流程顺序的原则下，将同类型的设备或操作性质相似的有关设备集中布置，可以有效地利用建筑面积，便于管理、操作与维修。还可以减少备用设备或互为备用。如塔体集中布置在塔架上，换热器、泵成组布置在一处等。充分利用位能，尽可能使物料自动流送，一般可将计量设备、高位槽布置在最高层，主要设备（如反应器等）布置在中层，贮槽、传动设备等布置在底层。考虑合适的设备间距。设备间距过大会增加建筑面积，拉长管路，从而增加建筑和管路投资；设备间距过小导致操作、安装与维修的困难，甚至会发生事故。设备间距的确定主要取决于设备和管路的安装、检修、安全生产以及节约投资等几个因素。表 5-2 和图 5-5 介绍了一些设备安全间距，可供一般设备布置时参考。

表 5-2　设备的安全间距

项　　　目	净安全距离/m	项　　　目	净安全距离/m
泵与泵的间距	不小于 0.7	起吊物与设备最高点距离	不小于 0.4
泵与墙的间距	至少 1.2	散发可燃气体及蒸汽的设备和变、配电室、自控仪表室、分析化验室间距	不小于 15
泵列与泵列间距（双排泵间）	不小于 2.0	操作台梯子坡度	一般不大于 45°
塔与塔的间距	至少 1.0	换热器与换热器、换热器与其他设备水平距离	至少 1.0
反应器底部与人行道距离	不小于 1.8～2.0		

c. 要符合安装与检修的要求　必须考虑设备运入或搬出车间的方法及经过的通道。

根据设备大小及结构，考虑设备安装、检修及拆卸所需的空间和面积，同类设备集中布置可统一留出检修场地，如塔、换热器等。塔和立式设备的人孔应对着空场地或检修通道的方向；列管换热器应在可拆的一端留出一定空间以备抽出管子来检修等。

应考虑安装临时起重运输设备的场所及预埋吊钩，以便悬挂起重葫芦、拆卸及检修设备，如在厂房内设置永久性起重运输设备，则需考虑起重运输设备本身的高度，并使设备起吊运输高度大于运输途中最高设备的高度。

d. 要符合安全技术要求　设备布置应尽量做到工人背光操作，高大设备避免靠近窗户布置，以免影响门窗的开启、通风与采光。

有爆炸危险的设备应露天布置，室内布置时要加强通风，防止爆炸性气体的聚集；危险等级相同的设备或厂房应集中在一个区域，这样可以减少防爆电器的数量和减少防火、防爆建筑的面积；将有爆炸危险的设备布置在单层厂房或多层厂房的顶层或厂房的边沿都有利于防爆泄压和消防。

加热炉、明火设备与产生易燃易爆气体的设备应保持一定的间距（一般不小于 18m），易燃易爆车间要采取防止引起静电现象和着火的措施。

处理酸碱等腐蚀性介质的设备，如泵、池、罐等分别集中布置在底层有耐蚀铺砌的围堤中，不宜放在地下室或楼上。

产生有毒气体的设备应布置在下风向，贮有毒物料的设备不应放在厂房的死角处；有毒、有粉尘和有气体腐蚀的设备要集中布置并做通风、排毒或防腐处理，通风措施应根据生产过程中有害物质、易燃易爆气体的浓度和爆炸极限及厂房的温度而定。

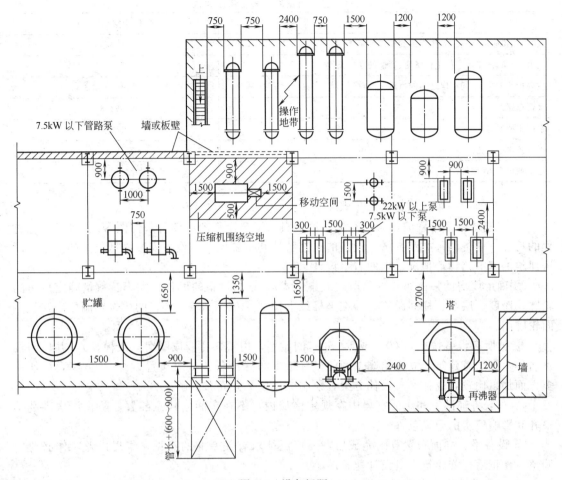

图 5-5　设备间距

e. 要符合建筑要求　笨重设备或运转时产生很大振动的设备，如压缩机、离心机、真空泵等，应尽可能布置在厂房底层，以减少厂房的荷载与振动。有剧烈振动的设备，其操作台和基础不得与建筑物的柱、墙连在一起，以免影响建筑物的安全。厂房内操作平台必须统一考虑，以免平台支柱零乱重复。

在不影响工艺流程的情况下，将较高设备集中布置，可简化厂房体形，节约基建投资。

设备不应布置在建筑物的沉降缝和伸缩缝处。换热器应尽可能两三台重叠安装，以节省占地面积和管材。

f. 考虑通道与管廊的布置　车间的设备布置本质上就是车间的空间分配设计，在布置设备时要同时考虑通道的布置。车间中成排布置的设备至少在一侧留有通道，较大的室内设备在底层要留有移出通道，并接近大门布置。在操作通道上要能看到各操作点与观测点，并能方便地到达这些地方，设备零件、接管、仪表均不应凸出到通道上来。通道除供安装、操作和维修外，还有紧急疏散的作用，故不允许有一端封闭的长通道。

管廊一般沿通道布置（在通道上空或通道两侧），供工艺、公用工程、仪表管路、电缆共同使用，因此，要求通道要直而简单地形成方格。通道的宽度与净空高度要求见表 5-3。

表 5-3　通道的宽度与净空高度要求

项　　目	宽度(净空高度)/m
人行道、狭通道、楼梯、人孔周围的操作台宽度	0.75
走道、楼梯、操作台下的工作场所、管架的净空高度	(2.2～2.5)
主要检修道路、车间厂房之间的道路	6～7(4.2～4.8)
次要道路	4.8(3.3)
室内主要通道	2.4(2.7)
平台到水平人孔	0.6～1.2
管束抽出距离(室外)	管束长＋0.6～0.9

（2）车间设备布置的方法及步骤

① 在进行设备布置前，通过有关图纸资料（工艺流程图、设备条件图等），熟悉工艺过程的特点、设备的种类和数量、设备的工艺特性和主要尺寸，设备安装高低位置的要求，厂房建筑的基本结构等情况，以便着手设计。

② 确定厂房的整体布置（分散式或集中式），根据设备的形状、大小、数量确定厂房的轮廓、跨度、层数、柱间距等。并在坐标纸上按 1∶100（或 1∶50）的比例绘制厂房建筑平面轮廓图。

③ 把所有设备按 1∶100（或 1∶50）的比例，用塑料片制成图案（或模型），并标明设备名称，在画有建筑平立面轮廓草图的坐标纸上布置设备，一般布置 2～3 个方案，以便从多方面加以比较，选择一个最佳方案，绘制成设备平立面布置图。

④ 一般将辅助室和生活室集中在规定区域内，不在车间内任意隔置，防止厂房零乱不整齐和影响厂房的通风条件。

⑤ 设备平、立面布置草图完成后，要广泛征求有关专业的意见，集思广益，作必要的调整，修正后提交建筑人员设计建筑图。

⑥ 工艺设计人员在取得建筑设计图后，根据布置草图绘制正式的设备平立面布置图。

5.1.5.4　典型设备的布置

（1）塔　塔的布置形式很多，常在室外集中布置，在满足工艺流程的前提下，可把高度相近的塔相邻布置。

单塔或特别高大的塔可采用独立布置，利用塔身设操作平台，供工作人员进出人孔、操作、维修仪表及阀门之用。平台的位置由人孔位置与配管情况而定，具体的结构与尺寸由设计标准中查取。

塔或塔群布置在设备区外侧，其操作侧面对道路，配管侧面对管廊，以便施工安装、维修与配管。塔的顶部常设有吊杆，用以吊装塔盘等零件。填料塔常在装料人孔的上方设吊车梁，供吊装填料。

将几个塔的中心排列一条直线，并将高度相近的塔相邻布置，通过适当调整安装高度和操作点就可以采用联合平台，既方便操作，投资也省。采用联合平台时必须允许各塔有不同的热膨胀。联合平台由分别装在各塔身上的平台组成，通过平台间的铰接或留缝隙来满足不同的伸长量，以防止拉坏平台。相邻小塔间的距离一般为塔径的 3～4 倍。

数量不多、结构与大小相似的塔可成组布置，如图 5-6 所示的是将四个塔合为一个整体，利用操作台集中布置。如果塔的高度不同，只要求将第一层操作平台取齐，其他各层可另行考虑。这样，几个塔组成一个空间体系，增加了塔群的刚度，塔的壁厚就可以降低。

塔通常安装在高位换热器和容器的建筑物或框架旁，利用容器或换热器的平台作为塔的

人孔、仪表和阀门的操作与维修的通道。将细而
高的或负压塔的侧面固定在建筑物或框架的适当
高度，这样可以增加刚度，减少壁厚。

　　较小（直径 1m 以下）的塔常安装在室内或
框架中，平台和管路都支承在建筑物上，冷凝器
可装在屋顶上或吊在屋顶梁下，利用位差重力
回流。

　　（2）换热器　化工厂中使用最多的是列管换
热器和重沸器，其布置原理也适用于其他形式的
换热器。

　　设备布置的主要任务是将换热器布置在适当
的位置，确定支座、安装结构和管口方位等。必
要时在不影响工艺要求的前提下调整原换热器的
尺寸及安装方式（立式或卧式）。

　　换热器的布置原则是顺应流程和缩小管路长
度，其位置取决于与它密切联系的设备布置。塔
的重沸器及冷凝器因与塔以大口径的管路连接，
故应采取近塔布置，通常将它们布置在塔的两侧。
热虹吸式再沸器直接固定在塔上，还要靠近回流
罐和回流泵。从容器（或塔底）经换热器抽出液
体时，换热器要靠近容器（或塔底），使泵的吸入
管路最短，以改善吸入条件。

　　布置空间受限制时，如原设计的换热器显得
太长，可以换成一短粗的换热器以适应空间布置
的要求，一般从传热的角度考虑，细而长的换热
器较有利。

　　卧式换热器换成立式的可以节约面积，而立
式换热器换成卧式换热器则可以降低高度。所以，
在选择换热器时要根据具体情况而定。

　　换热器常采用成组布置。水平的换热器可以
重叠布置，串联的、非串联的、相同的或大小不

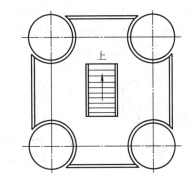

图 5-6　塔的成组布置

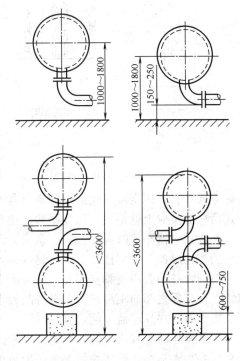

图 5-7　换热器的安装高度

同的换热器都可以重叠布置。重叠布置除节约面积外，还可以合用上下水管。为了便于抽取
管束，上层换热器不能太高，一般管壳的顶部不能高于 3.6m；此外，将进出口管改成弯管
可降低安装高度，见图 5-7。

　　换热器之间的间距、维修与操作空间的布置，可参见图 5-5。

　　（3）容器（罐，槽）　容器按用途可以分为原料贮罐、中间贮罐和成品贮罐；按安装形
式可以分为立式和卧式。在布置时一般要注意以下事项。

　　立式贮罐布置时，按罐外壁取齐，卧式贮罐按封头切线取齐。在室外布置易挥发液体贮
罐时，应设置喷淋冷却设施；易燃、可燃液体贮罐周围应按规定设置防火堤坝；贮存腐蚀性
物料罐区除设围堰外，其地坪应作防腐处理。液位计、进出料接管、仪表尽量集中在贮罐的
一侧，另一侧供通道与检修用。罐与罐之间的距离应符合 GBJ 16—87 的有关规定，以便操
作、安装与检修。贮罐的安装高度应根据按管需要和输送泵的净正吸入压头的要求决定。同

时，多台大小不同的卧式贮罐，其底部宜布置在同一标高上。原料贮罐和成品贮罐一般集中布置在贮罐区，而中间贮罐要按流程顺序布置在有关设备附近或厂房附近。有关容器的支承与安装方式如图 5-8 所示。

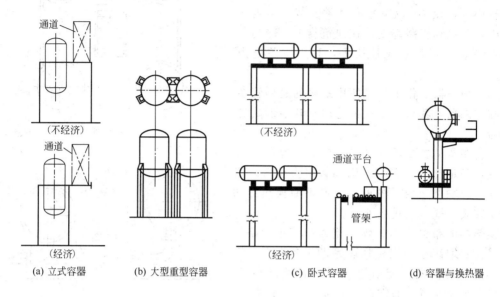

图 5-8   容器的支承与安装方式

（4）反应器 反应器形式很多，可以根据结构型式按类似的设备布置。塔式反应器可按塔的方式布置；固定床催化反应器与容器相类似；火焰加热的反应器则近似于工业炉；搅拌釜式反应器实质上就是加上搅拌器和传热夹套的立式容器。

釜式反应器布置时应注意如下事项。

釜式反应器一般用挂耳支承在建（构）筑物上或操作台的梁上；对于体积大、重量大或振动大的设备，要用支脚直接支承在地面或楼板上。两台以上相同的反应器应尽可能排成一直线。反应器之间的距离，根据设备的大小、附属设备和管路具体情况而定。管路阀门应尽可能集中布置在反应器一侧，以便操作。

间歇操作的釜式反应器，布置时要考虑便于加料和出料。液体物料通常是经高位槽计量后靠压差加入釜中；固体物料大多是用吊车从人孔或加料口加入釜内，因此，人孔或加料口离地面、楼面或操作平台面的高度以 800mm 为宜，如图 5-9 所示。

因多数釜式反应器带有搅拌器，所以上部要设置安装及检修用的起吊设备，并考虑足够

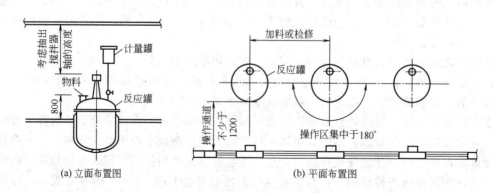

图 5-9   釜式反应器布置示意图

的高度，以便抽出搅拌器轴等。

连续操作釜式反应器有单台和多台串联式（图 5-10），布置时除考虑前述要求外，由于进料、出料都是连续的，因此在多台串联时必须特别注意物料进出口间的压差和流体流动的阻力损失。

（5）泵与压缩机　泵应尽量靠近供料设备以保证良好的吸入条件。它们常集中布置在室外、建筑物底层或泵房。小功率的泵（7kW 以下）布置在楼面或框架上。室外布置的泵一般在路旁或管廊下排成一行或两行，电机端对齐排在中心通道两侧，吸入与排出端对着工艺罐。图 5-11 所示为

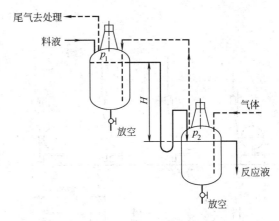

图 5-10　多台连续反应器串联布置示意图

泵在管廊内（泵房内）的排列方式。泵的排列次序由相关的设备与管路的布置所决定。管廊或建筑物的跨度 A 由泵的长度和它们本身的要求所决定。$A=6\sim7m$ 时，可布置一排泵加 3m 宽的通道；$A=10m$ 左右时，可布置两排泵（泵短，A 可以减小）。管廊的柱间距 B 可按泵的布置需要调整，泵出口管位置 b 要按泵标注。电机端 C 要对齐，吸入端对着吸入罐使吸入管短而直，泵的中心线在管廊柱间均匀排列。主通道的宽度 D 由电缆槽的宽度所决定。基础 E 应一样，它们之间的距离 F 要均匀相等，双排布置时中心线要对齐。泵的周围要留有空间和通道以便安装阀门和管路，控制阀布置在靠近地面或柱子附近，并固定在柱子上。基础的高度 G 太低时修理不便。

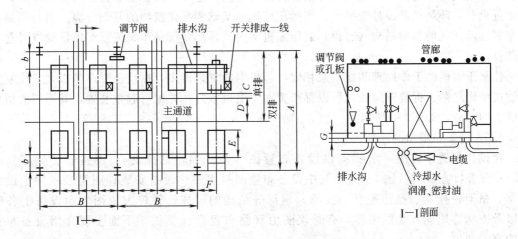

图 5-11　泵在管廊内（泵房内）的布置

当面积受限制或泵较小时，可成对布置使两泵共用一个基础，在一根支柱上装两个开关，如图 5-12 所示。

离心压缩机体积较小、排量大、结构简单，可利用多种动力（电动机、蒸汽涡轮机、气体涡轮机）带动，有利于装置的能量利用。离心压缩机的布置原理与离心泵相似，但较为庞大、复杂，特别是一些附属设备（润滑油与密封油槽、控制台、冷却器等）要占据很大的空间。图 5-13 所示为电动机或背压涡轮机带动的离心压缩机的常用布置方案。

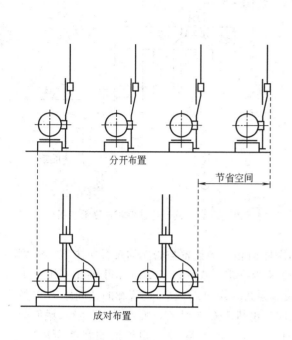

图 5-12   泵的成对布置

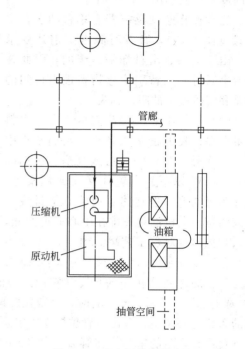

图 5-13   离心压缩机的布置

管路从顶部连接的压缩机可以安装在接近地面的基础上，在拆卸上盖时要同时拆去上部接管。管路从底部连接的压缩机拆卸上盖就比较方便，这种压缩机要装在抬高的框架上，支柱靠近机器，环绕机器设悬壁平台，当然压缩机的基础要与建筑物的基础分离。离心压缩机常布置在敞开式的框架结构（有顶）或压缩机室内，顶部要设吊车梁或行车以供检修时起吊零部件。

往复压缩机的工作原理和往复泵相似，但机器要复杂得多，振动及噪声都很大。往复式压缩机结构复杂、拆装时间长，所以都布置在压缩机室内，并配有起重装置，其周围要留出足够大的空地，如图 5-5 所示。

5.1.5.5　设备布置图的绘制

在设备布置设计中一般要提供设备布置图（图 5-14，见插页）、设备安装详图（图5-15）和管口方位图（图 5-16）。其中设备布置图最主要；设备安装详图是表示固定设备支架、吊架、挂架、操作平台、栈桥、钢梯等结构的图样；管口方位图表示设备上各管口以及支座等周向安装的图样，有时该图由管路布置设计提供。下面主要介绍设备布置图的有关知识。

（1）设备布置图的作用及内容　设备布置图是车间布置设计的主要图样，在初步设计阶段与施工阶段都要进行绘制。前者所绘图是提供有关部门讨论审查和作为进一步设计的依据，而施工图阶段设备布置图除供设计部门各专业作为条件用外，还是施工时设备安装定位的依据。下面主要介绍施工图阶段的设备布置图。

设备布置图是采用若干个平面图和必要的立面剖视图，表示一个车间（一个工段或一套装置）的厂房建筑基本结构和设备在厂房内外安装基本情况的图样。是按正投影原理绘制的。按 HG 20519.7—92 规定，设备布置图一般只绘平面图。图样中包括：一组视图、尺寸及标注、安装方位标、附注说明、标题栏等。

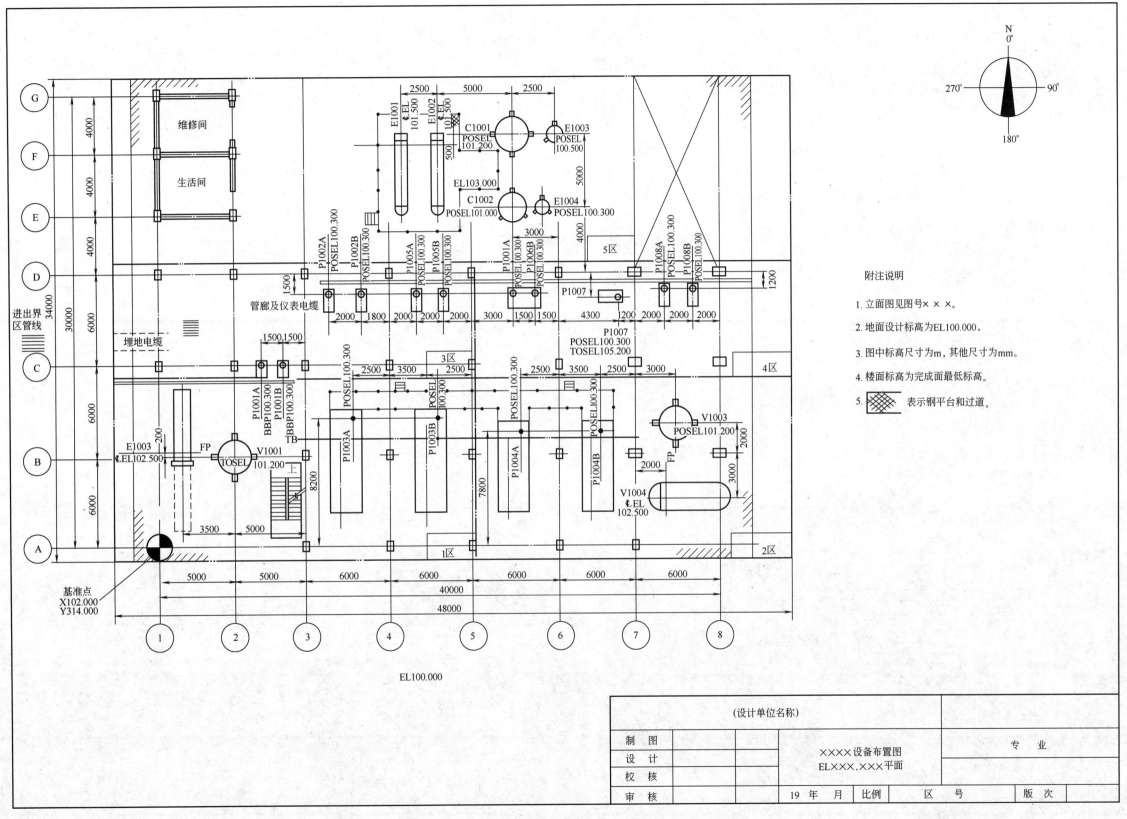

图 5-14 设备布置图

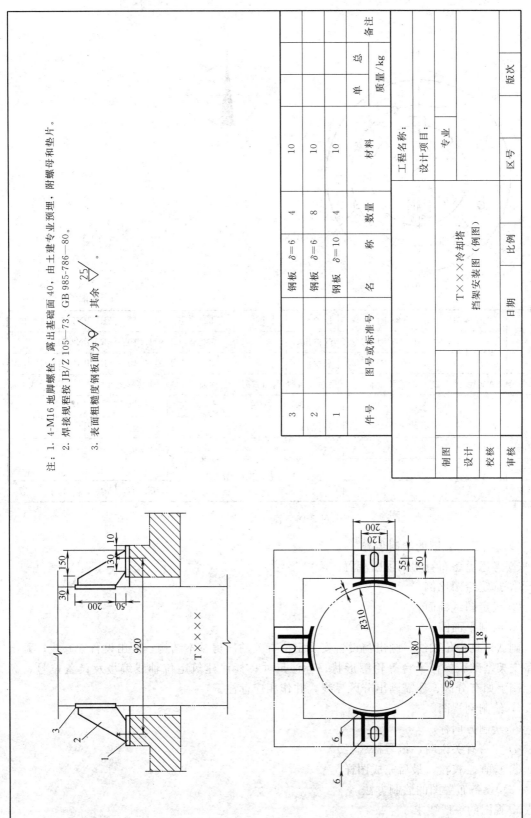

注：1. 4-M16 地脚螺栓、露出基础面 40，由土建专业预埋，附螺母和垫片。

    2. 焊接规程按 JB/Z 105—73、GB 985-786—80。

    3. 表面粗糙度钢板面为 ∇、其余 $\overset{25}{\nabla}$。

3			钢板 δ=6	4		10			备注
2			钢板 δ=6	8		10			
1			钢板 δ=10	4		10			
件号	图号或标准号		名 称	数 量		材料	单	总	
							质量/kg		

工程名称：

设计项目：

T×××冷却塔
挡架安装图（例图）

专业

	日期		比例		区号		版次
制图							
设计							
校核							
审核							

图 5-15　设备安装详图

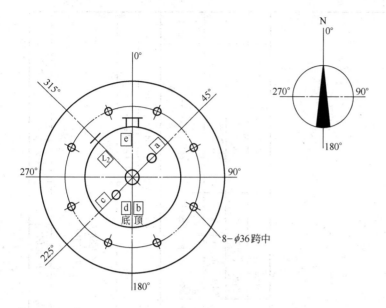

管口符号	公称通径	连接形式及标准	用途或名称	管口符号	公称通径	连接形式及标准	用途或名称
c	25	GB 9115.10—88 RF PN2.5	压力计口	L_2	32	GB 9115.10—88RF PN2.5	进料口
b	80	GB 9115.10—88 RF PN2.5	气体出口	e	500	GB 9115.10—88RF PN2.5	人孔
a	25	GB 9115.10—88 RF PN2.5	温度计口	d	32	GB 9115.10—88RF PN2.5	液体出口

工程名称:		日期		区号	
设计项目:		专 业			
编制		T××××　××××塔	第 页　共 页	版
校核		管口方位图(例图)		
审核				

图 5-16　管口方位图

（2）设备布置图的绘制步骤

① 考虑设备布置图的视图配置。

② 选定绘图比例。

③ 确定图纸幅面。

④ 绘制平面图。

画出建筑定位轴线；画出与设备安装定位有关的厂房基本结构；画出设备中心线；画出设备支架基础、操作平台等轮廓形状；标注尺寸；标注建筑定位轴线编号及设备位号、名称；图上如有分区、还需画出分区界线，并作相应标注。

⑤ 绘制剖视图。

⑥ 绘制方向标。

⑦ 注写有关说明，填写标题栏。

⑧ 检查、校核，最后完成图样。

（3）设备布置图的绘制方法

a. 视图的一般要求

① 图幅　一般采用 A1 号图纸，不宜加长加宽。特殊情况也可采用其他图幅。

② 比例　常用的比例为1：100，也可采用1：200或1：50，视装置的设备布置疏密情况而定。但对于大的装置，分段绘制设备布置图时，必须采用同一比例。

③ 尺寸单位　设备布置图中标注的标高、坐标以 m 为单位，小数点后取三位，至 mm 为止，其余的尺寸一律以 mm 为单位，只注数字，不注单位。采用其他单位标注尺寸时，应注明单位。

④ 图名　标题栏中的图名一般分成两行，上行写"××××设备布置图"，下行写"EL×××.×××平面"或"×—×剖视"等。

⑤ 编号　每张设备布置图均应单独编号。同一主项的设备布置图不得采用一个号，并加上第几张，共几张的编号方法。

b. 视图的配置　对于较复杂的装置或有多层建、构筑物的装置，当平面图表示不清楚时，可以绘制剖视图或局部剖视图。剖视符号用 A—A、B—B、×—×大写英文字母表示。

设备布置图一般以联合布置的装置或独立的主项为单元绘制，界区以粗双点画线表示。

多层建筑物或构筑物，应依次分层绘制各层的设备布置平面图。如在同一张图纸上绘制几层平面时，应从最低层平面开始，在图纸上由下而上或由左至右按层次顺序排列，并在图形下方注明"EL×××.×××平面"等。

一般情况下，每一层只画一个平面图，当有局部操作台时，在该平面图上可以只画操作台下的设备，局部操作台及以上的设备另画局部平面图。如不影响图面清晰，也可重叠绘制，操作台下的设备画虚线。

一个设备穿越多层建、构筑物时，在每层平面上均需画出设备的平面位置，并标注设备

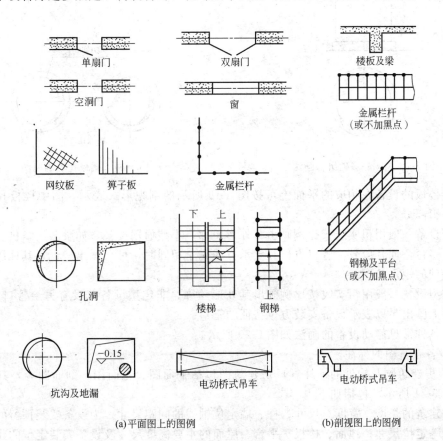

(a)平面图上的图例　　　　　　(b)剖视图上的图例

图 5-17　常用建筑构件图例

位号。各层平面图是以上一层的楼板底面水平剖切的俯视图。

c. 建筑构件及设备的表示方法

① 建筑物及其构件　在设备布置图中建筑物及其构件均用实线画出，常用的建筑构件的图例如图 5-17 所示。

② 绘图时的一些具体要求　厂房建筑的空间大小、内部分隔及设备安装定位的有关结构，如墙、柱、地面、楼板、平台、栏杆、楼梯、安装孔洞、地沟、地坑、吊车梁及设备基础等，在平面图和剖视图方向等，在剖视图上则一概不予表示。

与设备安装定位关系不大的门窗等构件，一般只在平面图画出它们的位置，门的开启均按比例采用规定的图例画出。

设备布置图中，对于承重墙、柱子等结构，要按建筑图要求用细点画线画出其建筑定位轴线。

装置内如有控制室、配电室、生活及辅助间，应写出各自的名称。

设备布置情况是图样的主要表达内容，因此图上的设备、设备的金属支架、电机及传动装置等，都应用粗实线或粗虚线（有些图样采用 $b/2$ 的虚线）画出。

图上绘有两个以上剖视图时，设备在各剖视图上一般只应出现一次，无特殊要求不用重复画出。位于室外而又与厂房连接的设备及其支架等，一般只在底层平面图上给予表示。

在剖视图中，设备的钢筋混凝土基础与设备外形轮廓组合在一起时，通常将其与设备一起用粗实线画出。如图 5-18 的主视图所示。

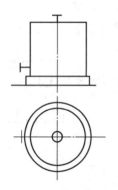

图 5-18　设备-基础组合画法

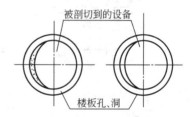

图 5-19　楼板孔洞剖视图

穿过楼板的设备在相应的平面上可按图 5-19 所示的剖视形式表示，图中楼板孔洞可不必画出阴影部分。

定型设备一般用粗实线按比例画出其外形轮廓。小型通用设备，如泵、压缩机、鼓风机等，若有多台，而其位号、管口方位与支承方式完全相同时，可只画出一台，其他用粗实线画出其基础的矩形轮廓。

非定型设备一般用粗实线按比例画出其外形轮廓。非定型设备若没有另绘管口方位图，则应在图上画出足以表示设备安装方位特征的管口。

以上各种常见静动设备的画法如图 5-20 所示。

d. 设备布置图的标注

① 厂房建筑物及构件的标注　厂房建筑图包括平面图、立面图、剖面图等，其标注的形式如图 5-21 所示，包括如下内容。

厂房建筑的长度、宽度总尺寸；柱、墙定位轴线的间距尺寸；为设备安装预留的孔、洞及沟、坑等定位尺寸；地面、楼板、平台、屋面的主要高度尺寸及设备安装定位的建筑物构件的高度尺寸。

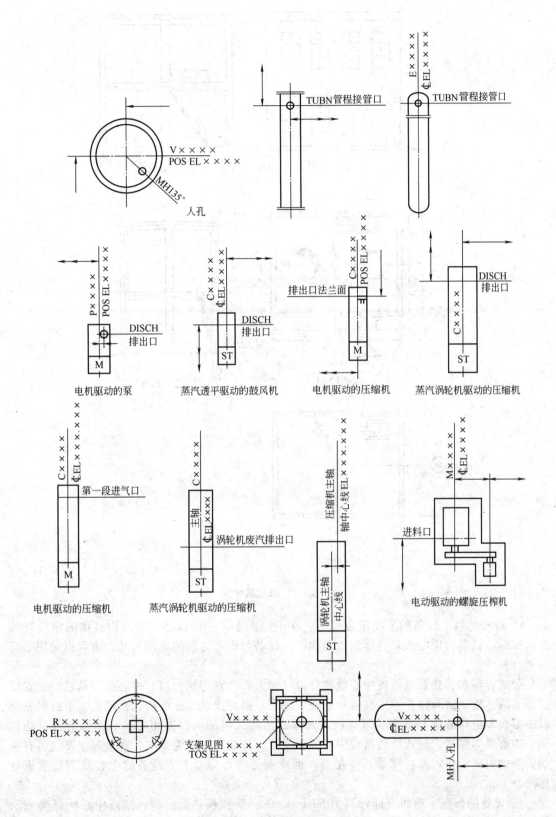

图 5-20 常见静动设备画法图例

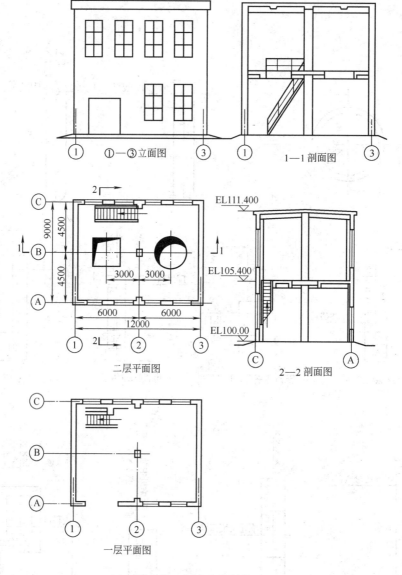

图 5-21　厂房建筑标注

　　② 设备标注　设备的平面定位尺寸：在平面图上，一般以建筑物、构筑物的定位轴线为基准标注设备（中心线）与建筑物及构件、设备与设备之间的定位尺寸。也可以采用坐标系进行标注。

　　卧式容器和换热器以设备中心线和管口（如人孔、管程接管口）中心线为基准。立式反应器、塔、槽、罐和换热器以设备中心线为基准。离心式泵、压缩机、鼓风机、蒸汽涡轮机以中心线和出口管中心线为基准。往复式泵、活塞式压缩机以缸中心线和曲轴（或电动机轴）中心线为基准。板式换热器以中心线和某一出口法兰端面为基准。直接与主要设备有密切关系的附属设备，如再沸器、喷射器、回冷凝器等，应以主要设备的中心线为基准进行标注。

　　③ 设备的标高　地面设计标高为 EL100.000。卧式换热器、槽、罐以中心线标高表示（EL×××.×××）；立式、板式换热器以支承点标高表示（POS EL×××.×××）；反

应器、塔和立式槽、罐以支承点标高表示（POS EL×××.××××）；泵、压缩机以主轴中心线标高（EL×××.××××）或以底盘面标高（即基础面标高）表示（POS EL×××.×××）；对管廊、管架，注出架顶标高（TOS EL×××.×××）。

④ 名称与位号的标注　设备布置图中的所有设备均需标出名称及位号，名称与位号要与工艺流程图相一致。一般标注在上方或下方。具体是位号在上，名称在下，中间画一粗实线。

⑤ 定位轴线的标注　建筑物、构筑物的轴线和柱网要按整个装置统一编号，一般横向用阿拉伯数字从左向右顺序编号，纵向用大写英文字母从下向上顺序编号（其中 I、O、Z 三个字母不用），轴线端部的细线圆直径为 8～10mm，如图 5-16 所示。

e. 安装方位标　安装方位标是表示设备安装方位基准的符号，方向与总图的设计北向一致。一般画在布置图的右上方，两细实线圆直径分别为 14mm 与 8mm。如图 5-16 所示。

f. 设备一览表　可以将设备位号、名称、规格及设备图号（或标准号）等，在图纸上列表注明，也可不在图上列表，而在设计文件中附设备一览表。

5.2　顺丁橡胶（BR）生产车间管路布置设计审核

▲ **教学目的**

通过对顺丁橡胶（BR）生产车间管路布置设计结果的审核，使学生能够利用车间管路布置知识解决相关问题，学习相关知识。

▲ **能力目标**

- 基本能进行简单化工生产车间的管路布置设计；
- 基本能看懂化工生产车间简单管路布置图；
- 基本能利用电子计算机和手工绘制简单化工生产车间管路布置图。

▲ **知识目标**

- 学习并初步掌握化工生产车间管路的原则与方法；
- 领会国家相关标准；
- 学习电子计算机绘图软件的使用方法与技巧。

▲ **素质目标**

- 能够利用各种形式进行信息的获取；
- 在做事过程中如何与其他人员进行讨论、合作；
- 如何阐述自己的观点；
- 经济意识、环境保护意识、安全生产意识。

▲ **实施要求**

- 总体按项目 5 总实施要求进行落实；
- 各组可以按思维导图提示的内容展开；
- 注意分工与协作；
- 注意与工艺路线的确定结果相符合。

5.2.1　项目分析

5.2.1.1　需要审核的具体内容——化工管路布置图

因原设计中没有提供车间管路布置图，故需要重新设计。

5.2.1.2　项目分析——思维导图

化工管路布置设计思维导图如图 5-22 所示。

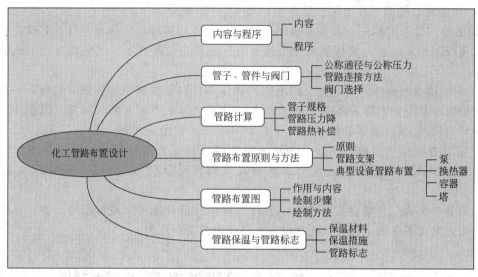

图 5-22　化工管路布置设计思维导图

5.2.2　项目实施

5.2.2.1　项目实施展示的画面

子项目 5.2 实施展示的画面如图 5-23 所示。

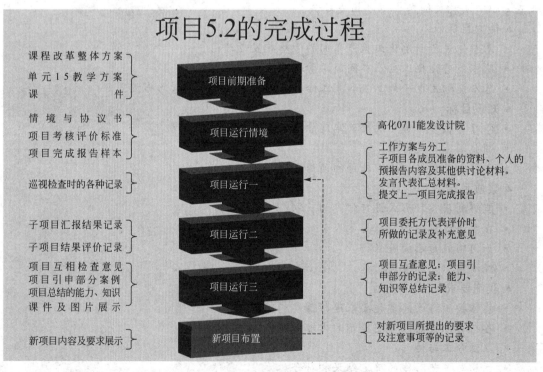

图 5-23　子项目 5.2 实施展示的画面

5.2.2.2　建议采用的实施步骤

子项目 5.2 建议采用的实施步骤见表 5-4。

表 5-4　子项目 5.2 实施步骤

步骤	名称	时间	指导教师活动与结果			学生活动与结果
一	项目解释方案制订学生准备	提前1周	项目内涵解释、注意事项;提示学生按项目组制订工作方案,明确组内成员的任务;组长检查记录	审核任务检查记录	工作方案个人准备	明确项目任务,各项目组制订初步工作方案(如何开展、人员分工、时间安排等),并按方案加以准备、实施
二	第一次讨论检查	15min	组织学生第一次讨论,检查学生准备情况	检查记录	工作日记汇报提纲	各项目组讨论、填写工作日记、整理汇报材料
三	第一次发言评价	15min	组织学生汇报对各项目的审核意见,说明参考的依据,接受项目委托方代表的评价	实况记录初步评价	汇报提纲记录问题	各项目组发言代表汇报倾听项目委托方代表评价
四	第一次指导修改	15min	针对汇报中出现的问题进行指导,提出修改性意见	问题设想实际问题	记录发言	学生以听为主,可以参加讨论,提出自己的想法
			设想的问题或思路: 化工管路布置设计 内容与程序 管子、管件与阀门 管路计算 管路布置原则与方法 管路布置图 管路保温与管路标志			
五	第二次讨论修改	10min	巡视学生再次讨论的过程,对问题进行记录	记录问题	补充修改意见	学生根据指导教师的指导意见,对第一次汇报内容进行补充修改,完善第二次汇报内容
六	第二次发言评价	5min	组织进行第二次汇报 记录学生未考虑到的内容,并给出评价意见	记录评价意见	发言提纲记录	学生倾听项目委托方代表的评价,记录相关问题
七	第二次指导修改	5min	针对各项目组第二次汇报的内容进行第二次指导	记录结果未改问题	记录发言	学生以听为主,可以参加讨论,提出自己的想法,对局部进行修补,做好终结性发言材料
			按第一次指导的思路,对各项目组未处理问题加以指导			
八	第三次发言评价报告整理	8min	组织各项目发言代表对项目完成情况进行终结性发言,并对最终结果加以肯定性评价	记录结论	发言稿记录	各项目组发言代表做终结性发言,倾听指导教师的评价,同时,完善项目报告的相关内容
九	归纳总结	15min	项目完成过程总结 结合车间管路布置设计内容与要求展示教学课件,对相关知识进行总结性解释。适当展示相关材料	总结提纲理论课件	记录领悟	学生以听为主,可以提出自己的观点,参加必要的讨论
十	新项目任务解释	3min	项目6顺丁橡胶(BR)聚合车间工艺设计初步设计阶段说明编制内容、格式的审核			

5.2.3　结果展示

结果展示主要采用 PPT 展示和项目报告的形式进行。其中 PPT 展示材料以电子稿形式上交，项目报告参考格式见子项目 1.1 项目报告样本。

5.2.4　考核评价

考核评价过程与内容与子项目 1.1 考核评价相同。

5.2.5　支撑知识

5.2.5.1　化工管路布置设计的重要性

管路是化工生产中不可缺少的组成部分，像人体中的血管一样，起着输送各种流体的作用。管路布置设计又称配管设计，是施工图设计阶段的主要任务。据有关资料介绍，管路设计的工作量占总设计工作量的 40%，管路安装工作量占工程安装总工作量的 35%，管路费用约占工程总投资的 20%，因此，正确合理进行管路布置设计对减少工程投资、节约钢材、便于安装、操作和维修，确保安全生产以及车间布置整齐美观都起着十分重要的作用。

5.2.5.2　管路布置设计的内容和工作程序

（1）管路布置设计的内容　管路布置设计依据工艺设计提供的带控制点工艺流程图、设备布置图、物料衡算与热量衡算，工厂地质情况，地区气候情况，水、电、汽等动力来源，有关配管施工、验收规范标准等为基础资料，管路布置设计主要完成如下工作。

① 管路布置图（工艺配管图）　表示车间内管路空间位置的连接，阀件、管件及控制仪表安装情况的图样。

② 蒸汽伴管系统布置图　表示车间内蒸汽分配管与冷凝液收集管系统平、立面布置的图样。对于较简单系统也可与管路布置图画在一起。

③ 管段图　表示一个设备至另一个设备（或另一管路）间的一段管路及其管件、阀门、控制点具体配置情况的立体图样。

④ 管架图　表示管架的零部件图样。

⑤ 管件图　表示管件的零部件图样。

⑥ 材料表　包括管路安装材料表、管架材料表及综合表、设备支架材料表、保温防腐材料表。

⑦ 施工说明书　包括管路、管件图例和施工安装要求。

（2）管路布置设计的工作程序

① 管径计算与选择；

② 阀门与管件的选择；

③ 对需要保温的管路，应选择合适的保温材料，确定保温层的厚度；

④ 确定管路（包括阀门、管件和仪表等）在空间的具体位置、安装、连接和支撑方式等，并绘制各种管路布置图；

⑤ 向非工艺专业提供地沟、上下水、冷冻盐水、压缩空气、蒸汽的管路及管路要求的资料，以协调各专业搞好布置设计；

⑥ 提供管路的材质、规格和数量；

⑦ 作管路投资预算，编写施工说明书。

5.2.5.3　管子、管件与阀门

（1）公称通径与公称压力　为了使管子、管件和阀门的连接尺寸标准化，提出了公称通径与公称压力的概念。

a. 公称通径　管子的公称通径以 DN 表示，它既不是管子的内径也不是管子的外径，而是管子的名义直径，它与管子的实际内径相接近，但不一定相等。凡是同一公称通径的管子，外径必定相同，但内径则因壁厚不同而异。

对于法兰和阀门，它们的公称通径是指与它们相配的管子的公称通径。

目前，还有一部分通用英制管子，如水煤气钢管，其公称直径用英寸表示，象"2″"表示直径 2in 的管子。

b. 公称压力　公称压力是管路、管件和阀门在一定温度范围内的最大允许工作压力。用 PN 表示。一般分为低、中、高十二个等级，具体如表 5-5 所示。

（2）管子材料与常用管子　常用管子的材料有铸铁、硅铁、钢、有色金属、非金属等。要根据输送介质的温度、压力、腐蚀、价格及供应等情况选择所用管子材料。常用管子材料选用如表 5-6 所示。

表 5-5 公称压力等级/MPa

低压	中压	高压
0.245 0.59 0.98 1.57	2.45 3.92 6.27	9.81 15.69 19.61 24.53 31.39

表 5-6 常用管子材料选用

管子名称	标准号	管子规格/mm	常用材料	温度范围/℃	主 要 用 途
铸铁管	GB 9439—88	DN50～250	HT150,HT200,HT250	≤250	低压输送酸碱液体
中、低压用无缝钢管	GB 8163—87	DN10～500	20、10	−20～475	输送各种流体
			16Mn	−40～475	
			09MnV	−70～200	
裂化用钢管	GB 9948—88	DN10～500	12CrMo	≤540	用于炉管、热交换器管、管路
			15CrMo	≤560	
			1Cr2Mo	≤580	
			1Cr5Mo	≤600	
中、低压锅炉用无缝钢管	GB 3087—82	外径 22～108	20、10	≤450	锅炉用过热蒸汽管、沸水管
高压无缝钢管	GB 6479—86	外径 15～273	20G	−20～200	化肥生产用,输送合成氨原料气、氨、甲醇、尿素等
			16Mn	−40～200	
			10MoWVNb	−20～400	
			15CrMo	≤560	
			12Cr2Mo	≤580	
			1Cr5Mo	≤600	
不锈钢无缝钢管	GB 2270—80	外径 6～159	0Cr13,1Cr13	0～400	输送强腐蚀性介质
			1Cr18Ni9Ti	−196～700	
			0Cr18Ni12Mo2Ti	−196～700	
			0Cr18Ni12Mo2Ti	−196～700	
低压流体输送用焊接钢管	GB 3091—93（镀锌）GB 3092—93	DN10～65	Q215A	0～140	输送水、压缩空气、煤气、蒸汽、冷凝水、采暖
			Q215AF,Q235AF		
			Q235A		
螺旋电焊钢管	SY 5036—83 SY 5037—83	DN200	Q235AF,Q235A	0～300	蒸汽、水、空气、油、油气
			16Mn	−20～450	
钢板卷管	自制加工	DN200～1800	Q235A	0～300	
			10、20	−40～450	
			20g	−40～470	
黄铜管	GB 1529—87 GB 1530—87	外径 5～100	H62,H63(黄铜) HPb59-1	≤250（受压时,≤200）	用于机器和真空设备管路
铝和铝合金管	GB 6893—86 GB 4437—84	外径 18～120	L2,L3,L4 LF2,LF3,LF21	≤200（受压时,≤150）	输送脂肪酸、硫化氢等
铅和铝合金管	GB 1472—88	外径 20～118	Pb3,PbSb4,PbSb6	≤200（受压时,≤140）	耐酸管路
玻璃钢管	HGJ 534—91	DN50～600			输送腐蚀性介质
增强聚丙烯管		DN17～500	PP	120(<1.0MPa)	
硬聚氯乙烯管	GB 4219—84	DN10～280	PVC		
耐酸陶瓷管	HGB 94001—86				
聚四氟乙烯直管	SG 186—80	DN0.5～25	聚四氟乙烯		
高压排水胶管		DN76～203	橡胶		

（3）管路连接方法　管路连接常用的方法有三种：焊接、螺纹连接和法兰连接。

① 焊接　是化工厂中应用最广的一种管路连接方式。特点是成本低、方便、可靠，特别适用于直径大的长管路连接，但拆装不便。

② 螺纹连接　主要用于直径小的水、煤气钢管的连接。特点是结构简单、拆装方便；但连接的可靠性差，容易在螺纹连接处发生渗漏。在化工厂中它只用于上、下水，压缩气体管路的连接，不宜用于易燃、易爆、有毒介质的管路连接。

③ 法兰连接　在化工厂中应用极广的连接方式。特点是强度高、装拆方便、密封可靠，适用于各种温度、压力的管路，但费用较高。

（4）阀门的选择　阀门的作用是控制流体在管内的流动，其功能有启闭、调节、节流、自控和保证安全等。阀门的选择主要依据流体特性（腐蚀性、固体含量、黏度、相态变化）、功能要求（切断、调节）、阀门尺寸（由流体流量和允许压力降决定）、阻力损失、温度、压力、材质等。阀门的种类很多，用途很广，但国家对阀门已制定了系列标准，选用时，先根据介质的性质、状态和操作要求确定阀门的类型，然后再按管路系统的公称通径、公称压力选择相应的规格型号。

5.2.5.4　管路计算

（1）管子规格的确定

a. 流速选取　在确定管内流体流速时一般可考虑以下原则。

管径大，壁厚及重量增加，阀门和管件尺寸也增大，使基建费用增加；管径小，流速增加，流体阻力增加，动力消耗大，运转费用增加。因此，管内流速应限制在一定范围内，不宜太高。

表 5-7　常用流体流速范围

介　质	条　件	流速/(m/s)	介　质	条　件	流速/(m/s)
过热蒸汽	$DN<100$	20~40	水及黏度相似液体	$p_表$ 0.1~0.3MPa	0.5~2
	$DN=100~200$	30~50		$p_表<1.0$MPa	0.5~3
	$DN>200$	40~60		压力回水	0.5~2
饱和蒸汽	$DN<100$	15~30		无压回水	0.5~1.2
	$DN=100~200$	25~35		往复泵吸入管	0.5~1.5
	$DN>200$	30~40		往复泵排出管	1~2
低压气体 $p_绝<0.1$MPa	$DN\leqslant100$	2~4		离心泵吸入管	1.5~2
	$DN=125~300$	4~6		离心泵排出管	1.5~3
	$DN=350~600$	6~8	油及黏度大的液体	油及相似液体	0.5~2
	$DN=700~1200$	8~12		黏度 0.05Pa·s $DN\leqslant25$ $DN=50$ $DN=100$	0.5~0.9 0.7~1.0 1.0~1.6
气体	鼓风机吸入管 鼓风机排出管	10~15 15~20		黏度 0.1Pa·s $DN\leqslant25$ $DN=50$ $DN=100$ $DN=200$	0.3~0.6 0.5~0.7 0.7~1.0 1.2~1.6
	压缩机吸入管 压缩机排出管 $p_绝<1.0$MPa $p_绝=1.0~10.0$MPa	10~15 8~10 10~20			
	往复真空泵 吸入管 排出管	 13~16 25~30		黏度 1.0Pa·s $DN\leqslant25$ $DN=50$ $DN=100$ $DN=200$	0.1~0.2 0.16~0.25 0.25~0.35 0.35~0.55
苯乙烯、氯乙烯		2			
乙醚、苯、二硫化碳	安全许可值	<1			
甲醇、乙醇、汽油	安全许可值	<2~3			

不同流体按其性质、形态和操作要求不同，应选用不同的流速。黏度较大的流体，管内的压力降较大，流速应较低；黏度较小的流体流速相应增大。为防止流速过高引起管线冲蚀、磨损和噪声等现象，一般情况下，流体流速不超过 3m/s，气体流速不超过 100m/s。对于含有固体机械杂质的流体，流速不能过低，以免固体沉积到管内造成堵塞。

允许压力降较小的管线，如常压自流管线，应选用较低流速；允许压力降较大的管线，可选用较高流速。根据上述原则，可以参照表 5-7 选取流体流速。

b. 管径计算

① 公式法　根据选定的流速，可按下式计算管子直径

$$d_i = \sqrt{\frac{4q_V}{\pi u}} \tag{5-1}$$

式中，d_i 为管子内径，m；q_V 为体积流量，m^3/s；u 为流速，m/s。

② 图表法　根据选定的流速查图 5-24 确定管子直径。当直径大于 500mm，流量大于 60000m^3/h 时，可以查其他图表进行确定。

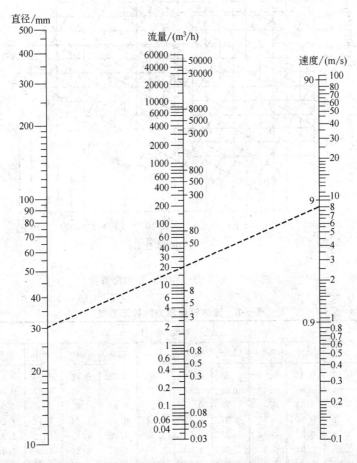

图 5-24　流速、流量、直径计算图

由此计算所得的管径值还需进行圆整，以选用符合国家标准的管子。

c. 管壁厚度的确定　管壁厚度可根据管内工作压力、管材允许应力进行计算。也可以通过管径和压力查找有关书籍和手册获得壁厚。

（2）管路压力降的计算　计算管路压力降的目的是为了选择合适的泵、压缩机、鼓风机

等输送设备和校核流速或管径。最常用的方法是利用算图进行计算，如对于常温的水，流经钢管的压力降可由图 5-25 直接查得；对于非常温的水或其他液体只要将按水查得的压力降，乘以表 5-8 所列的校正系数，即可得该液体的压力降。

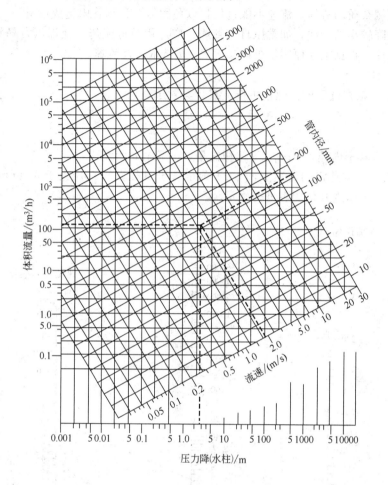

图 5-25　水管路（钢管）压力降算图

表 5-8　液体管路压力降校正系数

| 相对密度 | 黏度/10^{-3}Pa·s | | | | | | | | | | | | |
	0.2	0.4	0.6	0.8	1.0	1.2	1.5	2.0	3.0	4.0	6.0	8.0	10.0
0.50	0.43	0.49	0.53	0.56	0.58	0.60	0.63	0.66	0.72	0.76	0.83	0.88	0.90
0.60	0.49	0.56	0.60	0.63	0.66	0.68	0.71	0.75	0.82	0.87	0.94	1.00	1.03
0.70	0.55	0.64	0.68	0.72	0.75	0.78	0.81	0.85	0.93	0.99	1.07	1.14	1.17
0.80	0.62	0.71	0.77	0.81	0.84	0.87	0.91	0.96	1.04	1.14	1.20	1.27	1.34
0.90	0.68	0.78	0.84	0.88	0.92	0.95	1.00	1.05	1.14	1.22	1.32	1.39	1.43
1.0	0.74	0.85	0.91	0.96	1.00	1.03	1.08	1.14	1.24	1.32	1.43	1.51	1.56
1.1	0.80	0.91	0.99	1.04	1.08	1.14	1.17	1.23	1.34	1.42	1.54	1.64	1.68
1.2	0.86	0.98	1.06	1.12	1.16	1.20	1.25	1.32	1.44	1.53	1.66	1.76	1.81
1.3	0.91	1.04	1.12	1.18	1.23	1.27	1.33	1.40	1.53	1.62	1.76	1.86	1.94
1.4	0.97	1.11	1.20	1.26	1.31	1.36	1.42	1.49	1.63	1.73	1.87	1.98	2.04
1.5	1.02	1.17	1.26	1.33	1.38	1.43	1.50	1.57	1.72	1.82	1.97	2.09	2.15
2.0	1.28	1.47	1.59	1.67	1.74	1.80	1.88	1.98	2.16	2.29	2.49	2.63	2.71
3.0	1.73	1.99	2.15	2.26	2.35	2.43	2.55	2.68	2.92	3.10	3.36	3.56	3.66

（3）管路热补偿计算

a. 管路的热变形　管路一般是在常温下安装的，当它输送高温或低温流体时，管子就会产生压缩变形或冷缩，即管路的热变形。一根自由放置的长度为 L 的管子，在温度升高 Δt 时的伸长量 ΔL 为：

$$\Delta L = L\alpha\Delta t \tag{5-2}$$

式中，α 为管材的热膨胀系数。

若限制管路的自由伸长，管壁就要产生轴向的压应力 σ 使管子产生压缩变形，其变形量等于受到限制的那部分热伸长量。这个因热变形而产生的应力称热应力。热应力产生的轴向推力 P 为

$$P = \sigma A = E\alpha\Delta tA \tag{5-3}$$

式中，E 为管材的弹性模量；A 为管子的截面积。

由式(5-3)可知热应力和轴向推力与管路长度无关，所以不能因管路短而忽视这个问题。

一般使用温度低于 $100℃$ 和直径小于 $DN50$ 的管路可不进行热应力计算。直径大、直管段长、管壁厚的管路或大量引出支管的管路，要进行热应力计算，并采取相应的措施将其限定在许可值之内，这就是管路热补偿的任务。

b. 管路的热补偿　管路的热补偿是采用各种措施吸收管路的热变形量，其基本手段是增加管路的弹性，使管路按设计意图产生变形或移位，从而降低热应力，确保管路系统安全。管路的热补偿措施介绍如下。

利用管路敷设时自然形成的转弯吸收热伸长量的叫自然热补偿，这个弯管段就称为自然（热）补偿器，如图 5-26 所示。它与管路本身合为一体，因此最经济。在管路布置时要充分利用管路的自然补偿能力，只有在自然补偿不能满足要求时，才用其他热补偿器补偿。

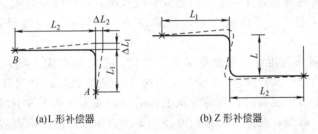

(a)L形补偿器　　　　(b)Z形补偿器

图 5-26　自然补偿器

当自然补偿器达不到要求时，可采用其他补偿器补偿，常用的有 Π 形补偿器和波纹补偿器两种形式。

Π 形补偿器如图 5-27 所示。该补偿器耐压可靠，补偿量大，是目前应用较广的补偿器。安装时要预拉伸（拉伸到 L_2）或预压缩（压缩到 L_1），可提高补偿量一倍，固定支架受力也可减少一倍。

波纹补偿器如图 5-28 所示（为一个波形的），是用钢板压制出 $1\sim4$ 个波形而成，其特点是体积小，安装方便，但补偿量小，耐压低。

5.2.5.5　管路布置的原则和方法

（1）管路布置设计的主要原则　由于化工产品种类繁多，生产操作条件不一，输送介质性质复杂，因此，管路布置与安装应根据工艺流程的要求、操作条件、输送物料的性质、管径大小等，并结合设备布置、建筑物及构筑物的情况进行综合考虑，使管路能充分满足生产要求，保证安全生产，便于操作维修，节约材料与投资，而且还要整齐美观。

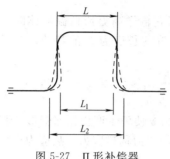

图 5-27　Ⅱ形补偿器

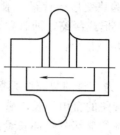

图 5-28　波纹补偿器

a. 考虑物料因素　输送有毒或有腐蚀性介质的管路，不得在人行道上空设置阀体、伸缩器、法兰等，若与其他管路并列时应在外侧或下方。

输送易燃、易爆介质的管路不应敷设在生活间、楼梯和走廊等处，一般应配置安全阀、防爆膜、阻火器、水封等防火防爆安全装置，并应采取可靠的接地措施；易燃易爆及有毒介质的放空管应引至室外指定地点或高出层面 2m 以上。

管路敷设应有坡度，以免管内或设备内积液，坡度方向一般为顺介质流动方向，但也有与介质流动方向相反的情况，如氨压缩机的吸入管路应有 ≥0.005 的逆向坡度，坡向蒸发器；其排气管路应有 0.01～0.02 的顺向坡度，坡向油分离器。管路坡度一般为：

蒸汽	0.002～0.005	蒸汽冷凝水	0.003
冷冻盐水	0.005	压缩空气	0.004
真空	0.003	清净下水	0.005
生产废水	0.001	一般气体及易流动液体	0.005

黏度大的液体可取 0.01，含固体颗粒的流体最大可取 0.05。

长距离输送蒸汽的管路要在一定距离处安装疏水阀，以排除冷凝水。

冷热流体应相互避开，不能避开时，冷管在下，热管在上；塑料管或衬胶管应避开热管。

b. 考虑施工、操作与维修　管路尽量架空敷设，平行成列走直线，少拐弯（因做自然补偿，方便安装、检修、操作除外）、少交叉以减少管架的数量；并列管线上的阀门应尽量错开排列；从主管上引出支管时，气体管从上方引出，液体管从下方引出。

管路应尽量集中敷设，在穿墙和楼板时特别要注意此段管路不应有焊缝。

管路应尽可能沿墙壁安装，为便于安装、检修和防止变形后挤压，管路之间、管路与墙壁之间应保持一定的距离。平行管路间最突出物间的距离不能小于 50～80mm，管路最突出部分距墙壁、管架边和柱边不能小于 100mm。表 5-9 和表 5-10 分别列出了法兰对齐和法兰相错时的低压管路间距。

表 5-9　法兰对齐时的低压管路间距/mm

DN	25	40	50	80	100	150	200	250
25	250							
40	270	280						
50	280	290	300					
80	300	320	330	350				
100	320	330	340	360	375			
150	350	370	380	400	410	450		
200	400	420	430	450	460	500	550	
250	430	440	450	480	490	530	580	600

表 5-10　法兰相错时的低压管路间距/mm

DN	A或B	C	25	40	50	70	80	100	125	150	200	250	300
25	A	110	120										
	B	130	200										
40	A	120	140	150									
	B	140	210	230									
50	A	130	150	150	160								
	B	150	220	230	240								
70	A	140	160	160	170	180							
	B	170	230	240	250	260							
80	A	150	170	170	180	190	200						
	B	170	240	250	260	270	280						
100	A	160	180	180	190	200	210	220					
	B	190	250	260	270	280	290	300					
125	A	170	190	200	210	220	230	240	250				
	B	210	260	280	290	300	310	320	330				
150	A	190	210	210	220	230	240	250	260	280			
	B	230	280	300	300	300	320	330	340	360			
200	A	220	230	240	250	250	270	280	290	300	300		
	B	260	310	320	330	330	350	360	370	390	420		
250	A	250	270	270	280	280	300	310	320	340	360	390	
	B	290	340	350	360	360	380	390	410	420	450	480	
300	A	280	290	300	310	310	330	340	350	360	390	410	440
	B	320	370	380	390	390	410	420	440	450	480	510	540

注：A、B 分别为不保温管间和保温管间的间距。
C 为管中心到墙面或管架边缘的距离。
保温管与不保温管间的间距为 $(A+B)/2$。
螺纹连接管路间的间距按表中数减去 20mm。

管路布置不能妨碍门窗开启及设备、机泵和自控仪表的操作检修，在有吊车的情况下，管路布置不应妨碍吊车工作。管路应避免通过电动机、仪表盘、配电盘上空；塔及容器的管路不可从人孔正前方通过。

管路安装时尽量避免出现"气袋"⌐⎍，"口袋"⎍⌐ 和"盲肠"，当无法避免时，应在管线最高点设置放空阀，最低点设置放净阀。

阀门、仪表的安装应方便操作与维修，一般阀门安装高度以离操作面 1.2m 为宜，水平管路上的阀门阀杆不宜垂直向下。

流量元件（孔板、喷嘴及文氏管）所在的管路前后要有足够长的直管段，以保证准确测量。

液面计要装在液面波动小的地方；沉筒式液面计周围要留有开关仪表盘的空间；玻璃液面计要装在操作控制阀时能看得见的地方。

温度元件在设备与管路上的安装位置，要与流程一致，并保证一定的插入深度和外部安装检修空间。

c. 考虑安全生产　不锈钢管不得与普通碳钢制的管架直接接触，以免产生因电位差造成腐蚀核心。

在人员通行处，管路底部的净高不宜小于 2.2m；通行大型检修机械或车辆时，管路底部净高不应小于 4.5m，跨越铁道上方的管路，其距轨顶的净高不应小于 5.5m。

埋地管路应在冻土层以下，穿越道路或受荷地区要采取保护措施，输送易燃易爆介质的埋地管路不宜穿越电缆沟。

距离较近的两设备间，管路一般不应直连（设备之一未与建筑物固定或有波纹伸缩器的情况除外），一般采用 45°或 90°弯接。

设备间的管路连接应尽可能地短而直（用于自然补偿或方便检修的情况除外），尤其是使用合金钢的管线和工艺要求压降小的管线，如压缩机入口管线、再沸器管线以及真空管线等。

为防止管路在工作中产生振动、变形及损坏，必须根据管路的具体特点，合理确定其支承与固定结构。

管路布置时应考虑电缆、照明、仪表、采暖通风等非工艺管路。

（2）管路支架　管路支架有支承、固定与约束管路的作用，它承受管路的重量、沿管路的轴向水平推力（热推力）、侧向水平力（支管拉力等）、设备传给管路的振动力。

管子的固定、支承和管架设计是管路布置设计的重要内容之一。在车间平面布置时，必须对管架进行规划，确定其大致位置，估算其宽度，待具体布置时，再最后确定其位置和结构尺寸。

a. 管架宽度估算　管架宽度取决于布置在管架上的管路根数和直径。一般按管架上管路最密处的管子根数计算管架宽度。

b. 管路支架类型　管路支架（管卡、托架、吊架）已有标准设计，可按《管架通用系列》选用。

按管路支架的作用一般可分为四大类型。

① 固定支架　不允许管路有任何位移的地方，应设固定支架，除支承管路重量外，还要承受管路的水平作用力，保证管路不能移动。固定支架要设在坚固的厂房结构或管架上，并对垂直和水平受力进行验算。

在热管路的各个补偿器（包括自然补偿器）间设置固定支架，就能按设计意图分配补偿器分担的补偿量；在设备管口附近的管路上设置固定支架，可以减少设备管口的受力。

② 滑动支架　滑动支架允许管路在水平面上有一定的位移。

③ 导向支架　用于允许轴向位移而不允许横向位移的地方，如Π形补偿器的两端（距离4倍管径处）和铸铁阀件两侧。常用的导向支架有导向管卡、导向角钢、导向板和导向管托等。

④ 弹簧吊架　当管路有垂直位移时，如热膨胀引起的上下位移，则因弹簧有弹性，故仍能提供必要的支吊力。

c. 管路支架安装　管架一般分为室外管架与室内管架。室外管架有独立的支柱；室内管架可省去管架支柱，尽量采用与土建的墙、柱或钢梁直接连接的方式。一般采用插墙支承或与土建预埋件相焊接的方式，如无预埋件时，可采用梁箍包梁或槽、角钢夹柱的方式。

对于悬臂式连接结构的支吊架，其悬臂长度一般不宜大于800mm。对于悬臂较长的支吊架，尽量在其受力较大的方向加斜撑。

d. 支架、管架间距　管路的支架或管架间距越小，需要的支架或管架的数目就越多，投资就越大，其中管架间距对投资的影响更大。管架间距可按大部分管路的支架间距选定，一部分小管子可利用支架支承。固定支架和活动支架的间距要参见表5-11。

表 5-11　固定支架和活动支架的间距

DN	固定支架最大间距/m			活动支架最大间距/m		DN	固定支架最大间距/m			活动支架最大间距/m	
	Π形补偿器	L形补偿器		不保温	保温		Π形补偿器	L形补偿器		不保温	保温
		长边	短边					长边	短边		
20				4.0	2.0	125	70			12.0	7.5
25	30	15	2.0	4.5	2.5	150	80			13.0	9.0
32	35	18	2.5	5.5	3.0	200	90	30	6.0	15.0	12.0
40	45	20	3.0	6.0	3.5	250	100	30	6.0	17.0	14.0
50	50	24	3.5	6.5	4.0	300	115			19.0	16.0
80	60	30	5.0	8.5	6.0	350	130			21.0	18.0
100	65	30	5.5	11.0	6.5	400	145			21.0	19.0

5.2.5.6　典型设备的管路布置

（1）泵的管路布置　泵的管路布置原则是保证良好的吸入条件与方便检修。泵的吸入管路要短而直、阻力小；避免"气袋"，避免产生积液；泵的安装标高要保证足够的吸入压头。在图 5-29 所示的几种安装方法中，右侧为正确。

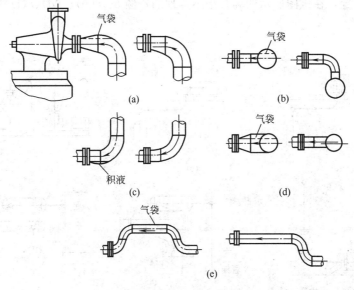

图 5-29　离心泵入口弯管和异径管布置

图 5-30 所示为离心泵的配管图，虚线表示另一种接法。在泵上方不布置管路有利于泵的检修，吸入管转弯向上（亦可转向侧面）不妨碍拆卸叶轮。

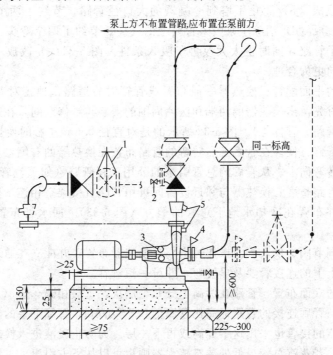

图 5-30　离心泵配管图

1—阀杆方向可水平或垂直；2—排液阀装在止回阀盖上；3—泵的密封液与冲洗液口；4—临时过滤器；5—压力表管口

(2) 换热器的管路布置 以列管式换热器为例进行讨论，其他换热器与之类同。

虽然列管式换热器已有标准系列，其基本结构都已确定，但管口大小、位置和安装结构是由工艺设计人员根据化工计算和管路布置要求来决定的。

合适的流动方向和管口布置能简化和改善管路布置的质量。图 5-31(a)、(c)、(e) 所示为习惯流向的布置，在该图所示的场合是不合理的；图 5-31(b)、(d)、(f) 则是改变了流动方向的合理布置。

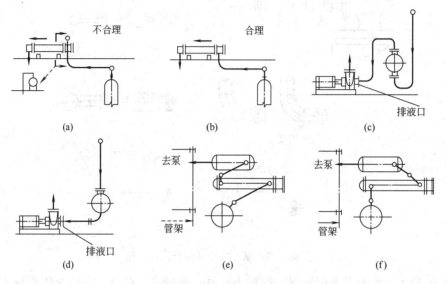

图 5-31 液体流动方向与管路布置

图 5-31(a) 改成 (b) 简化了塔到冷凝器的大口径管路，节约了两个弯头和相应的管路。图 5-31(c) 改成 (d) 消除了泵吸入管路上的气袋，节约了四个弯头、一个排液阀和一个放空阀，缩短了管路，同时也大大改善了吸入条件。图 5-31(e) 改成 (f) 缩短了管路，使流体的流动方向更为合理。

(3) 换热器的平面配管 换热器一般布置成管箱对着道路，顶盖对着管廊，如图 5-32 所示。配管时，首先留出换热器的两端和法兰周围的安装与维修空间，在这个空间内不能有任何障碍物（如管路、管件等）。图 5-32 所示的是对直径 0.6m 左右的换热器而言。要力争管路短，操作、维修方便。在管廊上右转弯的管路布置在换热器的右侧，从换热器底部引出的管子也在右侧转弯向上。从管廊的总管引来的公用工程管路（如蒸汽管），则布置在任何一侧都不会增加管路长度。换热器与邻近设备间可用管路直接架空相连，换热器管箱上的冷却水进口排齐，并布置在冷却水地下总管的上方（图 5-33）。回水管布置在冷却水总管的旁边。

阀门、自动调节阀、仪表等沿操作通道靠近换热器布置，并能立在通道上操作。为便于拆卸管箱，管箱上下的连接管要及早转弯，并设一短弯管。

(4) 换热器的立面布置 管路在标高上分几个层次，每层相隔 0.5~0.8m，最低一层要满足净高要求。与管廊连接的管路标高比管廊低 0.5~0.8m，管廊下泵的出口，高度比管廊低的设备和换热器的接管也采用这个标高或再下一层。为防止凝液进入换热器，蒸汽支管常从总管上方引出，若蒸汽总管最低处装有疏水器则也可以从下方引出。

孔板法兰通常装在架空的水平管路上，在它的前后要保持一段直管，孔板要布置在用梯子容易达到的地方。带变送器的孔板和自动调节阀最好装在离地面 0.75m 高的地方。其他

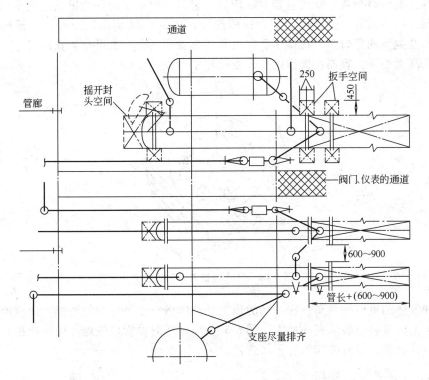

图 5-32　换热器的平面配管

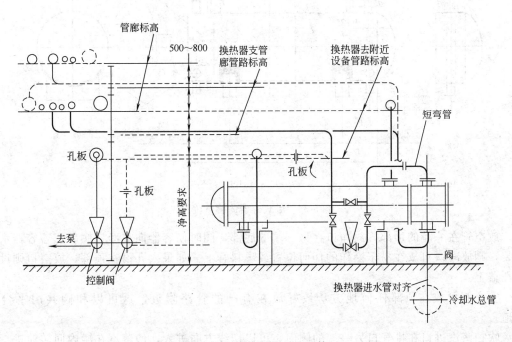

图 5-33　换热器的立面配管

仪表也要布置在易观测、易维修的地方。

　　换热器的接管应有合适的支架，不能让管路重量都压在换热器管口上，热应力也要妥善解决。

（5）容器的管路布置　立式容器（反应器）管口方位不受内件的影响，完全取决于管路布置的需要。一般划分为操作区与配管区两部分。如图 5-34 所示。加料口、视镜和温度计等常需操作及观察的管口布置在操作区。人孔可布置在顶上，也可布置在筒身上。排出口布置在底部。高大的立式容器在操作区要设置操作平台。

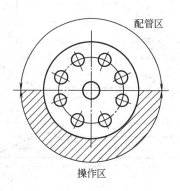

图 5-34　立式容器的管口方位

液体和气体的进口一般布置在一端的顶上，液体出口在另一端的底部，蒸汽出口则在液体出口的顶上。进口也能从底部伸入［图 5-35(a)］，在对着管口的地方设防冲板，这种布置适合于大口径管路，有时能节约管子与管件。

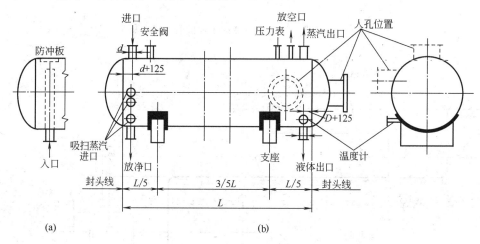

图 5-35　卧式容器的管口位置

放空管在一端的顶部，放净口在另一端的底部，同时使容器向放净口倾斜。若容器水平安装，则放净口可放在易于操作的任何位置或出料管上。如果人孔设在顶部，放空口则设在人孔盖上。

安全阀可放在顶部任何地方，最好放在有阀的管路附近，这可以和阀共用平台和通道。

吹扫蒸汽进口在排气口另一端的侧面，可以切线方向进入，使蒸汽在罐内回转前进。

进出口分布在容器的两端，若进出料引起的液面波动不大，则液面计的位置不受限制，否则应放在容器的中部。压力表则装在顶部气相部位，在地面上或操作平台上看得见的地方。温度计装在底部的液相部位，从侧面水平插入，通常与出口在同一断面上，对着通道或平台。

人孔可布置在顶上、侧面或封头中心，以侧面较为方便；但在框架上支承时占用面积大，故以布置顶上为宜。人孔中心高出地面 3.6m 以上时应设操作平台。

支座以布置在离封头 $L/5$ 处为宜，可依实际情况而定。

接口要靠近相连的设备，如排出口应近泵入口，工艺、公用工程和安全阀接管尽可能组合起来，并对着管架。

立式容器（或反应器）一般多成排布置，因此，把操作相同的管路一起布置在相应容器的相应位置可避免操作有误，因而，也比较安全。例如，两个容器时，管口对称布置，三个以上时使管口位置相同。视镜布置在容器的近出口附近，高度要便于观察。当有搅拌装置时，管路不能妨碍它的拆装和维修。

图 5-36 所示为立式容器的管路连接简图，其中图（a）距离较近的两设备间不能直接安装，应采用 45°或 90°弯接。图（b）进料管设在设备前部，适用于能站在地面上操作的设备。图（c）出料管沿墙敷设，设备间距要大一些，以便能进入操作；离墙距离则可小一些，以节省地面面积。图（d）出料管在设备前引出，设备间距和设备离墙距离都可小一些，出料管通过阀门后立即引至地下，走地沟或埋地敷设。图（e）出料管在底部中心引出，适用于底部离地较高和直径不大的设备，管路短，占地面积小。图（f）进料管对称布置，适合在操作台操作的设备。

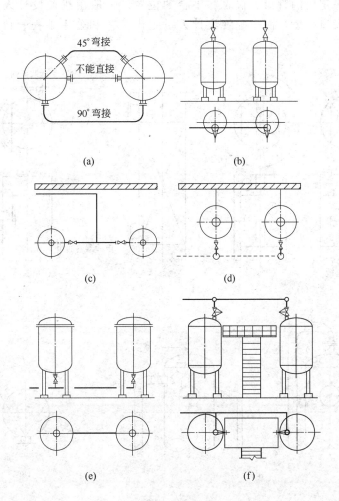

图 5-36 立式容器的管路连接简图

　　卧式容器的管口大多数在一条线上，各种阀门也都直接装在管口上，如图 5-37 所示，所以管口间的距离要便于这些阀的操作。此外，管路布置还要与容器在操作台（地面）上安装高度有关。容器底部离台面距离高则出料管阀门装在台面上，在台面上操作；若距离低则装在台面下，将阀杆接长，伸到台面上进行操作。

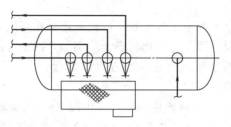

图 5-37　卧式容器的管路布置

　　（6）塔的管路布置　塔通常分成操作区与配管区两部分（图 5-38）。操作区原则是进行运转操作和维修，包括登塔的梯子、人孔、操作阀门、仪表、安全阀、塔顶上吊柱和操作平台等，操作区一般面对道路。配管区设置管路连接的管口，一般位于管廊一侧，是连接管廊、泵等设备管路的区域。塔内部的工艺要求往往比外部配管更严格，塔内部零件的位置常常决定塔的管口、仪表和平台的位置。一般由机械设计人员决定与塔内结构有关的每一个管口高度，而由配管设计人员定出工艺和公用工程管口的方位，以适应配管设计的需要。

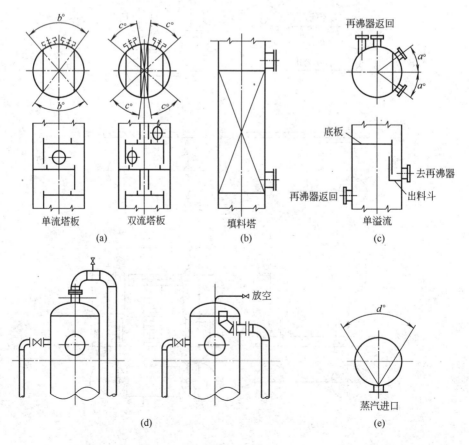

图 5-38　塔的管路布置

人孔应设在安全、方便的操作区，常将一个塔的几个人孔设在一条垂线上，并对着道路（图 5-40）。人（手）孔的位置受塔内结构的影响，它不能设在塔盘的降液管或密封盘处，只能设在图 5-38(a) 所示的 $b°$ 或 $c°$ 的扇形区内，人孔中心离平台 0.5～1.5m。

填料塔在每段填料的上下设手孔或人孔 ［图 5-38(b)］。

接再沸器出液口可在角度 $2a°$ 的扇形区内变动 ［图 5-38(c)］，取决于出液口直径和出料斗宽度。再沸器返回管或塔底蒸汽进口中的流体都是高速进入的，为了保持液封板的密封，气体不能对着液封板，最好与它平行。

因回流管口不需切断阀，所以可以设在配管区 180° 的地方（图 5-40）。

当考虑在不同塔板位置进料时，要在支管上设切断阀，所以应布置在操作区的边上。

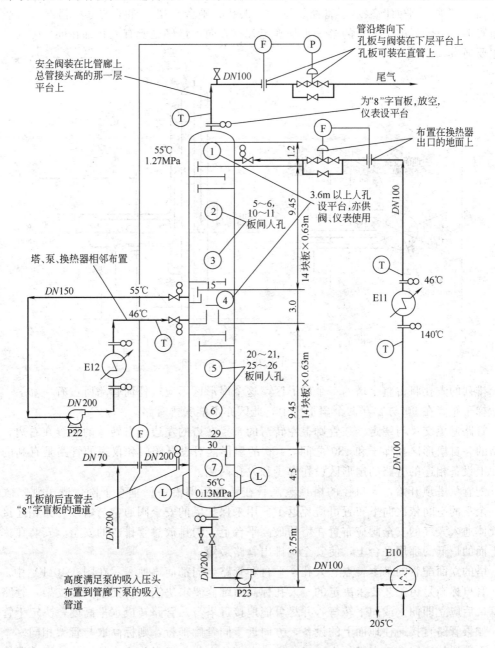

图 5-39　在流程图上规划塔的配管

蒸汽可从塔的顶部向上引出，也可以用内部弯管从塔顶中心引向侧面［图 5-38(d)］。后者使蒸汽出口的管口靠近顶部人孔的操作平台，塔顶放空管也可接近平台，这种布置可省去塔顶通往盲板、仪表和放空管的小平台。

液面计不能布置在下对着蒸汽进口的位置［图 5-38(e) 角度 $d°$ 的扇形区］，必须布置在这个位置时要加防冲挡板。下侧管口应从塔身引出，而不能从出料管上引出。

塔的配管比较复杂，它涉及的设备多，空间范围大，管路数量多，而且管径大，要求严格。所以在配管前要对流程图作一个总体规划，如图 5-39 所示，要考虑主要管路的走向及布置要求、仪表和调节阀的位置、平台的设置及设备的布置要求等，这项工作也可结合设备布置考虑。

图 5-40 所示平面图表示了管路、管口、人孔、平台支架和梯子的分布情况，一般说这种布置形式是较好的。配管的第一步是确定人孔方向，最好是所有人孔都在同一方向，面对着主要通道。

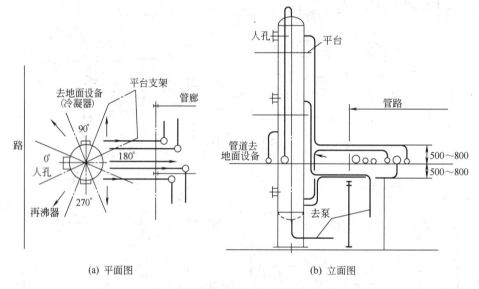

(a) 平面图　　　　　　　　　　　(b) 立面图

图 5-40　塔的配管示意图

排列的人孔将占整个塔的一个扇形区，这个扇形区不应被任何管路所占有。

梯子布置在 90° 与 270° 两个扇形区中，此区亦不能安排管路。

管路避免交叉与绕走。在管廊上左转弯的布置在塔的左边；右转弯的布置在右边，这些管路的各自扇形区在梯子和 180° 之间，180° 的扇形区对没有阀门和仪表的管路是有利的。与地面上设备相连的管路的扇形区设在梯子和人孔两侧。

配管从塔顶开始，大口径的塔顶蒸汽管在转弯后即沿塔壁垂直下降，既美观，效果又好。余下的空间依次向下布置可避免返工。用来保护塔的安全阀通常与塔顶管路相连接。排出气体通入大气的安全阀应布置在塔的最高平台上。向排放总管排放的安全阀安装在排放总管上面的最低的那层平台上，使安全阀排出管路最短。

塔的立面配管的基本特点、人孔、平台和管路走向都简略地表示在图 5-40(b) 中。

管口标高是由工艺要求决定的，人孔标高由维修要求决定。为便于安装支架，管路在离开管口后应立即向上或向下转弯，并尽可能地接近塔身。管路转成水平高度，决定于管廊高度。如果管路直接通往地面上的设备，方向近于同管廊平行，则标高取与管架相同。

再沸器的管路高度由塔的出入口决定，它们的方位要考虑热应力的影响。再沸器管路和塔顶蒸汽管路要尽可能地直，以减少阻力。从塔到管廊的管高标高要低于或高于管廊标高0.5～0.8m，视管口是低于或高于管架而定。塔至泵（或低于管廊的设备）的管路标高，取低于管廊标高 0.5～0.8m。

塔的受热情况复杂，塔和管路的直管长度大，热变形也大，所以在搭的配管时必须妥善处理热膨胀问题。塔顶管路（如蒸汽管、回流管等）都是热变形较大的沿塔下降的长直管，重量很大。为了防止管口受力过大，一般都在靠近管口的地方设固定支架（支架常焊在塔身上），在固定支架以下相隔 4.5～11m（$DN25～300$）设导向支架。热变形用自然热补偿吸收，即由较长的水平管吸收（形成二臂都很长的 L 形自然补偿器）。

5.2.5.7　管路布置图

管路布置设计的图样有管路布置图、蒸汽伴管系统布置图、管路轴测图（管段图）、管架图和管件图等，其中管路布置图是管路布置设计的主要图样。

（1）管路布置图的作用与内容　管路布置图又称管路安装图或配管图，它是管路施工安装的重要依据，也是管路布置设计的主要文件，这种图实际上是在设备布置图上添加管路及配件图形或标记而构成的。

管路布置图主要包括一组视图——按正投影原理画的一组表示车间（装置）的设备、建筑物简单轮廓以及管路、管件、阀门、仪表控制点等安装情况的平、立面剖视图；尺寸标注——注明管路及管件、阀门、控制点等的平面位置尺寸和标高，对建筑物轴线编号、设备位号、管段序号、控制点代号等进行的标注；方位标——表示管路安装的方位标；标题栏——注明图名、图号和设计阶段等。

（2）管路布置图的绘制步骤　确定管路布置图的视图配置及各视图的比例；确定图纸幅面；绘制视图；标注尺寸、编号及代号；绘制方位标；编制管口表、标题栏；校核与审定。

（3）管路布置图的绘制方法

a. 一般规定

① 图幅　一般采用 A0，比较简单的也可采用 A1 或 A2，同区宜采用同一种图幅。

② 比例　常用的比例为：1：30，也可以用 1：25 或 1：50，但同区或各分层应采用同一比例。

③ 尺寸单位　管路布置图中标注的标高、坐标以 m 为单位，小数点后取三数，至 mm 为止；其余尺寸一律以 mm 为单位，只注数字，不注单位。管子公称通径一律用 mm 表示。尺寸线始末应绘箭头。

④ 地面设计标高　地面设计标高为 EL 100.000m。

⑤ 图名　标题栏中的图名一般分成两行书写，上行写"管路布置图"，下行写"EL×××.××××"平面或"A—A、B—B……剖视等"。

⑥ 分区原则　对于较大车间，若管路平面布置图按所选定的比例不能在一张图纸上绘制完成时，需将装置分区进行管路设计。为了便于了解与查找分区情况，应绘制分区索引图。该图是利用设备布置图复印后添加用粗双点画线表示的分区界线，并注明该线坐标及各区编号而成的。

b. 视图的配置　管路布置图一般只绘制平面图。当平面图中局部表示不够清楚时，可绘制剖视图或轴测图，该剖视图或轴测图可画在管路平面布置图边界线以外的空白处（不允许在管路平面布置图内的空白处再画小的剖视图或轴测图），或绘在单独的图纸上。绘制剖视图时要按比例画，可根据需要标注尺寸。轴测图可不按比例，但应标注尺寸。剖视符号规定用 A—A、B—B……大写英文字母表示，在同一小区内符号不得重复。平面图上要表示所剖截面的剖切位置、方向及编号。

对于多层建筑物、构筑物的管路平面布置图应按层次绘制，如在同一张图纸上绘制几层平面图时，应从最低层起，在图纸上由下至上或由左至右依次排列，并于各平面图下注明"EL100.000 平面"或"EL×××.×××平面"。

c. 视图的表示方法

① 建筑物与构筑物　应按比例，根据设备布置图画出柱、梁、楼板、门、窗、楼梯、操作台、安装孔、管沟、箅子板、散水坡、管廊架、围堰、通道等。按比例用细实线标出电缆托架、电缆沟、仪表电缆盒、架的宽度和走向。生活间及辅助间应标出组成和名称。

用细实线按比例以设备布置图所确定的位置画出设备的简略外形和基础、平台、梯子（包括梯子的安全护圈）。

在管路布置图上的设备中心线上方标注与流程一致的设备位号，下方标注支承点的标高（如 POS EL×××.×××）或主轴中心线的标高（如 ₵ EL×××.×××）。剖视图上的设备位号注在设备近侧或设备内。按设备布置图标注设备的定位尺寸。

按设备图用 5mm×5mm 的方块标注设备管口符号，以及管口定位尺寸由设备中心至管口端面的距离，如图 5-41 所示。

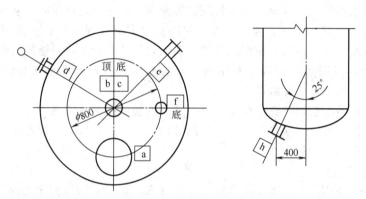

图 5-41　设备管口符号标注示意图

按产品样本或制造厂提供的图纸标注泵、压缩机、涡轮机及其他机械设备的管口定位尺寸（或角度），并给定管口符号。

按比例画出卧式设备的支撑底座，并标注固定支座的位置，支座下如为混凝土基础时，应按比例画出基础的大小，不需标注尺寸。

对于立式容器，还应表示出裙座人孔的位置及标记符号。

对于工业炉，凡是与炉子平台有关的柱子及炉子外壳和总管联箱的外形、风道、烟道等均应表示出来。

② 管路　管路布置图上应绘出所有工艺物料管路和辅助管路（包括开车、停车及事故处理时的备用管路）。公称通径（DN）≥400mm 或 16″（即 16in，1in＝0.0254m）的管路用双线表示；≤350mm 或 14″的管路用单线表示。如果管路布置图中，大口径的管路不多时，则公称通径（DN）≥250mm 或 10″的管路用双线表示；≤200mm 或 8″的管路用单线表示。

在适当位置画箭头表示物料流向（双线管路箭头画在中心线上）。

按比例画出管路及管路上的阀门、管件（包括弯头、三通、法兰、异径管、软管接头等连接件）、管路附件、特殊管件等。

各种管件连接型式如图 5-42 所示，焊点位置应按管件长度比例画。标注尺寸时，应考虑管件组合的长度。

管路公称通径≤50mm 或 2″的弯头，一律用直角表示。

连接型式：螺纹或承插焊件

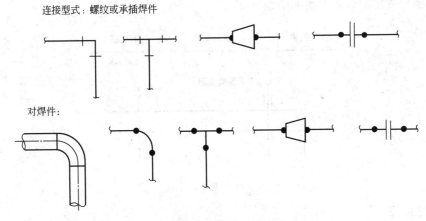

对焊件：

图 5-42　各种管件连接型式

管路等级后面应加保温、保冷代号。

管路的检测元件在管路平面布置图上用直径 10mm 的圆圈表示，圆内填写检测元件的符号与编号。在检测元件的平面位置用细实线和圆圈连接起来。

按比例用细点画线表示就地仪表盘、电气盘的外轮廓及所在位置，但不必标注尺寸，避免与管路相碰。

各种管路、管件、检测元件等表示方法参见标准 HG 20519.32—92。

当几套设备的管路布置完全相同时，允许只绘一套设备的管路，其余可简化为方框表示，但在总管应绘出每套支管的接头位置。

管路布置图上用双点画线按比例表示重型或超限设备的"吊装区"或"检修区"及换热器抽芯的预留空地，但不标注尺寸，如图 5-43 所示。

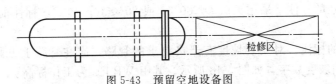

图 5-43　预留空地设备图

对分析取样接口应画至根部阀，并标注符号，如图 5-44 所示。

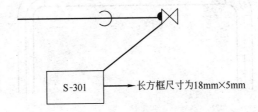

图 5-44　分析取样接口示意图

对放空及排液的表示法，如图 5-45 所示。

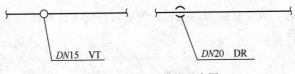

图 5-45　放空及排液示意图

③ 支架　支架的表示方法如图 5-46 所示。

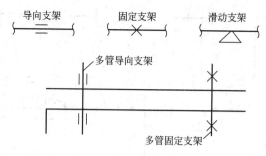

图 5-46　支架表示法

d. 尺寸标注

① 定位尺寸的标注　在管路布置图中的管路定位尺寸以建筑物的轴线、设备中心线、设备管口中心线、区域界线（或接续图分界线）等作为基准进行标注。管路定位尺寸也可以用坐标的形式表示。

② 管路安装高度的标注　在管路上方标注（双线管路在中心线上方）介质代号、管路编号、公称通径、管路等级及隔热型式，下方标注管路标高（标高以管路中心线为基准时，只需标注数字，如 EL×××.×××；以管底为基准时，在数字前加注管底代号，如 BOP EL×××.×××），如图 5-47 所示。

$$\xrightarrow{\dfrac{\text{SL 1305-100-B1A (H)}}{\text{EL}\times\times\times.\times\times\times}}\qquad\xrightarrow{\dfrac{\text{SL 1305-100-B1A (H)}}{\text{BOP EL}\times\times\times.\times\times\times}}$$

图 5-47　管路安装高度标注

介质代号、管路编号、公称通径、管路等级、隔热型式代号等规定见第 2 章有关内容。

③ 异径管管径的标注　采用类似 $DN80/50$ 或 80×50 的形式，标注前后端管子的公称通径。

④ 管路坡度的标注　对安装坡度有严格要求的管路，应在管路上方画出细实线箭头，指出坡向，并注明坡度数字，如图 5-48 所示。其中 WP EL 为工作标高。

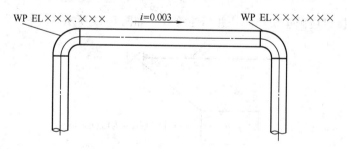

图 5-48　管路坡度的标注

其他标注及管路布置图参见 HG 20519.11—92 中的规定及图样。

5.2.5.8　管路保温与管路标志

在化工生产中，为了减少管路的热损耗，创造较好的工作环境，一般在热管路外包裹绝热材料，进行管路的保温。

（1）保温材料

a. 选择保温材料

选择保温材料原则要求如下。

① 热导率低　保温材料在平均温度低于 350℃时，热导率不得大于 0.12W/(m·℃)；保冷材料在平均温度低于 27℃时，热导率不得大于 0.064W/(m·℃)。

② 材料密度合适　保温硬质材料密度一般不得大于 300kg/m³；软质或半硬质材料密度不得大于 220kg/m³；保冷材料密度不得大于 220kg/m³。

③ 有一定强度　耐振动硬质材料抗压强度不得小于 0.4MPa；保冷硬质材料抗压强度不得小于 0.15MPa。

④ 吸水率小　保温材料的质量含水率不得大于 7.5%；保冷材料的质量含水率不得大于 1%；用于直埋管路的保温材料，其含水率小于 3%。

⑤ 温度　保温材料的允许最高或最低使用温度要高于或低于流体温度，同时，要耐燃烧。

⑥ 稳定　化学稳定性好。

⑦ 便宜　价格低廉、施工方便。

常用保温材料的性能见表 5-12。

表 5-12　常用保温材料的性能

材料名称	密度/(kg/m³)	热导率/[W/(m·℃)]	极限使用温度/℃	最高使用温度/℃
硅酸钙制品	170～240	0.055～0.064	约 650	550
泡沫石棉	30～50	0.046～0.059	−50～500	
岩棉矿渣棉制品	60～200	0.044～0.049	−200～600	600(原棉)
玻璃棉	40～120	≤0.044	−183～400	300
普通硅酸铝纤维	100～170	0.046	约 850	
膨胀珍珠岩散料	80～250	0.053～0.075	−200～850	
硬质聚氨酯泡沫塑料	30～60	0.0275	−180～100	−65～80
酚醛泡沫塑料	30～50	0.035	−100～150	

b. 保温层的厚度　保温层的厚度计算比较复杂，一般可以根据保温材料、热导率、介质温度及管径来确定。也可以参照表 5-13 进行选择。

表 5-13　一般管路保温层厚度的选择

保温材料的热导率/[W/(m·℃)]	流体温度/℃	不同管路直径的保温层厚度/mm				
		<50mm	60～100mm	125～200mm	225～300mm	325～400mm
0.087	100	40	50	60	70	70
0.093	200	50	60	70	80	80
0.105	300	60	70	80	90	90
0.116	400	70	80	90	100	100

（2）管路保温措施　温度是化工生产中需要控制的一个主要参数。要确定一个合适的输送温度，仅采用保温材料仍不能满足要求时，必须在设计中考虑采用套管或伴热管来达到保温的目的。

保温形式的选择主要取决于输送介质的凝固点。

在套管中的载热体可以是热水、饱和蒸汽等。

（3）管路标志　在化工厂中往往把管路外壁涂上各种不同颜色的油漆。这里的油漆一是用来保护管路外壁不受环境腐蚀外，同时，也用来区别化工管路的类别，使人们醒目地知道管路中输送的是什么介质，这就是管路的标志。现管路涂色标志无统一规定，一般常用的管路涂色标志如表 5-14 所示。

表 5-14 常用管路涂色标志

介 质 名 称	涂 色	管路注字名称	注字颜色
工业水	绿	上水	白
井水	绿	井水	白
生活水	绿	生活水	白
过滤水	绿	过滤水	白
循环上水	绿	循环上水	白
循环下水	绿	循环下水	白
软化水	绿	软化水	白
清净下水	绿	净下水	白
热循环水（上）	暗红	热水（上）	白
热循环回水	暗红	热水（回）	白
消防水	绿	消防水	红
消防泡沫	红	消防泡沫	白
冷冻水（上）	淡绿	冷冻水	红
冷冻回水	淡绿	冷冻回水	红
冷冻盐水（上）	淡绿	冷冻盐水（上）	红
冷冻盐水（回）	淡绿	冷冻盐水（回）	红
低压蒸汽（绝）<1.3MPa	红	低压蒸汽	白
中压蒸汽（绝）1.3～4.0MPa	红	中压蒸汽	白
高压蒸汽（绝）4.0～12.0MPa	红	高压蒸汽	白
过热蒸汽	暗红	过热蒸汽	白
蒸汽回水冷凝液	暗红	蒸汽冷凝液（回）	绿
废弃的蒸汽冷凝液	暗红	蒸汽冷凝液（废）	黑
空气（工艺用压缩空气）	深蓝	压缩空气	白
仪表用空气	深蓝	仪表空气	白
氧气	天蓝	氧气	黑
氢气	深绿	氢气	红
氮（低压气）	黄色	低压氮	黑
氮（高压气）	黄色	高压氮	黑
仪表用氮	黄色	仪表用氮	黑
二氧化碳	黑	二氧化碳	黄
真空	白	真空	天蓝
氨气	黄	氨	黑
液氨	黄	液氨	黑
氨水	黄	氨水	绿
氯气	草绿	氯气	白
液氯	草绿	液氯	白
纯碱	粉红	纯碱	白
烧碱	深蓝	烧碱	白
盐酸	灰	盐酸	黄
硫酸	红	硫酸	白
硝酸	管本色	硝酸	蓝
醋酸	管本色	醋酸	绿
煤气等可燃气体	紫色	煤气（可燃气体）	白
可燃液体（油类）	银白	油类（可燃液体）	黑
物料管路	红	按管路介质注字	黄

5.2.6 拓展知识——管路轴测图的绘制

参照的标准：HG 20519.13—92

本规定提供地上管路的预制、安装用的管通轴测图（即空视图）的画法；对于衬里管路、夹套管路、异形管路，按国家标准机械制图的图样画法（CBI 28—74）绘制管段和管件图。

5.2.6.1 图面表示

a. 管路轴测图按正等轴测投影绘制。管路的走向按方向标（见图 5-49）的规定，这个方向标的北（N）向与管路布置图上的方向标的北向一致。

b. 图中的文字除规定的缩写词（见设计规定 HG 20519.27—92）用英文字母外，其他用中文。

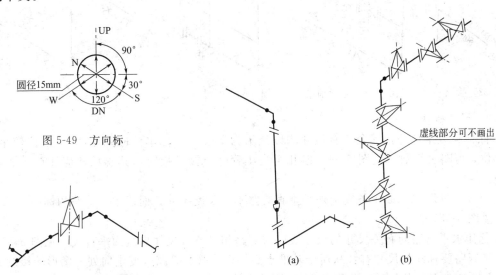

图 5-49 方向标

图 5-50 阀门、管件的比例

图 5-51 垂直法兰、螺纹连接及阀门手轮表示方法

c. 管路轴测图在印好格式的纸上绘制、图侧附有材料表。对所选用的标准件的材料，应当符合管路等级和材料选用表的规定。

d. 小于和等于 $DN50$ 的中、低压碳钢管路，小于和等于 $DN20$ 的中、低压不锈钢管路，小于和等于 $DN6$ 的高压管路，一般可不绘制轴测图，但同一管路有两种管径的，如控制阀组、排液管、放空管等则例外，可随大管绘出相连接的小管。

对上述允许不绘轴测图的管路，如因管路布置图中对螺纹或承插焊管件或其他管件的位置表示不清楚需要用轴测图表示时，则这部分小管也应绘轴测图。另外对上述允许不绘轴测图的管路，如带有扩大的孔板直管段，则应画管路轴测图。

对于不绘轴测图的管路，则应编写管段表（管段表格式见 HG 20519.15—92）。

e. 管路轴测图不必按比例绘制，但各种阀门、管件之间比例要协调，它们在管段中的位置的相对比例也要协调，如图 5-50 中的阀门，应清楚地表示它是紧接弯头而离三通较远。

f. 管路轴测图图线的宽度见设计规定 HG 20519.28—92。管路、管件、阀门和管路附件的图例见 HG 205199.33—92。

g. 管路上的环焊缝以圆点表示。水平走向的管段中的法兰画垂直短线表示，见图 5-50。垂直走向的管段中的法兰，一般是画与邻近的水平走向的管段相平行的短线表示，见图 5-51(a)。

h. 螺纹连接与承插焊连接均用一短线表示，在水平管段上此短线为垂直线，在垂直管段上，此短线与邻近的水平走向的管段相平行，见图 5-51(a)。

i. 阀门的手轮用一短线表示。短线与管路平行。阀杆中心线按所设计的方向画出，见图 5-51(b) 与图 5-67。

j. 管路一律用单线表示。在管路的适当位置上画流向箭头。管路号和管径注在管路的上方，水平向管路的标高"EL"注在管路的下方，见图 5-52。不需注管路号和管径仅需注标高时，标高可注在管路的上方或下方，见图 5-58。

k. 在碳钢管路的轴测图中不得包括合金钢或要进行冲击试验的碳钢管段；反之也一样。同样材料的短支管、管件和阀门，即使它们的管路号和总管不同，接于总管上的，均应画在总管的轴测图中，见图 5-53。

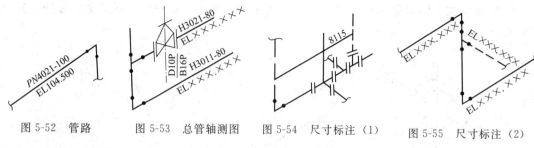

图 5-52　管路　　　图 5-53　总管轴测图　　　图 5-54　尺寸标注（1）　　　图 5-55　尺寸标注（2）

5.2.6.2　尺寸标注

a. 除标高以米计外，其余所有尺寸均以毫米为单位（其他单位的要注明），只注数字，不注单位，可略去小数，见图 5-54。但几个高压管件直接相接时，其总尺寸应注至小数点后一位。

b. 除 4.0.4 与 8.0.2.1 条规定外，垂直管路不注长度尺寸，而以水平管路的标高"EL"表示，见图 5-55。

c. 标注水平管路的有关尺寸的尺寸线应与管路相平行。尺寸界线为垂直线，见图 5-56。

水平管路要标注的尺寸有：从所定基准点到等径支管、管路改变走向处、图形的接续分界线（见 3.0.2 条）的尺寸，如图 5-56 中的尺寸 A、B、C。基准点尽可能与管路布置图上的一致，以便于校对。

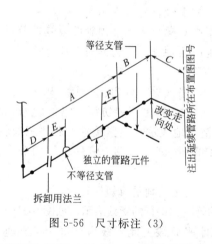

图 5-56　尺寸标注（3）

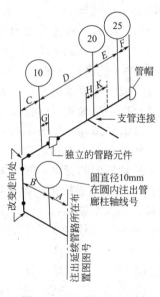

图 5-57　尺寸标注（4）

要标注的尺寸还有：从最邻近的主要基准点到各个独立的管路元件如孔板法兰、异径管、拆卸用的法兰、仪表接口、不等径支管的尺寸，如图 5-56 中的尺寸 D、E、F。这些尺寸不应注封闭尺寸。

d. 对管廊上的管路，要标注的尺寸有：从主项的边界线、图形的接续分界线、管路改变走向处、管帽或其他形式的管端点到管路各端的管廊支柱轴线和到用以确定支管线或管路元件位置的管廊其它支柱轴线的尺寸，如图 5-57 中的尺寸 A、B、C、D、E、F。

要标注的尺寸还有：从最近的管廊支柱轴线到支管或各个独立的管路元件的尺寸，如图 5-57 中的尺寸 G、H、K。这些尺寸不应注封闭尺寸。

与标注上述尺寸无关的管廊支柱轴线及其编号，图中不必表示。

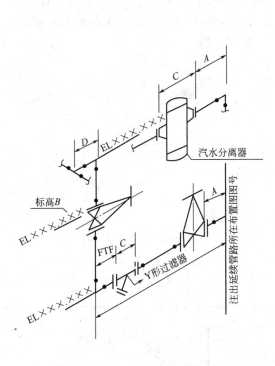

图 5-58 尺寸标注（5）

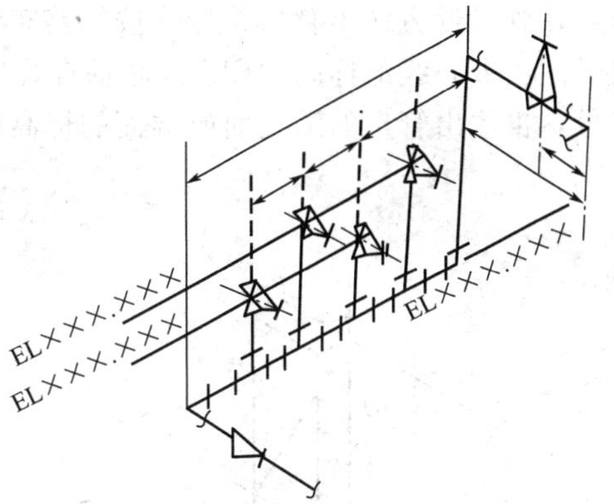

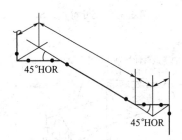

图 5-59 尺寸标注（6）

图 5-60 尺寸标注（7）

e. 管路上带法兰的阀门和管路元件的尺寸注法：

注出从主要基准点到阀门或管路元件的一个法兰面的距离，如图 5-58 中的尺寸 A 和标高 B；

对调节阀和某些特殊管路元件如分离器和过滤器等，需注出它们法兰面至法兰面的尺寸（对标准阀门和管件可不注），如图 5-58 中的尺寸 C；

管路上用法兰、对焊、承插焊、螺纹连接的阀门或其他独立的管路元件的位置是由管件与管件直接相接（FTF）的尺寸所决定时，不要注出它们的定位尺寸，如图 5-58 中的 Y 形过滤器；

定型的管件与管件直接相接时，其长度尺寸一般可不必标注，但如涉及至管路或支管的位置时，也应注出，如图 5-58 中的尺寸 D。

f. 螺纹连接和承插焊连接的阀门，其定位尺寸在水平管路上应注到阀门中心线，在垂直管路上应注阀门中心线的标高"EL"，见图 5-59。

g. 偏置管（offset）尺寸的注法：

不论偏置管是垂直的还是水平的，对非 45°的偏置管，要注出两个偏移尺寸而省略角度；对 45°的偏置管，要注出角度和一个偏移尺寸，见图 5-60；

对立体的偏置管，要画出三个坐标轴组成的六面体，便于识图，见图 5-61。

h. 偏置管跨过分区界线时，其轴测图画到分界线为止。但延续部分要画虚线进入邻区，直到第一个改变走向处或管口为止。这样，就可注出整个偏置管的尺寸，见图 5-62。这种方法是用于两张轴测图互相匹配时。

i. 为标注管路尺寸的需要，应画出容器或设备的中心线（不需画外形），注出其位号，如图 5-63 右上角所示，若与标注尺寸无关时，可不画设备中心线。

j. 为标注与容器或设备管口相连接的管路的尺寸，对水平管口应画出管口和它的中心线，在管口近旁注出管口符号（按管路布置图上的管口表），在中心线上方注出设备的位号，同时注出中心线的标高"EL"；对垂直管口应画出管口和它的中心线，注出设备位号和管口符号，再注出管口的法兰面或端面的标高"EL"，见图 5-63。

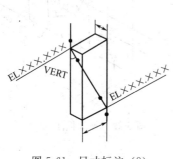

图 5-61　尺寸标注（8）

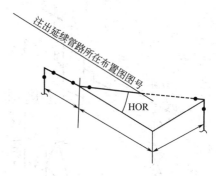

图 5-62　尺寸标注（9）

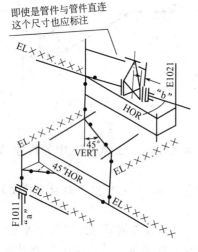

图 5-63　尺寸标注（10）

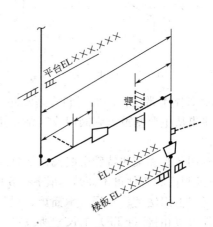

图 5-64　尺寸标注（11）

k. 要表示出管路穿过的墙、楼板、屋顶、平台。对墙应注出它与管路的关系尺寸；对楼板、屋顶、平台，则注出它们各自的标高，见图 5-64。

l. 不是管件与管件直连时，异径管和锻制异径短管一律以大端标注位置尺寸。见图 5-64。

5.2.6.3　图形接续分界线，延续管路和管路等级分界

a. 管路横穿主项边界，边界线用细的点画线表示，在其外侧注"B.L"，见图 5-65 左侧。

b. 管路从一个区到另一个区，在交界处画细的点画线作为分界线，线外侧应注出延续部分所在管路布置平面图的图号（不是轴测图图号）。延续管路给出一小段虚线，注明管路号和管径及其轴测图图号，见图 5-65 左侧。

c. 比较复杂的管路分成两张或两张以上的轴测图时，常以文管连接点、法兰、焊缝为分界点，界外部分用虚线画出一段，注出其管路号、管径和轴测图图号，但不要注多余的重复数据，避免在修改过程中发生错误，见图 5-65 左侧。

d. 一根管路在同区内跨两张布置图而其轴测图又绘在一起时，在轴测图上要将布置图的交接点表示出来，交接点处画细点画线，线的两侧分别注出布置图的图号，不给定位尺寸，见图 5-66。

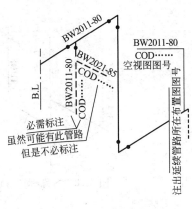

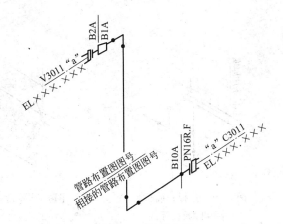

图 5-65　管路分界　　　　　　　　　图 5-66　图形分界

e. 要表示出流程图和其他补充要求的全部管路等级的分界点，在分界点两侧分别注出管路等级。其他补充要求是指某一等级的管路上与设备管口、调节阀、安全阀（因这些管口、调节阀、安全阀的法兰与其相连接的管路的等级不同）相连接的法兰或管件的等级，如图 5-66 左上角所示。在设计规定以外的某些特殊法兰（如与压缩机等机械相连接的法兰），在等级分界点注出法兰的压力级和法兰面形式，如图 5-66 右下角所示。

5.2.6.4　方位和偏差

a. 所有用法兰、螺纹、承插焊和对焊连接的阀门的阀杆应明确表示方向。如阀杆不是在 N（北）、S（南）、E（东）、W（西）、UP（上）、DN（下）方位上，应注出角度，见图 5-67。

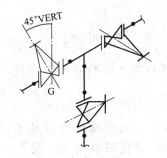
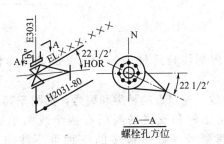
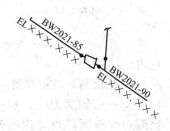

图 5-67　方位角度　　　图 5-68　螺栓孔方位在轴测图上的表示　　　图 5-69　偏心异径管标注

b. 设备管口法兰的螺栓孔的方位，有特殊要求（如不是跨中布置）时，应在轴测图上表示清楚，见图 5-68。并核对设备条件。

c. 管路上的偏心异径管，一般是注出异径管两端管路的中心线标高"EL"，不必注"POB"或"FOT"等说明，见图 5-69。

d. 安装在垂直或水平管路上的孔板、插板、8 字形盲通板，均需注出它们并包括垫片在内厚度尺寸，见图 5-70。

e. 只有一个垫片的法兰接头，不需注出垫片（不论是哪种型式）的厚度，按图 5-71 标注尺寸。

5.2.6.5　装配用的特殊标记

a. 下述管件必须用规定的缩写词在轴测图中注出：短半径无缝弯头、管帽（焊接管帽、螺纹管帽、承插焊管帽）、螺纹法兰、螺纹短管、管接头、堵头、活接头。见图 5-72。

如一张轴测图中相同的管径有几种不同形式的法兰，为避免安装错误，应在法兰近旁注明法兰的类型。

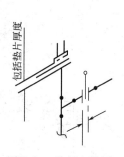

图 5-70 孔板、插板、
8 字形盲通板标注

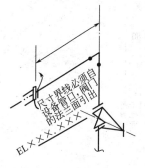

图 5-71 只有一个垫片
的法兰接头标注

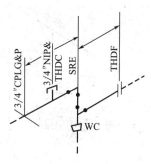

图 5-72 特殊标记（1）

b. 注出斜接弯头（虾米腰弯头）的角度和焊缝条数，见图 5-73。

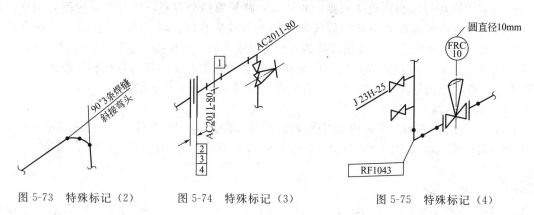

图 5-73 特殊标记（2）　　图 5-74 特殊标记（3）　　图 5-75 特殊标记（4）

c. 在 5mm×5mm 万格内标注特殊件的编号，见图 5-74。材料列在材料表的特殊件栏内。

d. 注出与管路布置图一致的控制点的种类和编号，见图 5-75。

e. 一张轴测图中，相同品种和规格的阀门有两个或两个以上，且所选用的型号不同时，应在阀门近旁注出其型号（数量最多的一种可不注出），以免安装错误。见图 5-75。

f. 注出直接焊在管路上的管架的编号，该编号应与管架表中的编号一致，见图 5-75 左下角。管架材料不列入轴测图的材料表中。

g. 弯管应画圆弧，并注出弯曲半径，例如弯曲半径为 5 倍管子公称通径的弯管标注 $R=5D$。对无缝或冲压弯头（$R \leqslant 1.5D$）可画成角形，并表示出焊缝，见图 5-76。

h. 组合附件（如软管接头）和承插焊、管座、螺纹管座、异径管等按特殊件画标记并编号，见图 5-77 和图 5-78。

i. 不同形式的短管端部都应用缩写词注明，必要时注出端面的标高。如图 5-78 左下角。

5.2.6.6 流量计孔板法兰

a. 孔板的双压管方位，可用图 5-79 中 E～H 的注法。

b. 孔板所需直管段延伸进入同区的另一张管路布置图或另一区域时，必须在两者间保持直管段的总长，其表示法与尺寸注法如图 5-80(a) 所示。

c. 安装有孔板扩径的直管段，其尺寸注法如图 5-80(b) 所示。

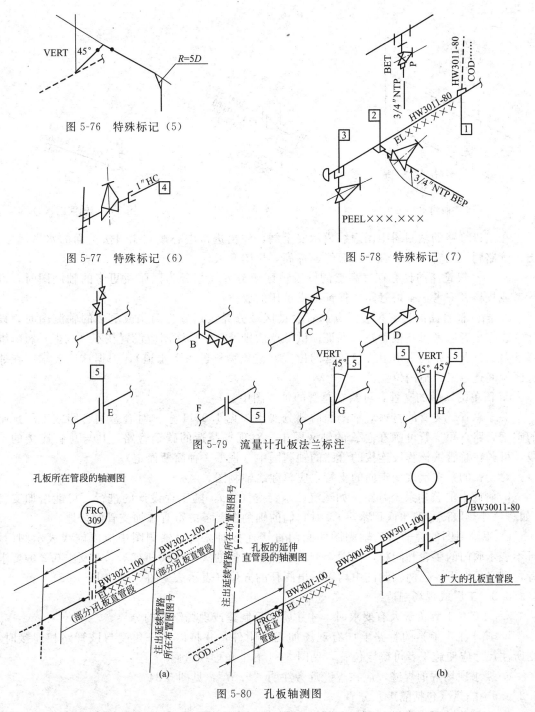

图 5-76　特殊标记（5）

图 5-77　特殊标记（6）

图 5-78　特殊标记（7）

图 5-79　流量计孔板法兰标注

图 5-80　孔板轴测图

5.2.6.7　轴测图的划分

a. 当管路从异径管处分为两张轴测图绘制时，异径管要画在大管的轴测图中，在小管的轴测图中则以虚线表示该异径管，见图 5-81。

b. 安全阀的进、出口管路分为两张轴测图绘制时：

在入口管路的轴测图用实线表示安全阀，标注入口法兰面到出口中心线的垂直尺寸，以出口中心线作为管路等级分界线并在其两边注出管路等级。出口管路画一段虚线并标注管路号、管径、标高和它所在的轴测图图号，见图 5-82。

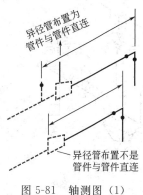

图 5-81　轴测图（1）

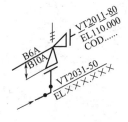

图 5-82　轴测图（2）

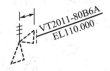

图 5-83　轴测图（3）

在出口管路的轴测图中用虚线表示安全阀，注出进口中心线到出口法兰面的水平尺寸。出口管路则注出管路号、管径、等级、标高，见图 5-83。

c. 当一根管路的具有存气高点的管段被区域分界线划分为两张或更多的轴测图时，设计者或校核者应考虑整根管路，保证提供试压的放空口。

d. 当一根管路的具有积液低点的管段被区域分界线划分为两张或更多的轴测图时，设计者或校核者应考虑整根管路，保证提供低点的排液口。排液图应设置在不（或少）影响维修管路的位置或距离下水道入口较远的位置（避免物科进入下水道），根据这些要求。在邻近区域间选定最合适的位置。

e. 简单的、短的支管，可绘在总管的轴测图中。

关于总管、支管的材料对轴测图的划分要求，见 1.0.11 条。对合金钢管路或工厂预制的碳钢管路，短支管可画在总管的轴测图中。对现场制造的碳钢管路，其与总管连接的一段，可画在总管或该管段连接的管路的轴测图中（视哪一种简便而定）。

对于长的并多次改变走向的支管，应单独绘轴测图。

f. 管廊上的公用系统管路（如蒸汽、水、空气等），随工程设计的进行，可能增加支管（如蒸汽伴热取汽、疏水阀回水等）。对它们的轴测图要考虑留有添加支管的余地。

g. 甲轴测图的管子与乙轴测图的阀门直接连接时，在甲轴测图中应以虚线表示阀门，可不表示阀门的手轮和阀杆，见图 5-84。但法兰连接的阀门的阀杆有 4.0.1 及 4.0.2 的要求者，则必须在甲、乙两轴测图中均表示出阀杆的方位（表示法见图 5-67 和图 5-68）。

5.2.6.8　工厂或现场制造

a. 只有在工程负责人有要求时，才注明工厂制造或现场制造的分界。

b. 属于工厂制造的管路上如有现场加工的附件，并将以某一角度与该管路相连接时，则所注尺寸应使施工者可确定位置，见图 5-84 右上角虚线管路。

c. 要求现场焊的焊缝，应在焊缝近旁注明"F. W"，见图 5-84。

5.2.6.9　隔热（包括隔声）分界

a. 在管路的不同类型的隔热分界处和隔热与不隔热的分界处应标注隔热分界，在分界点两侧注出各自的隔热类型或是否隔热。如果分界处是与某些容易识别的部位（如法兰或管件端部）一致时，则可只表示隔热分界，不表示定位尺寸，见图 5-85。

b. 输送气体的不隔热管路与隔热管路连接，以最靠近隔热管路的阀门或设备（管路附件）处定为分界，见图 5-85。

c. 输送液体的不隔热管路与隔热管路连接，以距离热管路 1000mm 或第一个阀门处为分界，取两者中较近者，见图 5-86。

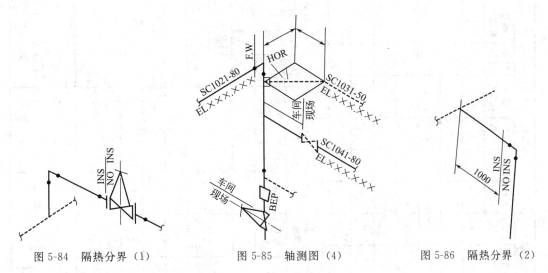

图 5-84　隔热分界（1）　　　　图 5-85　轴测图（4）　　　　图 5-86　隔热分界（2）

d. 对于人身保护的隔热的分界点，不在轴测图中表示。这种类型隔热的形式和要求，由设计与生产单位在现场决定。

5.2.6.10　限流孔板

a. 装在管路法兰间的限流孔板，其表示方法见图 5-87。

b. 装在管路内的限流孔板，其表示方法见图 5-88。这类限流孔板一般是成组的（即孔板数在两块或两块以上），作为"特殊件"编一个号，在材料表的名称规格栏填"限流孔板组"，材料栏不填，数量栏填"1 套"，标准号或图号栏填该组孔板的组装图图号。

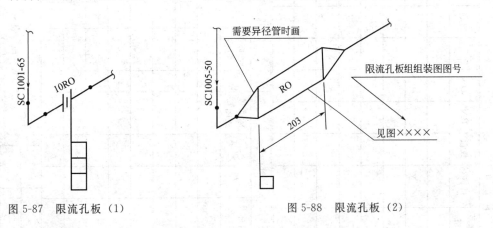

图 5-87　限流孔板（1）　　　　　　　　图 5-88　限流孔板（2）

5.2.6.11　轴测图上的材料表填写要求

a. 垫片应按法兰的公称压力 PN 和公称通径 DN 填写相应的代号，见 HG 20519.39—92，密封代号见 HG 20519.40—92。不需要填写垫片的具体规格尺寸。

b. 特殊长度螺柱，将长度填写在特殊长度栏内。填写螺柱、螺母数量时，应优先选用按法兰的连接套数计。

c. 非标准的螺栓、螺母、垫片，填写在特殊件栏内。

d. 隔热栏内，按设计规定 HG 20519.30—92 填写代号。

e. 轴测图上的材料表有两种格式：

用于手工统计材料，螺柱栏内填写螺柱的具体数量，见表 5-15；

用于计算机统计材料，螺柱螺母栏内填写法兰的连接套数，见表 5-16。

表 5-15　轴测图上的材料表（1）

管段号	起止点		管路等级	设计压力/MPa	设计温度/℃	管子			法兰						垫片(PN,DN同法兰)				螺柱及螺母					
	起点	终点				名称及规格	材料	数量	PN	DN	密封形式	材料	数量	标准号或图号	代号	厚度	密封代号	数量	螺柱规格	螺柱材料	螺柱个数	螺柱标准号	螺母材料	螺母标准号

管段表（表1）

管段号	阀门				管件				特殊件					施工技术要求				隔热及防腐		试压介质	所在管路布置图图号
	名称与规格	材料	数量	标准号或图号	名称及规格	材料	数量	标准号或图号	件号	名称及规格	材料	数量	标准号或图号	应力消除	清洗	坡口形式	检验等级	隔热代号	是否防腐		

工程名称：

设计项目：

专业

编制					第　　页	共　　页
校核						
审核				年		

表 5-16　轴测图上的材料表（2）

管段号	起止点		管路等级	设计压力/MPa	设计温度/℃	管子				法兰					垫片（PN,DN同法兰）			螺柱及螺母			所连接法兰		套数	特殊长度
	起点	终点				名称及规格	材料	数量	PN DN	密封形式	材料	数量	标准号或图号	代号	厚度	密封代号	数量	螺柱材料	螺母材料	PN	DN		

管段表（表2）

管段号	阀门					管件				特殊件					施工技术要求					隔热及防腐		试压介质	所在管路布置图图号
	名称与规格	材料	数量	标准号或图号		名称及规格	材料	数量	标准号或图号	件号	名称及规格	材料	数量	标准号或图号	应力消除	清洗	坡口形式	检验等级		隔热代号	是否防腐		

工程名称：
设计项目：

编制
校核　　　　专业
审核　　年　　　　　第　页　共　页

6

顺丁橡胶(BR)聚合车间工艺设计初步设计阶段说明编制内容、格式的审核

★ 总教学目的

通过对 BR 车间初步工艺设计说明书中初步设计说明书编制的内容进行审核，使学生掌握初步设计说明书编写的过程、步骤、方法。

★ 总能力目标

- 能够对 BR 车间初步设计说明书的编制内容进行审核；
- 能够熟练地查阅各种资料，并加以汇总、筛选、分析。

★ 总知识目标

学习并初步掌握初步设计说明书的编制方法、步骤、要求。

★ 总素质目标

- 能够利用各种形式进行信息的获取；
- 在做事过程中如何与其他人员进行讨论、合作；
- 如何阐述自己的观点；
- 经济意识、环境保护意识、安全生产意识。

★ 总实施要求

- 各组可以按思维导图提示的内容展开；
- 注意分工与协作；
- 注意全面系统考虑问题、处理问题。

6.1 项目分析

6.1.1 需要审核的具体内容——顺丁橡胶（BR）聚合车间工艺设计初步设计阶段说明书编制内容、格式的审核

附：初步设计说明书目录

　　一、概述

　　（一）设计原则

　　（二）车间组成

　　（三）生产制度

二、原料、产品和物理化学性质及技术指标

（一）原料的物理化学性质及技术指标

（二）顺丁橡胶的物理化学性质及技术指标

三、车间危险性物料主要物性

四、生产流程

（一）生产流程简述

（二）操作控制指标

（三）安全防护措施

五、工艺计算与主要设备选型

（一）物料衡算

（二）热量衡算

（三）设备计算及选型

六、原材料、动力消耗定额及消耗量

七、生产控制分析

八、定员

九、三废治理

十、其他

十一、设计说明书的附图和附表

（一）附图

（二）附表

十二、设计参考资料（参见本书 244 页）

6.1.2　项目分析——思维导图

　　针对顺丁橡胶（BR）生产工艺设计初步说明书的全部内容，建议按图 6-1 思维导图的

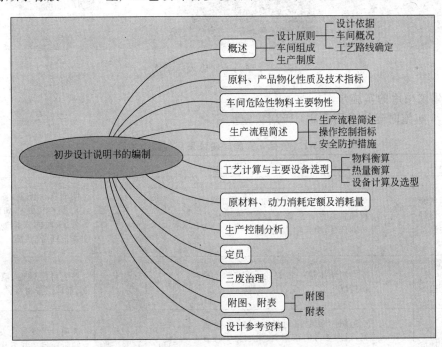

图 6-1　初步设计说明书的编制思维导图

提示对其进行重新细化。

6.2　项目实施

6.2.1　项目实施展示的画面

项目 6 实施展示的画面如图 6-2 所示。

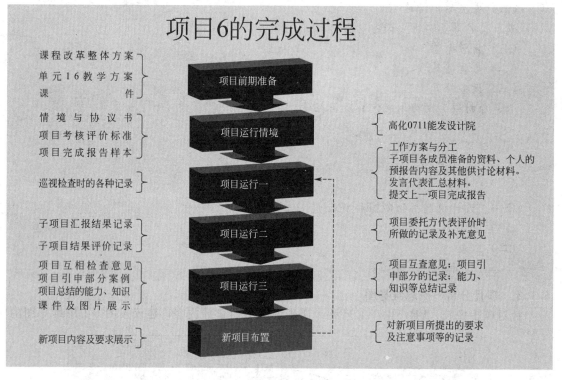

图 6-2　项目 6 实施展示画面

6.2.2　建议采用的实施步骤

项目 6 实施时建议采用表 6-1 所列实施步骤。

表 6-1　项目 6 实施时建议采用的实施步骤

步骤	名称	时间	指导教师活动与结果		学生活动与结果	
一	项目解释方案制订学生准备	提前1周	项目内涵解释、注意事项；提示学生按项目组制订工作方案，明确组内成员的任务；组长检查记录	审核任务检查记录	工作方案个人准备	明确项目任务，各项目组制订初步工作方案（如何开展、人员分工、时间安排等），并按方案加以准备、实施
二	第一次讨论检查	15min	组织学生第一次讨论，检查学生准备情况	检查记录	工作日记汇报提纲	各项目组讨论、填写工作日记、整理汇报材料
三	第一次发言评价	15min	组织学生汇报对各项目的审核意见，说明参考的依据，接受项目委托方代表的评价	实况记录初步评价	汇报提纲记录问题	各项目组发言代表汇报倾听项目委托方代表评价

续表

步骤	名称	时间	指导教师活动与结果			学生活动与结果
四	第一次指导修改	15min	针对汇报中出现的问题进行指导，提出修改性意见	问题设想实际问题	记录发言	学生以听为主，可以参加讨论，提出自己的想法
			设想的问题或思路： 初步设计说明书编制内容的审核 概述 →设计原则 →车间组成 →生产制度 原料及产品的主要技术规格 危险性物料主要物性 生产流程简述 →流程顺序 →操作指标 →贮存、运输 →安全 →操作方式 主要设备的选择与计算 →物料计算 →热量计算 →设备计算及选型 原材料、动力消耗定额及消耗量 生产控制分析 车间或工段定员 三废治理 产品成本估算 自控部分 概算 附图、附表 图号及编号			
五	第二次讨论修改	10min	巡视学生再次讨论的过程，对问题进行记录	记录问题	补充修改意见	学生根据指导教师的指导意见，对第一次汇报内容进行补充修改，完善第二次汇报内容
六	第二次发言评价	5min	组织进行第二次汇报 记录学生未考虑到的内容，并给出评价意见	记录评价意见	发言提纲记录	学生倾听项目委托方代表的评价，记录相关问题
七	第二次指导修改	5min	针对各项目组第二次汇报的内容进行第二次指导	记录结果未改问题	记录发言	学生以听为主，可以参加讨论，提出自己的想法，对局部进行修补，做好终结性发言材料
			按第一次指导的思路，对各项目组未处理问题加以指导			
八	第三次发言评价报告整理	8min	组织各项目发言代表对项目完成情况进行终结性发言，并对最终结果加以肯定性评价	记录结论	发言稿记录	各项目组发言代表做终结性发言，倾听指导教师的评价，同时，完善项目报告的相关内容
九	归纳总结	15min	项目完成过程总结 结合工艺设计说明书编写要求，展示教学课件对相关知识进行总结性解释。适当展示相关材料	总结提纲理论课件	记录领悟	学生以听为主，可以提出自己的观点，参加必要的讨论
十	新项目任务解释	3min	课外项目验收布置			

6.3　结果展示

结果展示主要采用 PPT 展示和项目报告的形式进行。其中 PPT 展示材料以电子稿形式上交，项目报告参考格式见子项目 1.1 项目报告样本。

6.4　考核评价

考核评价过程与内容与子项目 1.1 考核评价相同。

6.5　支撑知识——初步设计阶段的设计说明书编制

工艺专业初步设计阶段应编制的内容为：设计说明书和说明书的附图、附表。

6.5.1　设计说明书的编制内容

（1）概述

① 设计原则　说明设计依据、车间概况及特点、生产规模、生产方法、流程特点、主要技术资料和技术方案的决定，主要设备的选型原则等。

② 车间组成　说明车间组成、设计范围、车间布置的原则和特点等。

③ 生产制度　说明年操作日，连续和间歇生产情况以及生产班数等。

（2）原材料及产品（包括中间产品）的主要技术规格　主要技术规格按表 6-2 格式编制。

表 6-2　原材料、产品技术规格

序　号	名　称	规　格	分析方法	国家标准	备　注
1	2	3	4	5	6

（3）车间危险性物料主要物性表　这里的危险性物料系指决定车间（装置）区域或厂房防火、防爆等级以及操作环境中有害物质的浓度超过国家卫生标准而采取隔离、置换（空气）等措施的主要物料。具体按表 6-3 格式填写。

（4）生产流程简述　按生产工序叙述物料经过工艺设备的顺序及生成物的去向、主要操作控制指标，如温度、压力、流量、配比等。说明产品及原料的贮存、运输方式及有关安全措施和注意事项。对间歇操作须说明操作周期、一次加料量及各阶段的控制指标。

表 6-3　危险性物料的主要物性

序号	物料名称	相对分子质量	熔点/℃	沸点/℃	闪点/℃	燃点/℃	在空气中爆炸极限		国家标准	备注
							上限	下限		
1	2	3	4	5	6	7	8	9	10	11

（5）主要设备的选择与计算 对车间有决定性影响的设备（如反应器、压缩机等）的选用，应有技术可靠性和经济合理性论证。各主要设备应做必要的工艺计算；对非定型设备应以表格形式分类表示计算和选择的结果；对选定的设备填写技术特性表。同时，推荐各设备的制造厂等。

（6）原材料、动力消耗定额及消耗量

① 原材料消耗定额及消耗量 原材料消耗定额（以每吨产品计）及消耗量，见表6-4。

表 6-4 原材料消耗定额及消耗量

序 号	名 称	规 格	单 位	消耗定额	消耗量		备 注
					每小时	每年	
1	2	3	4	5	6	7	8

② 动力消耗定额及消耗量 动力（水、电、汽、气）消耗定额（以每吨产品计）及消耗量，见表6-5。

表 6-5 动力消耗定额及消耗量

序 号	名 称	规 格	使用情况	单 位	消耗定额	消耗量		备 注
						正常	最大	
1	2	3	4	5	6	7	8	9

表6-4、表6-5中消耗定额可按每吨100％分析纯产品计或每吨工业产品计。

（7）生产控制分析 格式见表6-6。

表 6-6 生产控制分析

序 号	取样地点	分析项目	分析方法	控制指标	分析次数	备 注
1	2	3	4	5	6	7

（8）定员 格式见表6-7。

表 6-7 车间或工段定员

序号	名 称	生产工人		辅助工人		管理人员	操作班次	轮休人员	合 计
		每班定员	技术等级	每班定员	技术等级				
1	2	3	4	5	6	7	8	9	10
	车间（或工段）补缺人员								
	车间（或工段）合计								

（9）三废治理 说明排放三废的性质、数量、排出场所以及排出物对环境的危害情况，提出三废治理措施及综合利用办法。三废排量及组成，见表6-8。

（10）产品成本估算 格式见表6-9。

（11）自控部分 这一部分由自控专业按初步设计的要求进行编写。主要说明自控特点和控制水平确定的原则、环境特征及仪表选型、动力供应及存在的问题等。

表 6-8 三废排量及组成

序号	废物名称	温度/℃	压力/Pa	排出点	排放量			组成及含量	国家排放标准	处理意见	备注
					单位	正常	最大				
1	2	3	4	5	6	7	8	9	10	11	12

表 6-9 产品成本估算

序号	名　称	单位	消耗定额	单价	成本	备注
1	2	3	4	5	6	7
一	原材料费					
	合计					
二	动力费					
	水					
	电					
	合计					
三	工资					定员××人
	合计					
四	车间经费					
	1. 折旧费					按××年折旧
	2. 修理费					按折旧费××%计
	3. 管理费					按 1、2 项之和××%计
	合计					
五	副产品及其它回收费					
	合计					
六	产品车间(装置)成本					

(12) 总概算书　按概算编制的规定编制出车间的总概算书，并编入说明书的最后部分。

(13) 存在问题及解决意见　说明设计中存在的主要问题，提出解决的办法和建议以及需要提请上级部门审批的重大技术方案问题。

6.5.2　设计说明书的附图和附表

(1) 物料流程图　参见图 2-5 (见插页)。

(2) 带控制点工艺流程图　参见图 6-3 (见插页)。

(3) 设备布置图　参见图 5-14 (见插页)。

(4) 主要设备设计总图　根据设计具体情况确定应作设备总图的主要设备，确定结构形式、材料选择、主要技术特性、操作条件等。

(5) 附表　包括表 6-2～表 6-9；还有设备一览表，并要求按容器类、塔类、换热器类、泵类等分别分项编写，设备位号要按流程顺序，分工序编写，表中项目参见表 6-10～表 6-13。

表 6-10 再沸器、换热器和冷却器 (E)

序号	流程编号	名称	介质	程数	温度/℃		压力(绝压)/MPa	流量/(kg/h)	平均温差/℃	热负荷/(kJ/h)	传热系数/[kJ/(m²·h·℃)]	传热面积/m²		型式	挡板间距/mm	备注
					进	出						计算	采用			
1	2	3	4	5	6	7	8	9	10	11	12	13	14	15	16	17	18
			管内													
			管间													
			管内													
			管间													

表 6-11　塔（T）

序号	流程编号	名称	介质	操作温度/℃		塔顶压力（绝压）/MPa	回流比	气体负荷/(m³/h)	液体负荷/(m³/h)	允许空塔线速/(m/s)	降液管停留时间/s	塔径/mm		塔板型式	塔板间距或填料高度/mm		塔板块数		塔高/mm	备注
				塔顶	塔底							计算	实际		计算	实际	计算	实际		
1	2	3	4	5	6	7	8	9	10	11	12	13	14	15	16	17	18	19	20	21

表 6-12　反应器（R）

序号	流程编号	名称	台数/台	型式	操作条件			体积流量/(m³/h)	空速（催化时）/(m³/m³)	催化装量/m³	装料系数	线速度/(m/s)	停留时间/min	规格		备注
					介质	温度/℃	压力（绝压）/MPa							内径×长度/mm×mm	容积/m³	
1	2	3	4	5	6	7	8	9	10	11	12	13	14	15	16	17

表 6-13　容器（V）

序号	流程编号	名称	台数/台	型式	操作条件			体积流量/(m³/h)	装料系数	线速度/(m/s)	停留时间/min 或贮存时间/d	规格		备注
					介质	温度/℃	压力（绝压）/MPa					内径×长度/mm×mm	容积/m³	
1	2	3	4	5	6	7	8	9	10	11	12	13	14	15

（6）图号及编排　对各种图表进行统一图号编排。编号的一般原则是：工程代号——设计阶段代号——主项代号——专业代号——专业内分类号——同类图纸序号。当各种表格装订成册后时，均放在说明之后，而全部图纸则装订在设计书的最后。

6.5.3　文件归档

所有设计文件的调查研究报告和计算书，在设计完成后均应整理归档。

6.6　拓展知识——化工工艺设计施工图的内容

化工工艺设计施工图是工艺设计的最终成品，主要包括设计说明、表格和图纸三部分内容，编制时主要依据标准 HG 20519.1—92 进行编制。

6.6.1　化工工艺设计施工图设计说明

化工工艺设计施工图设计说明由工艺设计、管路设计、隔热、隔声及防腐设计说明构成。参见标准 HG 20519.3—92。

（1）工艺设计说明

a. 设计依据　主要是说明施工图设计的任务来源和设计要求，内容包括施工图设计的委托书、任务书、合同、协议书等有关文件；初步设计的审批文件和修改文件；其他有关设计依据。

b. 工艺说明　依据初步设计审批文件和修改文件所作的化工工艺修改和补充部分的说明；施工图设计中对初步设计作的改进和调整部分的工艺说明；与工艺有关的施工说明和装置开、停车的原则说明。

c. 设计范围　负责设计的范围（如对合作设计或出口项目的设计范围加以说明）；装置设计的组成及单元或工程名称及代号。

（2）管路设计说明

a. 分区情况　包括各区编号；分区索引的图号；分区号与管路布置图号的对应关系。

b. 管路图表示法有关标准　包括图例符号；缩写词与其他。

c. 材料供应情况　包括引进设备的买卖双方材料供应范围；国内外采购的划分；管子的标准；单位设计范围内材料供应的技术文件号；材料供应的特殊要求。

d. 设备安装的注意事项　包括大型设计吊装需要说明的问题，如吊装顺序、要求等；设备进入厂房或框的特殊安装要求，如可拆梁、墙上留洞等；设备附件，如滑动板、弹簧座、保冷设备的垫木等；设备支架的位置、安装技术要求。

e. 管路预制及安装要求　包括管路施工规范的标准号、管路等级与分类；管路焊接的附加要求，如预热、焊后热处理、消除应力、焊接等级、异钢种焊接要求和规范等；管路安装的特殊要求，如冷紧、螺纹封焊带、临时用垫片等有关注意事项；伴热系统的安装（有关规定及标准号，防止物料管过热的措施及物料管段号）；特殊件的安装要求，如膨胀节、临时过滤器，防鸟网等；试压要求；埋地管线要求；非金属管路安装要求。

f. 管架　包括采用的管架标准；工厂预制件；小管路管架安装注意事项。

g. 静电接地　包括管路静电接地采用的标准图；哪些设备需要作静电接地。

h. 采用的国家及部颁标准　列出标准名称及标准号，说明标准应由施工单位自备。

（3）防腐设计说明

a. 涂漆的范围　主要指设备及管路外部涂漆；需要涂漆的设备及管路的材质类别；不需要涂漆的设备及管路的材质类别；转动设备的涂漆应在制造厂内完成；其他。

b. 采用的涂料名称（底面漆）。

c. 施工要求　底面漆配套；涂漆前的表面处理；涂漆的层数；施工规范标准号。

d. 涂漆的颜色　所依据的标准号及其他补充文件。

e. 埋地管路的外防腐。

f. 管路的内防腐。

6.6.2　化工工艺设计施工图设计用表格

（1）设备一览表（HG 20519.8—92）　根据设备订货分类要求，分别作出定型设备表、非定型设备表、机电设备表等，格式见表6-14～表6-16。

表 6-14　机电设备

设计单位名称	工程名称		机电设备表	编制			图号		
	设计项目			校对					
	设计阶段			审核			第　页		共　页
序号	流程图位号	名称	型号规格	技术条件	单位	数量	质量/t		价格/元		备注
							单位质量	总质量	单价	总价	

（2）设备地脚螺栓表（HG 20519.10—92）

（3）管段表及管路特性表（HG 20519.15—92）

（4）管架表（HG 20519.18—92）

（5）弹簧汇总表（HG 20519.19—92）

表 6-15 定型工艺设备

设计单位名称			工程名称		定型工艺设备表 （泵类、压缩机、 鼓风机类）		编制		年 月 日	序
			设计项目				校对		年 月 日	号
			设计阶段				审核		年 月 日	第 页 共 页

序号	流程图位号	名称型号	流量或排气量/(m³/h)	扬程（水柱）/m	介质		温度/℃		压力/MPa			原电动机型号	功率/kW	电压/V 或蒸气压（表压）/MPa	数量	单位质量/kg	单价/元	备注
					名称	主要成分	入口	出口	单位	入口	出口							

表 6-16 非定型工艺设备

设计单位名称			工程名称		非定型工艺设备表 （泵类、压缩机、 鼓风机类）		编制		年 月 日	库
			设计项目				校对		年 月 日	号
			设计阶段				审核		年 月 日	第 页 共 页

序号	流程图位号	名称	主要规格	操作条件			材料	面积/m² 或容积/m³	附件	数量	质量/kg	复用或设计	单价/元	图纸序号	保温		备注
				主要介质	温度/℃	压力/MPa									材料	厚度	

（6）特殊阀门和管路附件表（HG 20519.21—92）

（7）隔热材料表（HG 20519.22—92）

（8）防腐材料表（HG 20519.23—92）

（9）伴热管图和伴热管表（HG 20519.24—92）

（10）综合材料表（HG 20519.25—92） 综合材料表应按以下三类材料进行编制：管路安装材料及管架材料；设备支架材料；保温防腐材料。其格式见表 6-17。

表 6-17 综合材料

序号	材料名称	规 格	单 位	数 量	材 料	标准或图号	备 注
	1	2	3	4	5	6	7

6.6.3 化工工艺设计施工图设计用图纸

（1）图纸目录（HG 20519.2—92）

（2）管段轴测图索引和管段表索引（HG 20519.14—92）

（3）管架图索引（HG 20519.17—92）

（4）首页图（HG 20519.4—92） 按 HG 20519.4—92 规定，在工艺设计施工图中，将设计中所采用的部分规定以图表的形式绘制成首页图，以便更好地了解和使用各设计文件。内容包括：管路及仪表流程图中采用的图例、符号、设备位号、物料代号和管路编号等；装置及主项的代号和编号；自控专业在工艺过程中所采用的检测和控制系统的图例、符号、代号等；其他有关的说明事项。图幅大小可根据内容而定，但不大于 A1。

（5）管路及仪表流程图（HG 20519.5—92） 管路及仪表流程图是用图示的方法把化工工艺流程和所需的全部设备、机器、管路、阀门及管件的仪表表示出来。是设计和施工的依据，也是操作运行及检修的指南。

管路及仪表流程图分为工艺管路及仪表流程图、辅助系统管路及仪表流程图。

工艺管路及仪表流程图是以工艺管路及仪表为主体的流程图。

辅助系统包括正常生产和开、停车过程中所需用的仪表空气、工厂空气、加热用的燃料

（气或油）、脱吸及置换用的惰性气、机泵的润滑油、放空系统等，一般按介质类型分别绘制。

管路及仪表流程图一般以工艺装置的主项（工段或工序）为单元绘制，也可以装置为单元绘制。

（6）分区索引图（HG 20519.6—92）　分区索引图绘制的目的主要是为了了解分区情况、方便查找，而对于联合布置的装置（或小装置）或独立的主项，若管路平面布置图按所选定的比例不能在一张图纸绘制完成时，需要将装置分区进行管路设计使用的。绘制时可以利用设备布置图复制成二底图后进行绘制。

（7）设备布置图（HG 20519.7—92）

（8）管路布置图（HG 20519.11—92）

（9）软管站布置图（HG 20519.12—92）

（10）管路轴测图（HG 20519.13—92）

（11）特殊管架图（HG 20519.16—92）

（12）特殊管件图（HG 20519.20—92）

（13）设备管口方位图（HG 20519.25—92）

附：设计参考资料

1　大连工学院，北京化工学院，石油六厂，胜利化工厂．顺丁橡胶生产．北京：石油化学工业出版社，1978.

2　张洋．高聚物合成工艺设计基础．北京：化学工业出版社，1983.

3　中国石化集团．化工工艺设计手册（上、下）．第2版．北京：化学工业出版社，1994.

4　赵德仁．高聚物合成工艺学．北京：化学工业出版社，1983.

5　黄葆同，欧阳均．络合催化聚合合成橡胶．北京：科学出版社，1981.

6　华东化工学院．基础化学工程（上）．上海：上海科学技术出版社，1979.

7　天津大学．基本有机化学工程．北京：人民教育出版社，1978.

8　裘元焘．基本有机化工过程及设备．北京：化学工业出版社，1981.

9　冯新德．高分子合成化学．北京：科学出版社，1979.

10　天津大学，华东化工学院．有机化学．北京：人民教育出版社，1979.

11　辽宁省石油化工技术情报总站．有机化工原料及中间体便览（上）．沈阳：辽宁省石油化工技术情报总站，1980.

12　佚名．顺丁橡胶生产工艺设计［毕业设计］．沈阳：沈阳化工学院，1988.

13　合成橡胶工业（合订）．合成橡胶工业，1984.

14　合成橡胶工业（合订）．合成橡胶工业，1988.

15　《化学工程手册》编辑委员会．化学工程手册．第24篇．化学反应工程．北京：化学工业出版社，1986.

16　《化学工程手册》编辑委员会．化学工程手册．第5篇．搅拌与混合．北京：化学工业出版社，1985.

17　《化学工程手册》编辑委员会．化学工程手册．第7篇．传热．北京：化学工业出版社，1986.

18　《化工设备机械基础》编写组．化工设备机械基础．第三册．北京：石油化学工业出版社，1978.

19　韩叶象．化工机械基础．北京：化学工业出版社，1990.

20　陈乙崇．化工设备设计全书．搅拌设备设计．上海：上海科学技术出版社，1985.

21　化学工业部设备设计技术中心站等．化工设备标准手册．第三卷．金属化工设备．第一册．型式、参数及技术条件．北京：中国标准出版社，1987.

22　化学工业部设备设计技术中心站等．化工设备标准手册．第六卷．化工机械．第三册．减速机．北京：中国标准出版社，1987.

23　化学工业部设备设计技术中心站等．化工设备标准手册．第四卷．金属化工设备．零部件．北京：中国标准出版社，1987.

24　机械电子工业部．机械产品目录．第二十册．防爆电机电器．北京：机械工业出版社，1986.

25　机械电子工业部．机械产品目录．第十九册．中小型电机．北京：机械工业出版社，1985.

26　王振中．化工原理（上、下）．北京：化学工业出版社，1985.

7

课外自选项目

★ **总教学目的**

通过课外自选项目的完成，巩固学生在课内各子项目完成过程中积累知识、素质与能力，甚至各种技巧，达到熟练应用的目的。

★ **总能力目标**

• 能够灵活运用课内资料查阅方法，熟练查阅各种纸制图书资料和网络资料，并加以分析、汇总与处理；

• 能够灵活运用课内所学到的化工设计知识、能力，对其他某一化工产品的工艺设计中任意部分内容独立完成；

• 能够灵活运用计算机系统独立制作课外项目展示材料，并加以阐述；

• 能够运用所学的专业知识对新产品的工艺设计问题进行综合分析。

★ **总知识目标**

• 掌握并应用化工产品生产工艺设计的程序；

• 掌握并应用化工产品生产工艺设计的知识。

★ **总素质目标**

• 培养学生安全意识、环保意识、经济意识；

• 培养学生自我学习、自我提高、终生学习意识；

• 培养学生阐述问题、辩解问题的应变意识；

• 培养学生在解决实际问题中的团队意识；

• 培养学生灵活运用专业外语解决实际问题的能力。

★ **总实施要求**

• **时间要求** 课外自选项目题目布置一般课内教学进行到 50% 左右时下达；

• **内容要求** 全班学生相互之间题目不能重复，最好结合社会调查进行选择；对于较大设计项目，学生可自行组建项目小组共同完成，但内容上每名学生必须独立完成某一产品的某一部分进行项目设计与实施，对较小设计项目，学生必须自己独立完成全部内容；当然指导教师可以根据毕业设计内容进行特殊安排；

• **成果要求** 提交与内容密切相关的项目报告，同时准备好汇报 PPT；

• **考核要求** 主要考核学生的全面能力与知识应用情况，在学生阐述问题的基础上，对关键问题进行提问，考核以单个学生为单位进行。

8

设 计 实 例

设计实例一　年产 6 万吨丙烯精制塔的工艺设计

一、说明书（略）

内容包括：丙烯生产概况简述，设计方案的确定与论证，工艺流程图及流程说明，工艺设计计算结果汇总，附属设备选用一览表，工艺管线接管尺寸汇总表，设计结果评价，参考资料等。

二、丙烯精制塔的工艺计算

（一）原始数据

原始数据见表 8-1。

表 8-1　原始数据

物料名称	进料组成(质量分数)/%	塔顶组成(质量分数)/%	塔釜组成(质量分数)/%
丙烯	92.75	99.6	<15.2
丙烷	7.05	0.4	
丁烷	0.20	0	

操作压力　$p=1.74\text{MPa}$（表压）。

年生产能力 60000t 丙烯。

丙烯精馏塔工艺流程简图如图 8-1 所示。

（二）物料衡算

1. 关键组分

按多组分精馏确定关键组分；挥发度高的丙烯作为轻关键组分在塔顶分出；挥发度低的丙烷作为重关键组分在塔底分出。

2. 计算每小时塔顶产量，每年的操作时间按 8000h 计算。

由题目给定 60000000/8000＝7500kg/h

3. 计算塔釜质量组成

设计比丙烷重的全部在塔底，比丙烷轻的全部在塔顶。

以 100kg/h 进料为基准，进行物料衡算见表 8-2。

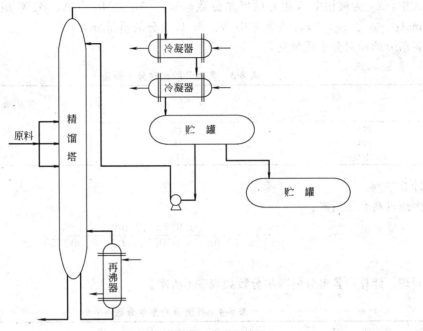

图 8-1 丙烯精馏塔工艺流程简图

表 8-2 物料衡算

项目 组分	进料量/(kg/h)	馏出液量/(kg/h)	釜液量/(kg/h)
丙烯	92.75	0.996D	0.152W
丙烷	7.05	0.004D	7.05$-$0.004D
丁烷	0.2	0	0.2
共计	100	D	7.25$-$0.004D+0.152W

$$F = D + W$$

$$\begin{cases} \dfrac{0.152W}{7.25-0.004D+0.152W} = 15.2\% \\ 100 = D + W \end{cases}$$

或

$$\begin{cases} 92.75 = 0.996D + 0.152W \\ 100 = D + W \end{cases}$$

解得：
$$W = 8.1161 \text{kg/h}$$

$$D = 100 - 8.1161 = 91.8839 \text{kg/h}$$

丙烷
$$x_{\text{WC}_3\text{H}_8} = \frac{7.05 - 0.004D}{7.25 - 0.004D + 0.152W} = 82.34\%$$

丁烷
$$x_{\text{WC}_4\text{H}_{10}} = \frac{0.2}{7.25 - 0.004D + 0.152W} = 2.46\%$$

式中，F 为原料液流量，kg/h；D 为塔顶产品（馏出液）流量，kg/h；W 为塔底产品（釜残液）流量，kg/h；x_{W} 为釜液中各组分的质量分数。

4. 将质量分数换算成摩尔分数

按下式计算：
$$x_{\text{A}} = \frac{x_{\text{WA}}/M_{\text{A}}}{x_{\text{WA}}/M_{\text{A}} + x_{\text{WB}}/M_{\text{B}} + x_{\text{WC}}/M_{\text{C}}}$$

式中，x_A 为液相中 A 组分的摩尔分数；M_A、M_B、M_C 为 A、B、C 组分的摩尔质量，kg/kmol；x_{WA}、x_{WB}、x_{WC} 为液相中 A、B、C 组分的质量分数。

各组分的相对分子质量见表 8-3。

表 8-3　各组分的相对分子质量

项目组分	分子式	相对分子质量
丙烯	C_3H_6	42.08
丙烷	C_3H_8	44.09
丁烷	C_4H_{10}	58.12

计算举例：

丙烯进料摩尔组成：

$$x_{FC_3H_6} = \frac{0.9275/42.08}{0.9725/42.08 + 0.0705/44.09 + 0.002/58.12}$$

$$= 0.9310$$

同理，计算得各组分的摩尔分数如表 8-4 所示。

表 8-4　各组分的摩尔分数

项目组分	进料	塔顶产品	塔釜液
丙烯	0.9310	0.9962	0.1591
丙烷	0.0675	0.0038	0.8223
丁烷	0.0015	0	0.0186
共计	1.0000	1.0000	1.0000

5. 计算进料量和塔底产品量

$$\begin{cases} F = D + W \\ F \cdot x_F = D \cdot x_D + W \cdot x_W \end{cases}$$

因为

$$D = 7500 \text{kg/h}$$

所以

$$\begin{cases} F = 7500 + W \\ F \times 0.9310 = 7500 \times 0.9962 + W \times 0.1591 \end{cases}$$

解得

$$W = 633.5017 \text{kg/h}$$

$$F = 7500 + 633.5017 = 8133.5017 \text{kg/h}$$

式中，x_F 为原料液中易挥发组分的质量分数；x_D 为馏出液中易挥发组分的质量分数；x_W 为釜残液中易挥发组分的质量分数。

6. 物料衡算计算结果见表 8-5。

（三）塔温的确定

1. 确定进料温度

操作压力为 $p = 1.84$MPa（绝对压力）。

假设：泡点进料，温度为 45℃，依 T、p 查设计参考资料 1，图 1-35 得到平衡常数 k 值。

因为

$$\sum k_i x_i = 0.99222 \approx 1$$

所以　确定进料温度为 45℃，进料组成的 $k_i x_i$ 值见表 8-6。

2. 确定塔顶温度

假设：塔顶露点温度为 44℃，同理查设计参考资料 1，图 1-35 得 k 值。

表 8-5 物料衡算

组分		C_3H_6	C_3H_8	C_4H_{10}	共 计
相对分子质量		42.08	44.09	58.12	
进料	kg/h	7543.8228	573.4119	16.2670	8133.5017
	质量分数/%	92.75	7.05	0.2	100
	kmol/h	179.2694	12.9975	0.2883	192.5552
	摩尔分数/%	93.10	6.75	0.15	100
塔顶	kg/h	7470	30	0	7500
	质量分数/%	99.6	0.4	0	100
	kmol/h	177.5224	0.6772	0	178.1996
	摩尔分数/%	99.62	0.38	0	100
塔釜	kg/h	96.2923	521.6253	15.5841	633.5017
	质量分数/%	15.2	82.34	2.46	100
	kmol/h	2.2891	11.8309	0.2627	14.3827
	摩尔分数/%	15.91	82.23	1.86	100

表 8-6 进料组成的 $k_i x_i$ 值

进 料	x_i	k_i	$k_i x_i$
C_3H_6	0.9310	1.0	0.9310
C_3H_8	0.0675	0.9	0.06075
C_4H_{10}	0.0015	0.31	0.000465
共计	1.0000	2.21	0.99222

注：$k_i = y_i/x_i$；计算时要应用试差法，即先假设泡点温度，根据已知的压力和所设的温度，求出平衡常数，再校核 $\sum y_i$ 是否等于1。若是，即表示所设的泡点温度正确，否则应另设温度，重复上述计算直至 $\sum y_i \approx 1$ 为止，此时的温度即为所求。

塔顶物料组成的 y_i/k_i 值见表 8-7。

表 8-7 塔顶物料组成的 y_i/k_i 值

塔顶物料	$x_i \approx y_i$	k_i	$\dfrac{y_i}{k_i} = \dfrac{x_i}{k_i}$
C_3H_6	0.9962	0.98	1.016531
C_3H_8	0.0038	0.88	0.004318
C_4H_{10}	0	0.30	0
共计	1.0000	2.16	1.020849

因为
$$\sum \frac{y_i}{k_i} = 1.0208948 \approx 1$$

所以确定塔顶温度为 44℃，塔顶物料组成的 y_i/k_i 值见表 8-7。

3. 确定塔釜温度

假设：塔釜温度为 52℃，查设计参考资料1，图 1-35 得 k 值。

因为
$$\sum k_i x_i = 1.053076$$

误差超过 2%，说明假设的温度过高。

再假设：塔釜温度为 51℃，查设计参考资料1，图 1-35 得 k 值。

因为
$$\sum k_i x_i = 1.007002 \approx 1$$

所以确定塔釜温度为 51℃，计算过程数据见表 8-8、表 8-9。

表 8-8 塔釜温度计算过程数据（一）					表 8-9 塔釜温度计算过程数据（二）			
塔釜物料	x_i	k_i	$k_i x_i$		塔釜物料	x_i	k_i	$k_i x_i$
C_3H_6	0.1591	1.15	0.182965		C_3H_6	0.1591	1.12	0.178192
C_3H_8	0.8223	1.05	0.863415		C_3H_8	0.8223	1.00	0.822300
C_4H_{10}	0.0186	0.36	0.006696		C_4H_{10}	0.0186	0.35	0.006510
共计	1.0000	2.56	1.053076		共计	1.0000	2.47	1.007002

（四）塔板数的计算

1. 最小回流比的计算

（1）求相对挥发度 α_{ij}

查设计参考资料 6，66 页式（7-18）

$$\alpha_{ij} = \frac{\dfrac{y_i}{x_i}}{\dfrac{y_j}{x_j}} = \frac{k_i}{k_j}$$

计算举例：

丙烯　　　　　　　　$k_{44℃} = 0.98$　　　$k_{51℃} = 1.12$

$$k_i = \sqrt{k_{44℃} k_{51℃}} = \sqrt{0.98 \times 1.12} = 1.0477$$

丁烷　　　　　　　　$k_{44℃} = 0.30$　　　$k_{51℃} = 0.35$

$$k_j = \sqrt{k_{44℃} k_{51℃}} = \sqrt{0.30 \times 0.35} = 0.3240$$

其相对挥发度为　　　　$\alpha_{ij} = \dfrac{k_i}{k_j} = \dfrac{1.0477}{0.3240} = 3.2336$

相对挥发度见表 8-10。

表 8-10　相对挥发度

组　　分	$k_{44℃}$	$k_{51℃}$	$\sqrt{k_{44℃} k_{51℃}}$	α_{ij}
丙　烯	0.98	1.12	1.0477	3.2336
丙　烷	0.88	1.00	0.9381	2.8954
丁　烷	0.30	0.35	0.3240	1

（2）求 θ 值

查设计参考资料 6，87 页式（7-39）

$$\sum_{i=1}^{n} \frac{\alpha_i x_i}{\alpha_i - \theta} = 1 - \delta$$

式中，α_i 为组分 i 对某一参考组分的相对挥发度。可取塔顶、塔釜的几何平均值或用进料泡点温度下的相对挥发度；x_i 为进料混合物中组分 i 的摩尔分数；δ 为进料的液相分率；θ 为满足上式的根。

因为泡点进料，故 $\delta = 1.0$

则有　　$\dfrac{3.2336 \times 0.9310}{3.2336 - \theta} + \dfrac{2.8954 \times 0.0675}{2.8954 - \theta} + \dfrac{0.0015 \times 1}{1 - \theta} = 1 - 1 = 0$

整理得　　　　　　$3.2074\theta^2 - 12.5636\theta + 9.3626 = 0$

解得　　　　　　　　$\theta = 2.9160$（1.00104 舍去）

（3）求最小回流比

查设计参考资料 6，87 页式（7-40）

$$\sum \frac{\alpha_{ij} x_{Di}}{\alpha_{ij} - \theta} = R_{min} + 1$$

$$R_{min} = \sum \frac{\alpha_{ij} \times x_{Di}}{\alpha_{ij} - \theta} - 1$$

$$= \frac{3.2336 \times 0.9962}{3.2336 - 2.9160} + \frac{2.8954 \times 0.0038}{2.8954 - 2.9160} - 1$$

$$= 8.6086$$

式中，R_{min} 为最小回流比；x_{Di} 为馏出液中组分 i 的摩尔分数。

2. 计算最少理论板数

塔顶丙烯-丙烷的相对挥发度

$$\alpha_D = \frac{0.98}{0.88} = 1.1136$$

塔釜丙烯-丙烷的相对挥发度

$$\alpha_W = \frac{1.12}{1.00} = 1.12$$

$$\alpha_{平均} = \sqrt{\alpha_D \alpha_W} = \sqrt{1.1136 \times 1.12} = 1.1168$$

查设计参考资料 6，90 页式(7-42)

$$N_{min} + 1 = \frac{\lg\left[\left(\frac{x_l}{x_h}\right)_D \left(\frac{x_h}{x_l}\right)_W\right]}{\lg\alpha_{平均}}$$

$$N_{min} = \frac{\lg\left[\left(\frac{0.9962}{0.0038}\right)\left(\frac{0.8223}{0.1591}\right)\right]}{\lg 1.1168} - 1 = 63.6533 \text{ 块}$$

式中，$\alpha_{平均}$ 为塔顶、塔底温度下相对挥发度的几何平均值；下标 l、h 为分别代表轻、重关键组分；N_{min} 为最少理论板数。

3. 塔板数和实际回流比的确定

取回流比 $R = 15$

由 $\frac{R - R_{min}}{R + 1} = 0.3995$ 查设计参考资料 2，107 页吉利兰关联图得 $\frac{N - N_{min}}{N + 1} = 0.31$

解得实际塔板数 $N = 92.70$

其余实际塔板数的确定见表 8-11。

表 8-11   实际塔板数的确定

R	$\frac{R-R_{min}}{R+1}$	$\frac{N-N_{min}}{N+1}$	N_T	R	$\frac{R-R_{min}}{R+1}$	$\frac{N-N_{min}}{N+1}$	N_T
13	0.3137	0.38	103.28	15	0.3995	0.31	92.70
14	0.3594	0.35	98.47	15.5	0.4177	0.30	91.36
14.5	0.3801	0.32	94.08	16	0.4379	0.28	88.80

由表 8-11 可见，当 $R = 14.5 \sim 15$ 之间时塔板数变化为最慢，所以 $N_T = 94.08$ 块。

取实际塔板数 $N = 100$ 块

计算板效率，查设计参考资料 2，109 页式(6-53)

$$E_T = \frac{N_T}{N} = \frac{94.08}{100} = 94.08\%$$

式中，E_T 为塔板效率；N_T 为理论塔板数，块；N 为实际塔板数，块。

（五）确定进料位置

依据设计参考资料 6，90 页式(7-43)

泡点进料：

$$\begin{cases} \lg\frac{N_r}{N_S} = 0.206\lg\left[\frac{W}{D}\frac{x_{Fh}}{x_{Fl}}\left(\frac{x_{wl}}{x_{Dh}}\right)^2\right] \\ N_r + N_S = 100 \end{cases}$$

解得 $N_S = 38.01$ 块 $N_r = 61.99$ 块

式中，N_r 为精馏段塔板数，块；N_S 为提馏段塔板数，块。

所以   进料位置为从塔顶数 62 块塔板进料。

(六) 全塔热量衡算

1. 冷凝器的热量衡算

按设计参考资料 6，31 页式(6-27)

$$Q_P = (R+1)(H_{VD} - H_{LD})D$$
$$H_{VD} = \sum y_i H_{Vi} + (\Delta H_{混合})_V$$
$$H_{LD} = \sum x_i H_{Li} + (\Delta H_{混合})_L$$

式中，Q_P 为冷凝器的热负荷，kcal/h；H_{VD} 为每千克塔顶蒸汽的焓，kcal/kg；H_{LD} 为每千克塔顶液产品的焓，kcal/kg；H_{Vi} 为每千克气相纯组分 i 的焓，kcal/kg；H_{Li} 为每千克液相纯组分 i 的焓，kcal/kg；$\Delta H_{混合}$ 为混合热。

$$(\Delta H_{混合})_V = 0 \qquad (\Delta H_{混合})_L = 0$$

查设计参考资料 11，158~159 页图 10-4，图 10-5 得

丙烯 $H_{Vi} = 168.5 \text{kcal/kg}$

                         $H_{Li} = 99.5 \text{kcal/kg}$

丙烷 $H_{Vi} = 100.5 \text{kcal/kg}$

                         $H_{Li} = 29 \text{kcal/kg}$

$$H_{VP} = 168.5 \times 0.9962 + 100.5 \times 0.0038 = 168.2416 \text{kcal/kg}$$
$$H_{LP} = 99.5 \times 0.9962 + 29 \times 0.0038 = 99.2321 \text{kcal/kg}$$
$$Q_P = (R+1)D(H_{VD} - H_{LD}) = (14.5+1) \times 7500 \times (168.2416 - 99.2321)$$
$$= 8022354.375 \text{kcal/h}$$
$$= 3.3590 \times 10^7 \text{kJ/h}$$

式中，H_{VP} 为每千克由冷凝器上升蒸汽的焓，kcal/kg；H_{LP} 为每千克冷凝液的焓，kcal/kg。

2. 再沸器的热量衡算

依据设计参考资料 6，32 页式(6-30)，再沸器热损失忽略不计，得

$$Q_W = V'H_{VW} + WH_{LW} - L'H_{L'm}$$
$$= V'(H_{VW} - H_{LW})$$

式中，Q_W 为再沸器的热负荷，kcal/h；V' 为提馏段上升蒸气的量，kg/h；L' 为提馏段下降液体的量，kg/h；H_{VW} 为每千克由再沸器上升的蒸汽焓，kcal/kg；H_{LW} 为每千克釜液的焓，kcal/kg；$H_{L'm}$ 为每千克在提馏段底层塔板 m 上的液体焓，kcal/kg。

查设计参考资料 11，158~160 页图 10-4，图 10-5，图 10-6，

丙烯 $H_{Vi} = 168.5 \text{kcal/kg}$ $H_{Li} = 99.5 \text{kcal/kg}$

丙烷 $H_{Vi} = 102 \text{kcal/kg}$ $H_{Li} = 34 \text{kcal/kg}$

丁烷 $H_{Vi} = 110.5 \text{kcal/kg}$ $H_{Li} = 30.5 \text{kcal/kg}$

$$H_{VW} = 168.5 \times 0.1591 + 102 \times 0.8223 + 110.5 \times 0.0186$$
$$= 112.7383 \text{kcal/kg}$$
$$H_{LW} = 99.5 \times 0.1591 + 34 \times 0.8223 + 30.5 \times 0.0186$$
$$= 44.3560 \text{kcal/kg}$$
$$Q_W = (R+1)D(112.7383 - 44.3560)$$
$$= 7949442.375 \text{kcal/h}$$
$$= 3.3284 \times 10^7 \text{kJ/h}$$

3. 全塔热量衡算

依据设计参考资料 6，33 页式(6-32)

$$Q_W + FH_F = DH_{LD} + WH_{Lw} + Q_P + Q_损$$

式中，$Q_损$ 为热量损失，kcal/h；H_F 为每千克进料的焓，kcal/kg。

丙烯　　　　　$H_{Vi} = 168.5\text{kcal/kg}$　　　　$H_{Li} = 99.5\ \text{kcal/kg}$

丙烷　　　　　$H_{Vi} = 100.5\text{kcal/kg}$　　　　$H_{Li} = 29\text{kcal/kg}$

丁烷　　　　　$H_{Vi} = 108\text{kcal/kg}$　　　　$H_{Li} = 26\text{kcal/kg}$

$$H_F = 99.5 \times 0.9310 + 29 \times 0.0675 + 26 \times 0.0015 = 94.6310\ \text{kcal/kg}$$

$$
\begin{aligned}
左边 &= Q_W + FH_F \\
&= 7949442.375 + 94.6310 \times 8133.5017 \\
&= 8.7 \times 10^6\ \text{kcal/h} \\
&= 3.64 \times 10^7\ \text{kJ/h}
\end{aligned}
$$

$$
\begin{aligned}
右边 &= DH_{LD} + WH_{Lw} + Q_D \\
&= 7500 \times 99.2321 + 633.5017 \times 44.3560 + 8022354.375 \\
&= 8.7 \times 10^6\ \text{kcal/h} \\
&= 3.64 \times 10^7\ \text{kJ/h}
\end{aligned}
$$

所以，左边＝右边。

（七）板间距离的选定和塔径的确定

1. 计算混合液塔顶、塔釜、进料的密度及气体的密度

（1）液体的密度

查设计参考资料 11，25～26 页图，得 45℃、44℃、51℃下纯组分的密度，见表 8-12。

表 8-12　液体密度

组　分	密度(44℃)/(kg/m³)	密度(45℃)/(kg/m³)	密度(51℃)/(kg/m³)
C_3H_6	477	475	460
C_3H_8	462	460	449
C_4H_{10}	0	551	549

按设计参考资料 11，10 页式(2-17) 计算

$$\frac{1}{\rho_{mL}} = \sum x_i \frac{1}{\rho_i}$$

式中，ρ_{mL} 为液体平均密度，kg/m³。

计算举例：塔顶温度 44℃，

$$\frac{1}{\rho_{mL}} = 0.9962 \times \frac{1}{477} + 0.0038 \times \frac{1}{462}$$

$$\rho_{mL} = 476.9412 \text{kg/m}^3$$

液体平均密度见表 8-13。

表 8-13　液体平均密度

项　目	44℃	45℃	51℃
液体平均密度/(kg/m³)	476.9412	474.0546	452.2528

（2）气体的密度

查设计参考资料 11，10 页，得公式：

$$\rho_{mV} = \frac{pM}{ZRT}$$

式中，ρ_{mV} 为气体平均密度，kg/m^3；p 为操作压力，Pa；Z 为压缩因子，由对比温度和对比压力查图而得；M 为平均相对分子质量；T 为操作温度，K；R 为通用气体常数。

计算举例：塔顶

对比温度 $\qquad T_r = \dfrac{T}{\sum y_i T_{ci}} = \dfrac{317.15}{364.9186} = 0.8691$

对比压力 $\qquad p_r = \dfrac{p}{\sum y_i p_{ci}} = \dfrac{18.4}{45.3546} = 0.4057$

式中，T_c 为临界温度，K；p_c 为临界压力，Pa。

由 T_r、p_r 查设计参考资料 11，附图（2-3）得 $Z = 0.690$

$$\rho_{mV} = \frac{pM}{ZRT} = \frac{42.0876 \times 18.4}{0.690 \times 0.08205 \times 317.15} = 43.1300 kg/m^3$$

同理，求得塔釜 $\rho_{mV} = 47.1895 kg/m^3$

各组分的物性常数见表 8-14。

表 8-14 各组分的物性常数

组 分	摩尔分数	临界温度 T_0/K	临界压力 p_c	$y_i T_i$	$y_i p_{ci}$	$y_i M_i$
丙烯	0.9962	364.90	45.37	363.5134	45.1976	41.9201
丙烷	0.0038	369.80	41.32	1.4052	0.1570	0.1675
丁烷	0	425	37.46	0	0	0
共计	1.0000			364.9186	45.3546	42.0876

2. 求液体及气体的体积流量

$$V = L + D；L = RD$$

所以 $\qquad V = (R+1)D$

$$= 15.5 \times 178.1996$$

$$= 2762.0938 kmol/h$$

因为 $\qquad \delta = 1.0$

所以 $\qquad V = V'$（依据恒摩尔流假定，精、提馏段上升气体的摩尔流量相等）

$$L' = V' + W = 2762.0938 + 14.3876 = 2776.4814 kmol/h$$

$$L = RD = 14.5 \times 178.1996 = 2583.8942 kmol/h$$

式中，V、V' 为精馏塔内精、提馏段上升蒸气的流量，$kmol/h$；L、L' 为精馏塔内精、提馏段下降液体的流量，$kmol/h$。

转换为质量流量

$$V = 2762.0938 \times 42.087638 = 116250.0040 kg/h$$

$$V' = 2762.0938 \times 42.239735 = 116670.1102 kg/h$$

$$L = 2583.8942 \times 42.087638 = 108750.0037 kg/h$$

$$L' = 2776.4814 \times 42.239735 = 117277.8386 kg/h$$

转换为体积流量

$$V = 116250.0040/43.1300 = 2695.3398 m^3/h = 0.7487 m^3/s$$

$$V' = 116670.1102/47.1895 = 2472.3744 m^3/h = 0.6868 m^3/s$$

$$L = 108750.0037/476.9421 = 228.0155 m^3/h = 0.06334 m^3/s$$

$$L' = 117277.8386/452.2528 = 259.3192 m^3/h = 0.0720 m^3/s$$

计算结果汇总见表 8-15。

表 8-15 精馏段、提馏段上升蒸气及下降液体量

项目	物料量			项目	物料量		
	/(kg/h)	/(m³/h)	/(m³/s)		/(kg/h)	/(m³/h)	/(m³/s)
V	116250.0040	2695.3398	0.7487	V'	116670.1102	2472.3744	0.6868
L	108750.0037	228.0155	0.0633	L'	117277.8386	259.3192	0.0720

3. 初选板间距及塔径的估算

（1）计算塔径

查设计参考资料 6，148 页表 8-4，依据流量初选塔径 2.4m，板间距为 500mm。

根据公式：

$$C=\frac{0.055\times\sqrt{gH_{\mathrm{T}}}}{1+2\times\dfrac{L_{\mathrm{S}}}{V_{\mathrm{S}}}\sqrt{\dfrac{\rho_{\mathrm{L}}}{\rho_{\mathrm{v}}}}}$$

式中，C 为负荷系数；H_{T} 为塔板间距，m；L_{S} 为下降液体的体积流量，m³/s；V_{S} 为上升蒸气的体积流量，m³/s；ρ_{L} 为液相密度，kg/m³；ρ_{v} 为气相密度，kg/m³；g 为重力加速度，m/s²。

精馏段

$$C=\frac{0.055\times\sqrt{9.81\times0.5}}{1+2\times\dfrac{0.06334}{0.7487}\sqrt{\dfrac{476.9412}{43.1300}}}=0.0780$$

$$u_{\max}=C\sqrt{\frac{\rho_{\mathrm{L}}-\rho_{\mathrm{v}}}{\rho_{\mathrm{v}}}}=0.0780\times\sqrt{\frac{476.9412-43.1300}{43.1300}}=0.2472\mathrm{m/s}$$

式中，$u_{\max}$ 为最大空塔气速，m/s。

实际气速 $\qquad u=(0.6\sim0.8)u_{\max}$ 取 $u=0.65u_{\max}$

所以 $\qquad u=0.65\times0.2472=0.1607\mathrm{m/s}$

$$D=\sqrt{\frac{V}{0.785u}}=\sqrt{\frac{0.7487}{0.785\times0.1607}}=2.4362\mathrm{m}$$

式中，D 为塔径，m。

提馏段

$$C=\frac{0.055\times\sqrt{9.81\times0.5}}{1+2\times\dfrac{0.0720}{0.6868}\sqrt{\dfrac{452.2528}{47.1895}}}=0.0739$$

$$u_{\max}=0.0739\times\sqrt{\frac{452.2528-47.1895}{47.1895}}=0.2170\mathrm{m/s}$$

所以 $\qquad u=0.65\times0.2170=0.1407\mathrm{m/s}$

$$D=\sqrt{\frac{V}{0.785u}}=\sqrt{\frac{0.6868}{0.785\times0.1407}}=2.494\mathrm{m}$$

取塔径 D 为 2.8m。

（2）计算实际空塔气速 u_{K}

$$u_{\mathrm{K}}=\frac{V_{\mathrm{S}}}{0.785D^2}$$

精馏段 $\qquad u_{\mathrm{K}}=\dfrac{0.7487}{0.785\times2.8^2}=0.1217\mathrm{m/s}$

提馏段 $\qquad u_{\mathrm{K}}=\dfrac{0.6868}{0.785\times2.8^2}=0.1116\mathrm{m/s}$

（八）浮阀塔塔板结构尺寸确定

1. 塔板布置

（1）浮阀型式：选择 F1 型重阀，阀片厚度 $\delta = 2\text{mm}$，阀质量为 33g，$H = 11.5\text{mm}$，$L = 15.5\text{mm}$，$\phi 39\text{mm}$，浮阀最大开度 8.5mm，最小开度 2.5mm。

（2）溢流型式：当直径大于 2.2m 时，采用双溢流塔板，浮阀排列采用三角形叉排方式。

（3）求阀孔气速

根据阀孔动能因数

$$F_0 = u_0 \sqrt{\rho_V} = 9 \sim 12 \qquad 取 \ F_0 = 10$$

$$u_0 = \frac{F_0}{\sqrt{\rho_V}}$$

式中，F_0 为气体通过阀孔时的动能因数；u_0 为气体通过阀孔时的速度，m/s。

精馏段阀孔气速

$$u_0 = \frac{10}{\sqrt{43.1300}} = 1.5227\text{m/s}$$

提馏段阀孔气速

$$u_0 = \frac{10}{\sqrt{47.1895}} = 1.4557\text{m/s}$$

（4）确定浮阀数及开孔率

根据

$$N = \frac{V_S}{u_0 \times 0.785 d_0^2}$$

式中，N 为阀孔数，个；d_0 为阀孔直径，$d_0 = 0.039\text{m}$。

精馏段

$$N = \frac{0.7487}{1.5227 \times 0.785 \times 0.039^2} = 411.8078 \ 个$$

提馏段

$$N = \frac{0.6868}{1.4557 \times 0.785 \times 0.039^2} = 395.1478 \ 个$$

查设计参考资料 10，120 页表 4-5 得双溢流型塔板结构参数，见表 8-16。

表 8-16 双溢流型塔板结构参数

| 塔径 D /mm | 塔截面积 A_T /mm² | 板间距 H_T /mm | 弓型降液管 | | | 降液管截面积 A_f/m² | A_f/A_T | L_W/D |
			降管长度 L_W/mm	降管宽度 W_d/mm	降管宽度 W_d'/mm			
2800	6.1580	500	1752	308	280	0.7389	12	0.626

查设计参考资料 4，603 页得到浮阀数见表 8-17。

表 8-17 浮阀数

| 塔 径/mm | $(A_f/A_T)/\%$ | 浮阀总数 |
		$t = 80$
2800	12	448

所以确定用 448 个浮阀。

开孔率 Φ

$$\Phi = \frac{d_0^2 \cdot N}{D^2} \times 100\% = \frac{0.039^2 \times 448}{2.8^2} \times 100\% = 8.6\% < 10\%$$

对于加压塔 Φ 应小于 10%，故满足要求。

2. 溢流堰及降液管设计计算

塔盘为双溢流塔板，溢流堰为弓型，降液管为弓型。

（1）计算停留时间

按设计参考资料 2，196 页式(7-14) 计算

$$\tau = \frac{A_f \cdot H_T}{L_S} \geqslant 3 \sim 5s$$

$$A_f = 0.7389 \qquad L_S = 0.06334 m^3/s$$

精馏段 $\qquad \tau = \frac{A_f \cdot H_T}{L_S/2} = \frac{0.7389 \times 0.5}{0.06334/2} = 11.6s > 5s$

提馏段 $\qquad \tau = \frac{0.7389 \times 0.5}{0.0720/2} = 10.2s > 5s$

式中，τ 为液体在降液管内的停留时间，s；A_f 为降液管的截面积，m^2。

液体在降液管内的停留时间不应小于 $3 \sim 5s$，计算结果均满足要求。

（2）降液管底隙高度 h_0 计算

根据设计参考资料 2，197 页式(7-16)

$$h_0 = \frac{L}{L_W u_{OL}}$$

式中，L_W 为弓型降液管出口堰长度，m；u_{OL} 为降液管底隙液体流速，m/s。

其中 $L = L_S/2$ （因为双溢流）$L_W = 0.626 \times 2.8 = 1.7528m$

$$u_{OL} = 0.07 \sim 0.25 m/s，取 0.2 m/s$$

精馏段 $\qquad h_0 = \frac{0.06334/2}{0.2 \times 1.7528} = 0.09034m$

提馏段 $\qquad h_0 = \frac{0.0720/2}{0.2 \times 1.7528} = 0.1027m$

根据设计参考资料 1 取 $h_0 = 50mm$。

（3）计算溢流堰上液层高度 h_{ow}

采用平堰，根据设计参考资料 2，195 页式(7-10)

$$h_{ow} = \frac{2.84}{1000} E \left(\frac{L_h}{L_w} \right)^{2/3} \qquad 取 E = 1.0$$

式中，E 为液流收缩系数；L_h 为塔内液体流量，m^3/h。

精馏段 $\qquad h_{ow} = \frac{2.84}{1000} \left(\frac{228.0155/2}{1.7528} \right)^{2/3} = 0.0459m$

提馏段 $\qquad h_{ow} = \frac{2.84}{1000} \left(\frac{259.3192}{1.7528} \right)^{2/3} = 0.0500m$

取出口堰高 $h_w = 50mm$

根据设计参考资料 2，194 页式(7-9) 板上液层高度 $h_L = h_w + h_{ow}$

精馏段 $\qquad h_L = 45.9 + 50 = 95.9mm$

提馏段 $\qquad h_L = 50.0 + 50 = 100.0mm$

取 $h_L = 100mm$。

（九）水利学计算

1. 塔板总压力降的计算

根据设计参考资料 2，201 页式(7-23)

$$h_P = h_C + h_1 + h_\sigma \quad （m 液柱）$$

式中，h_P 为塔板总压力降，Pa；h_C 为干板压力降，Pa；h_1 为板上清液层阻力，Pa；h_σ 为表面张力的压力降，Pa。

（1）干板压降 h_C：对于 F1 型重阀，根据设计参考资料 2，201 页式(7-25)

全开前：
$$h_C = 0.7 \frac{33}{A_1} u_0^{0.175} \frac{1}{\rho_L} = 19.9 \frac{u_0^{0.175}}{\rho_L}$$

式中，A_1 为干板压降系数。

精馏段
$$h_C = 0.7 \times \frac{33}{A_1} \times 1.5227^{0.175} \times \frac{1}{476.9412} = 19.9 \times \frac{1.5227^{0.175}}{476.9412}$$
$$= 0.0449 \text{（m 液柱）}$$

提馏段
$$h_C = 19.9 \times \frac{1.4557^{0.175}}{452.2528} = 0.0469 \text{（m 液柱）}$$

全开后：
$$h_C = 5.37 \frac{u_0^2}{2g} \times \frac{\rho_V}{\rho_L}$$

精馏段
$$h_C = 5.37 \frac{1.5227^2}{2 \times 9.81} \times \frac{43.1300}{476.9412} = 0.0574 \text{（m 液柱）}$$

提馏段
$$h_C = 5.37 \frac{1.4557^2}{2 \times 9.81} \times \frac{47.1895}{452.2528} = 0.0605 \text{（m 液柱）}$$

取两者较大的值 $h_C = 0.0574$（m 液柱），$h_C' = 0.0605$（m 液柱）。

（2）板上清液层阻力，根据设计参考资料 2，201 页式(7-26)
$$h_1 = 0.4 h_w + h_{ow}$$

精馏段
$$h_1 = 0.4 \times 0.05 + 0.0459 = 0.0659 \text{（m 液柱）}$$

提馏段
$$h_1 = 0.4 \times 0.05 + 0.0500 = 0.0700 \text{（m 液柱）}$$

（3）忽略表面张力的压力降
$$h_\sigma = 0$$

故气体通过塔板的压力降：

精馏段
$$h_P = 0.0574 + 0.0659 = 0.1233 \text{（m 液柱）}$$

提馏段
$$h_P = 0.0605 + 0.0700 = 0.1305 \text{（m 液柱）}$$

2. 雾沫夹带

（1）根据设计参考资料 2，202 页式(7-33)、式(7-34)

泛点率
$$F_1 = \frac{100 C_V + 136 L_s Z}{C_{AF} \cdot A_a} \times 100\%$$

或
$$F_1 = \frac{100 C_V}{0.78 A_T C_{AF}} \times 100\%$$

式中，F_1 为泛点率；C_V 为气相负荷，m^3/s；Z 为溢流的流程长度，m；C_{AF} 为气相负荷系数；A_T 为塔的截面积，m^2；A_a 为鼓泡区面积，m^2。

其中
$$\text{气相负荷} \quad C_V = V \sqrt{\frac{\rho_V}{\rho_L - \rho_V}}$$

精馏段
$$C_V = 0.7487 \sqrt{\frac{43.1300}{476.9412 - 43.1300}} = 0.2361 m^3/s$$

提馏段
$$C_V = 0.6868 \sqrt{\frac{47.1895}{452.2528 - 47.1895}} = 0.2344 m^3/s$$

溢流的流程长度 $\quad Z = D - 2W_d - W_d' = 2.8 - 2 \times 0.308 - 0.280 = 1.904m$

鼓泡区面积 $\quad A_a = A_T - 2A_f = 6.1580 - 2 \times 0.7389 = 4.6802m^2$

查图得最大气相负荷系数精馏段：$C_{AF0} = 0.122$ 提馏段：$C_{AF0}' = 0.120$

不同物系的系数因数为 1.0

所以气相负荷系数精馏段：$\qquad C_{AF}=0.122\times1.0=0.122$

$\qquad\qquad\qquad$提馏段：$\qquad C'_{AF}=0.120\times1.0=0.120$

将所有参数代入，得：

精馏段 $\qquad F_1=\dfrac{100\times0.2361+136\times0.06334\times1.904}{0.122\times4.6802}\times100\%=70.03\%$

$\qquad\qquad\qquad F_1=\dfrac{100\times0.2361}{0.122\times6.1580\times0.78}\times100\%=40.29\%$

提馏段 $\qquad F_1=\dfrac{100\times0.2344+136\times0.0720\times1.904}{0.120\times4.6802}\times100\%=74.93\%$

$\qquad\qquad\qquad F_1=\dfrac{100\times0.2334}{0.120\times6.1580\times0.78}\times100\%=40.67\%$

取大值 $F_1=70.03\%$ 及 $F_1=74.93\%$，对于大塔，均满足 $F_1<80\%\sim82\%$。

　　(2) 用夹带量经验式：

$$e=\frac{A(0.052h_L-1.72)}{H_T^\beta\varphi^2}\left(\frac{u}{\varepsilon m}\right)^{3.7}$$

　　式中，e 为雾沫夹带量，对于一般大塔，其值应在 10% 以下；A、β 为当 $H_T\geqslant400\mathrm{mm}$ 时，$A=0.159$，$\beta=0.95$，当 $H_T<400\mathrm{mm}$ 时，$A=9.48\times10^7$，$\beta=4.3$；φ 为系数，对于浮阀塔 $\varphi=0.6\sim0.8$；ε 为开孔区截面积占塔总截面积的比率，$\varepsilon=A_P/A_T$；u 为气体流速，m/s；m 为气液物性影响参数，根据设计参考资料 2，203 页式(7-37)

$$m=5.63\times10^{-5}\left(\frac{\sigma}{\rho_V}\right)\left(\frac{\rho_L-\rho_V}{\mu_V}\right)^{0.425}$$

　　式中，μ_V 为气体黏度，$\mathrm{kg\cdot s/m^2}$；σ 为液体表面张力，dyn/cm。

① 计算液体表面张力

由设计参考资料 11，65 页查表面张力见表 8-18。

表 8-18　液体的表面张力		
表面张力 组　分	$\sigma_i(44℃)$ $/(\mathrm{dyn/cm})$[①]	$\sigma_i(51℃)$ $/(\mathrm{dyn/cm})$
丙　烯	4.8	4.1
丙　烷	4.6	3.9
丁　烷		8.7

表 8-19　各组分气体的黏度/μP		
温　度 组　分	44℃	51℃
丙　烯	92.0	94
丙　烷	85.0	87
丁　烷		81

① $1\mathrm{dyn/cm}=1\times10^{-3}\mathrm{N/m}$。

计算液体平均表面张力

$$\sigma_m=\sum\sigma_i x_i$$

式中，σ_m 为表面张力，dyn/cm。

44℃时 $\qquad\qquad \sigma_m=4.8\times0.9962+4.6\times0.0038$

$\qquad\qquad\qquad\qquad =4.79924\mathrm{dyn/cm}$

51℃时 $\qquad\qquad \sigma_m=4.1\times0.1591+3.9\times0.8223+8.7\times0.0186$

$\qquad\qquad\qquad\qquad =4.0211\mathrm{dyn/cm}$

② 计算气体黏度

依据设计参考资料 11，43 页式(3-5)

$$\mu_m=\frac{\sum y_i\mu_i\sqrt{M_i}}{\sum y_i\sqrt{M_i}}$$

各组分气体的黏度见表 8-19。

计算气体的平均黏度：

44℃时　$\mu_{mV}=\dfrac{0.9962\times\sqrt{42.08}\times92+0.0038\times\sqrt{44.09}\times85}{0.9962\times\sqrt{42.08}+0.0038\times\sqrt{44.09}}=91.9727\mu P$

$\qquad\qquad\quad=0.9375\times10^{-6}kg\cdot s/m^2$

51℃时　$\mu_{mV}=\dfrac{0.1591\times\sqrt{42.08}\times94+0.8223\sqrt{44.09}\times87+0.0186\sqrt{58.12}\times81}{0.1591\sqrt{42.08}+0.8223\sqrt{44.09}+0.0186\sqrt{58.12}}$

$\qquad\qquad\quad=87.9608\mu P$

$\qquad\qquad\quad=0.8966\times10^{-6}kg\cdot s/m^2$

44℃时

$$m=5.63\times10^{-5}\left(\frac{4.79924}{43.1300}\right)^{0.295}\times\left(\frac{476.9412-43.1300}{0.9375\times10^{-6}}\right)^{0.425}=0.1418$$

51℃时

$$m=5.63\times10^{-5}\left(\frac{4.0211}{47.1895}\right)^{0.295}\times\left(\frac{452.2528-47.1895}{0.8966\times10^{-6}}\right)^{0.425}=0.1298$$

③ 计算开孔区截面积占塔总截面积的百分率

$$A_p=2\left(x\sqrt{r^2-x^2}+\frac{\pi}{180°}r^2\sin^{-1}\frac{x}{r}\right)-2\left(x_1\sqrt{r^2-x_1^2}+\frac{\pi}{180°}r^2\sin^{-1}\frac{x_1}{r}\right)$$

$$x=\frac{D}{2}-(W_d+W_S)$$

式中，A_p 为开孔区面积，m^2。

取破沫区宽度 $W_S=80mm$ ，边缘区宽度 $W_c=60mm$

$$x=\frac{2.8}{2}-(0.308+0.08)=1.012m$$

$$x_1=\frac{1}{2}W_d+W_S=\frac{1}{2}\times0.308+0.08=0.234m$$

$$r=\frac{1}{2}\times2.8-W_c=1.4-0.06=1.34m$$

$$A_p=2\left(1.012\sqrt{1.34^2-1.012^2}+\frac{\pi}{180°}\times1.34^2\sin^{-1}\frac{1.012}{1.34}\right)-$$

$$2\left(0.234\sqrt{1.34^2-0.234^2}+\frac{\pi}{180°}\times1.34^2\sin^{-1}\frac{0.234}{1.34}\right)$$

$$=4.8502-1.2475$$

$$=3.6027m^2$$

$$\varepsilon=A_p/A_T=0.5850$$

将以上数据代入

精馏段　　$e=\dfrac{0.159(0.052\times95.9-1.72)}{500^{0.95}\times0.7^2}\left(\dfrac{0.1217}{0.5850\times0.1418}\right)^{3.7}$

$\qquad\qquad=1.1945\%<10\%$

提馏段　　$e=\dfrac{0.159(0.052\times100.0-1.72)}{500^{0.95}\times0.7^2}\left(\dfrac{0.1116}{0.5850\times0.1298}\right)^{3.7}$

$\qquad\qquad=1.2809\%<10\%$

均满足要求。

3. 淹塔情况校核

根据设计参考资料 2，202 页式(7-31)

$$H_d = h_P + h_L + h_d$$

式中，h_d 为液体流过降液管的阻力，m 液柱；h_P 为塔板压力降，m 液柱；H_d 为降液管内清液层高度，m 液柱。

无进口堰

$$h_d = 0.153 \times \left(\frac{L_S}{L_w h_0}\right)^2$$

精馏段

$$h_d = 0.153 \times \left(\frac{0.06334/2}{1.7528 \times 0.05}\right)^2 = 0.01998 \text{m}$$

提馏段

$$h_d = 0.153 \times \left(\frac{0.0720/2}{1.7528 \times 0.05}\right)^2 = 0.0258 \text{m}$$

精馏段 $\quad H_d = 0.1233 + 0.0959 + 0.01998 = 0.2392 \text{m}$

提馏段 $\quad H_d = 0.1305 + 0.0100 + 0.0258 = 0.2563 \text{m}$

$$H_d \leqslant 0.4 \sim 0.6(H_T + h_w)$$

取 $\quad H_d \leqslant 0.5(H_T + h_w) = 0.275 \text{m}$

所以 $\quad H_d < 0.5(H_T + h_w)$ 满足要求。

(十) 浮阀塔的负荷性能图

1. 雾沫夹带线

取雾沫夹带 $e = 10\%$

按夹带量经验式计算

$$10\% = \frac{0.159(0.052 h_L - 1.72)}{500^{0.95} \times 0.7^2} \times \left(\frac{u_{上}}{0.5850 \times 0.1418}\right)^{3.7}$$

精馏段

$$u_{上} = \left(\frac{0.01128}{0.052 h_L - 1.72}\right)^{1/3.7}$$

提馏段

$$u_{上} = \left(\frac{0.008136}{0.052 h_L - 1.72}\right)^{1/3.7}$$

计算举例： 假设 $L_S = 0.02 \text{m}^3/\text{s}$

$$L_h = 72 \text{m}^3/\text{h}$$

$$h_{ow} = \frac{2.84}{1000} E \times \left(\frac{L_h}{L_W}\right)^{2/3}$$

$$= 2.84 \times 10^{-3} \times \left(\frac{72}{2 \times 1.7528}\right)^{2/3} = 21.30 \text{mm}$$

$$u_{上} = \left(\frac{0.01128}{0.052 \times 71.30 - 1.72}\right)^{1/3.7} = 0.2472 \text{m/s}$$

$$V_S = \frac{\pi D^2 u_{上}}{4} = 0.785 \times 2.8^2 \times 0.2472 = 1.5211 \text{m}^3/\text{s}$$

在操作范围内任取若干个 L_S 值，依式计算出相应的 V_S 值，列于表 8-20 中。

2. 液泛线

取 $\quad H_d = 0.5(H_T + h_w) = 0.275$

液泛时 $H_d = h_P + h_L + h_d$

$$= h_C + h_1 + h_L + h_d$$

$$= (h_w + h_{ow}) + h_C + (0.4 h_w + h_{ow}) + h_d$$

$$= 1.4 \times 0.05 + 2 \times 2.84 \times 10^{-3} E \left(\frac{L_h/2}{1.7528}\right)^{2/3} + 5.37 \times \frac{u_0^2}{2 \times 9.81} \cdot \frac{\rho_V}{\rho_L} + 0.153 \left(\frac{L_S/2}{L_w h_0}\right)^2$$

表 8-20   雾沫夹带线不同 L_S 值对应的 V_S 值

名称	项目	1	2	3	4	5	6
精馏段	$L_S/(m^3/s)$	0	0.02	0.04	0.06	0.08	0.10
	$L_h/(m^3/h)$	0	72.00	144.00	216.00	288.00	360.00
	h_{ow}/mm	0	21.30	33.81	44.30	53.67	62.28
	H_L/mm	50	71.30	83.81	94.30	103.67	112.28
	$u_{上}/(m/s)$	0.3080	0.2472	0.2289	0.2176	0.2094	0.2030
	$V_S/(m^3/s)$	1.8596	1.5211	1.4090	1.3392	1.2887	1.2492
提馏段	$L_S/(m^3/s)$	0	0.02	0.04	0.06	0.08	0.10
	$L_h/(m^3/h)$	0	72.00	144.00	216.00	288.00	360.00
	h_{OW}/mm	0	21.30	33.81	44.30	53.67	62.28
	H_L/mm	50	71.30	83.81	94.30	103.67	112.28
	$u_{上}/(m/s)$	0.2820	0.2263	0.2100	0.1992	0.1917	0.1858
	$V_S/(m^3/s)$	1.7355	1.3925	1.2899	1.2260	1.1798	1.1436

精馏段 $\qquad u_0^2 = 8.2825 - 0.099445 L_h^{2/3} - 201.2041 L_S^2$

提馏段 $\qquad u_0^2 = 7.1782 - 0.086186 L_h^{2/3} - 174.3762 L_S^2$

计算举例：假设 $\qquad L_S = 0.02 m/s \qquad L_h = 72 m^3/h$

计算出 $\qquad u_0 = 2.5458 m/s$

$$V_S = \frac{\pi}{4} d_0^2 N_{孔} = 1.3617 m^3/s$$

在操作范围内任取若干个 L_S 值，依式计算出相应的 V_S 值，列于表 8-21 中。

表 8-21   液泛线不同 L_S 值对应的 V_S 值

名称	项目	1	2	3	4	5	6
精馏段	$L_S/(m^3/s)$	0	0.02	0.04	0.06	0.08	0.10
	$L_h/(m^3/h)$	0	72.00	144.00	216.00	288.00	360.00
	$u_0/(m/s)$	2.8779	2.5458	2.2866	1.9945	1.6303	1.1126
	$V_S/(m^3/s)$	1.5394	1.3617	1.2231	1.0669	0.8721	0.5952
提馏段	$L_S/(m^3/s)$	0	0.02	0.04	0.06	0.08	0.10
	$L_h/(m^3/h)$	0	72.00	144.00	216.00	288.00	360.00
	$u_0/(m/s)$	2.6792	2.3700	2.1287	1.8568	1.5177	1.0319
	$V_S/(m^3/s)$	1.4331	1.2677	1.1387	0.9932	0.8119	0.5520

3. 降液管超负荷线

按设计参考资料 2，196 页式(7-14)

$$L_{max} = \frac{A_f \cdot H_T}{\tau_{小}}$$

式中，$\tau_{小}$ 为液体在降液管保留时间，s。

以 4s 作为液体在降液管中停留时间的下限，则：

$$L_{max} = \frac{0.7389 \times 0.5}{4} = 9.23 \times 10^{-2} m^3/s$$

4. 泄露线

根据设计参考资料 6，157 页表 8-6 取 $F_{0min} = 5$ 作为规定气体最小负荷的标准，则：

$$u_{0min} = \frac{F_{0min}}{\sqrt{\rho_V}}$$

精馏段 $\qquad u_{0min} = \frac{5}{\sqrt{43.1300}} = 0.7613 m/s$

$$V_{\min} = \frac{\pi}{4} d_0^2 N u_{0\min} = 0.3807 \text{m}^3/\text{s}$$

提馏段

$$u_{0\min} = \frac{5}{\sqrt{47.1895}} = 0.7279 \text{m/s}$$

$$V_{\min} = \frac{\pi}{4} d_0^2 N u_{0\min} = 0.9640 \text{m}^3/\text{s}$$

5. 液相下限线

设最小液量时，平堰上的液量层厚度为 6mm。由设计参考资料 2，195 页式(7-10)

$$h_{\text{owmin}} = 0.006 = 2.84 \times 10^{-3} E \left(\frac{L_{\min}}{L_w} \right)^{2/3}$$

式中，E 为液流收缩系数，一般取 1.0。

$$L_{\min} = \left(\frac{0.006}{2.84 \times 10^{-3}} \right)^{3/2} \times 2 \times 1.7528 = 10.7649 \text{m}^3/\text{h}$$

$$= 0.00299 \text{m}^3/\text{s}$$

6. 操作点

精馏段

$$\frac{V}{L} = \frac{0.7487}{0.06334} = 11.8203$$

提馏段

$$\frac{V'}{L'} = \frac{0.6968}{0.0720} = 9.5389$$

在回流比不变的操作条件下，作出负荷性能图 8-2 和图 8-3，并作出操作线，计算操作弹性。

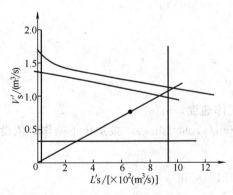

图 8-2 提馏段操作性能图

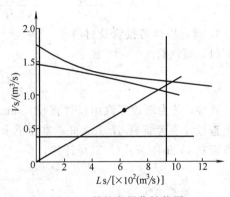

图 8-3 精馏段操作性能图

精馏段

$$\text{操作弹性} = \frac{V_{\max}}{V_{\min}} = \frac{1.05}{0.38} = 2.76$$

提馏段

$$\text{操作弹性} = \frac{V_{\max}}{V_{\min}} = \frac{0.95}{0.36} = 2.64$$

（十一）塔的附属设备计算

1. 再沸器的计算

由前计算 $\quad Q_W = 7949442.375 \text{kcal/h} = 3.3284 \times 10^7 \text{kJ/h}$

（1）热负荷的计算

$$Q = (100 + 5)\% Q_W = 1.05 Q_W = 8346914.494 \text{kcal/h} = 3.4949 \times 10^7 \text{kJ/h}$$

（2）传热面积

$$\Delta t_m = \frac{(T_1 - t_2) - (T_2 - t_1)}{\ln \frac{T_1 - t_2}{T_2 - t_1}} = \frac{(80 - 51) - (60 - 51)}{\ln \frac{29}{9}} = 17.093 \text{K}$$

$$A = \frac{Q}{\Delta t_{\mathrm{m}} \cdot K} = \frac{8346914.494}{590 \times 17.093} = 827.6670 \mathrm{m}^2$$

式中，K 为总传热系数，$\mathrm{W/(m^2 \cdot K)}$。

（3）水量计算 $\qquad Q = W c_p (T_1 - T_2)$

$$T_1 = 80 + 273 = 353 \mathrm{K} \qquad T_2 = 60 + 273 = 333 \mathrm{K}$$

$$W = \frac{Q}{c_p (T_1 - T_2)} = \frac{8346914.494}{1 \times (80 - 60)} = 417345.7247 \mathrm{kg/h}$$

2. 塔顶冷凝器的计算

由前计算 $\qquad Q_{\mathrm{P}} = 8022354.375 \mathrm{kcal/h} = 3.3590 \times 10^7 \mathrm{kJ/h}$

（1）热负荷计算

$$Q = 1.05 Q_{\mathrm{P}} = 8423472.094 \mathrm{kcal/h} = 3.5269 \times 10^7 \mathrm{kJ/h}$$

（2）传热面积的确定

$$\Delta t_{\mathrm{m}} = \frac{(T_1 - t_1) - (T_2 - t_2)}{\ln \dfrac{T_1 - t_1}{T_2 - t_2}} = \frac{14 - 8}{\ln \dfrac{14}{8}} = 10.722 \mathrm{K}$$

$$A = \frac{Q}{\Delta t_{\mathrm{m}} \cdot K} = \frac{8423472.094}{500 \times 10.722} = 1571.2502 \mathrm{m}^2$$

（3）水量计算

$$Q = W c_p (t_2 - t_1)$$

$$W = \frac{Q}{c_p (t_2 - t_1)} = \frac{8423472.094}{0.997 \times (36 - 30)} = 1408136.425 \mathrm{kg/h}$$

3. 确定塔体各接管及材料

（1）蒸汽管

$$V_{\mathrm{S}} = \frac{\pi}{4} d^2 u$$

式中，d 为塔顶蒸汽出口管直径，mm；u 为气体速度，$\mathrm{m/s}$。

查设计参考资料 6，183 页，常压下 $u = 10 \sim 40 \mathrm{m/s}$，取 $30 \mathrm{m/s}$，按加压下操作，依设计参考资料 6，184 页式(9-52)计算：

$$u_p = \frac{u}{\sqrt{p}} = \frac{30}{\sqrt{17.4}} = 7.19195 \mathrm{m/s}$$

式中，u_p 为加压下气体温度，$\mathrm{m/s}$。

$$d = \sqrt{\frac{V_{\mathrm{S}}}{0.785 u_p}} = \sqrt{\frac{0.7487}{0.785 \times 7.19195}} = 364 \mathrm{mm}$$

选公称直径（D_{g}）$400 \mathrm{mm}$，查设计参考资料 8，132 页外径 $426 \mathrm{mm}$，壁厚 $9 \mathrm{mm}$。

（2）回流管

查设计参考资料 6，183 页，由泵输送 $u = 1 \sim 2 \mathrm{m/s}$，取 $u = 1.5 \mathrm{m/s}$，$L_{\mathrm{S}} = 0.6334 \mathrm{m}^3/\mathrm{s}$

$$d = \sqrt{\frac{L_{\mathrm{S}}}{0.785 u}} = \sqrt{\frac{0.06334}{0.785 \times 1.5}} = 231.9 \mathrm{mm}$$

选公称直径（D_{g}）$250 \mathrm{mm}$，外径 $273 \mathrm{mm}$，壁厚 $8 \mathrm{mm}$。

（3）进料管

查设计参考资料 6，183 页，$u = 0.5 \sim 1 \mathrm{m/s}$，取 $u = 0.7 \mathrm{m/s}$，

$$V_{\mathrm{S}} = \frac{8133.5017}{3600 \times 474.0546} = 0.004766 \mathrm{m}^3/\mathrm{s}$$

$$d=\sqrt{\frac{V_S}{0.785u}}=\sqrt{\frac{0.004766}{0.785\times0.7}}=93.13\text{mm}$$

选公称直径（D_g）100mm，外径108mm，壁厚4mm。

（4）塔釜液出口

查设计参考资料6，183页，$u=0.5\sim1\text{m/s}$，取$u=0.7\text{m/s}$，

$$V_S=W=\frac{6333.5017}{3600\times452.2528}=0.00039\text{m}^3/\text{s}$$

$$d=\sqrt{\frac{V_S}{0.785u}}=\sqrt{\frac{0.00039}{0.785\times0.7}}=26.64\text{mm}$$

选公称直径（D_g）32mm，外径38mm，壁厚3.5mm。

（5）进入再沸器的气液混合液入口

按参考资料6，184页取$u=0.8\text{m/s}$，

$$d=\sqrt{\frac{L'_S}{0.785u}}=\sqrt{\frac{0.0720}{0.785\times0.8}}=339\text{mm}$$

选公称直径（D_g）350mm，外径377mm，壁厚9mm。

（6）再沸器进入塔内管口直径

$V'=0.6868\text{m}^3/\text{s}$　　选择卧式再沸器汽化率50%

$$V'_\text{入}=\frac{0.6868}{0.5}=1.3736\text{m}^3/\text{s}$$

查设计参考资料6，183页$u=10\sim30\text{m/s}$　取20m/s，

$$d=\sqrt{\frac{V_S}{0.785u}}=\sqrt{\frac{1.3736}{0.785\times20}}=295.8\text{mm}$$

选公称直径（D_g）300mm，外径325mm，壁厚8mm。

计算结果汇总见表8-22。

表8-22　接管尺寸汇总

项目	公称直径 D_g/mm	外径 $D_\text{外}$/mm	接管壁厚 /mm	项目	公称直径 D_g/mm	外径 $D_\text{外}$/mm	接管壁厚 /mm
塔顶蒸汽出口	400	420	9	塔釜液体出口	32	38	3.5
回流管	250	273	8	再沸器入口	350	377	9
进料管	100	108	4	再沸器出口	300	325	8

设计结果汇总见表8-23。

三、设计图纸

工艺流程图（略）

设备布置图（略）

塔的装置图（略）

四、设计参考资料

1　天津大学化工原理教研室编. 化工原理（下）. 第2版. 天津：天津科学技术出版社，1990.

2　华东化工学院. 基础化学工程（中）. 上海：上海科学技术出版社，1978.

3　石油化工规划设计院. 塔的工艺设计. 北京：石油化学工业出版社，1977.

4　《化工设备手册》编写组. 金属设备. 上海：上海人民出版社，1975.

5　中国石化集团. 化工工艺设计手册（上、下）. 第2版. 北京：化学工业出版社，1994.

6　天津大学. 基本有机化学工程（中）. 北京：人民教育出版社，1978.

表 8-23 设计结果汇总

项　目		指　标	项　目		指　标
设计压力(表压)/(kg/cm²)		22.62	塔径/mm		2800
设计温度/℃		51	塔板	型式	双溢流浮阀板
操作压力(表压)/(kg/cm²)		17.4		层数	100
操作温度/℃	塔顶	44		进料位置	62
	进料	45		板间距/mm	500
	塔釜	51		板效率	93%
操作介质		丙烯、丙烷、丁烷	气体塔板压降 /(m 液柱)	精馏段	0.1233
回流比		14.5		提馏段	0.1305
液体密度 /(kg/m³)	塔顶	476.9412	降液管液 面高度/m	精馏段	0.2392
	进料	474.0546		提馏段	0.2563
	塔釜	452.2528	堰高/mm		50
	塔顶	43.1300	板上清液 层高度/mm	精馏段	95.9
	塔釜	47.1895		提馏段	100.0
液体表面张力 /(dyn/cm)	塔顶	4.79924	降液管下端与液盘间距/mm		50
	塔釜	4.0211	浮阀	型号	F1 型
气体黏度/μP	塔顶	87.9608		浮阀数	448
	塔釜	91.9727			
气体负荷/(m³/s)	塔顶	0.7487	塔釜热负荷/(kcal/h)		8.7×10⁶
	塔釜	0.6868	塔顶冷凝器热面积/m²		1571.2502
液体负荷/(m³/s)	塔顶	0.06334	塔釜再沸器热面积/m²		827.6670
	塔釜	0.0720			

7　韩叶象. 化工机械基础. 第 2 版. 北京：化学工业出版社，1990.

8　北京化工研究院. 浮阀塔. 北京：燃料化学工业出版社，1975.

9　东北大学编写组. 机械零件设计手册（上）. 北京：冶金工业出版社，1975.

10　燃化部第六化工设计院. 气液传质设备设计. 北京：燃料化学工业出版社，1973.

11　燃化部第五化工设计院. 轻碳氢化合物数据手册（第一册）. 北京：燃料化学工业出版社，1971.

设计实例二　年产 30 万吨合成氨厂的工艺设计

一、说明书（略）

包括合成氨的生产历史及发展趋势，生产原理及流程选择等。

二、工艺计算

本设计的工艺流程示意图如图 8-4 所示。

（一）部分物料衡算

1. 合成氨消耗定额的计算

（1）计算依据

① 原料气组成见表 8-24。

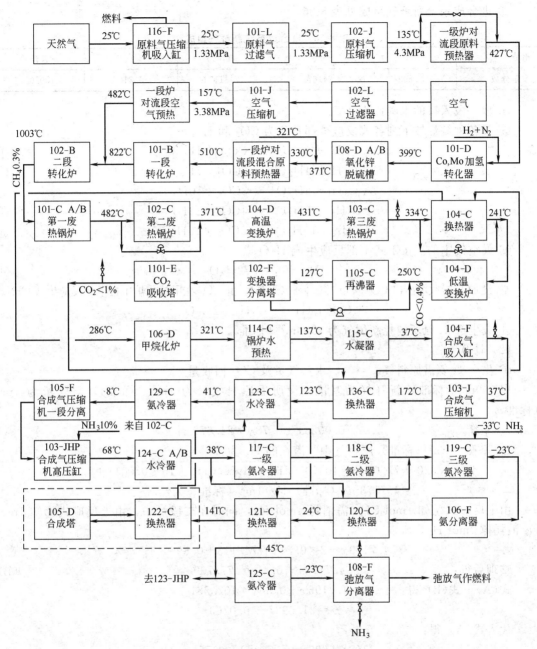

图 8-4 合成氨工艺流程示意图

表 8-24 原料气组成

组分	CH₄	C₂H₆	C₃H₈	C₄H₁₀	C₅H₁₂	N₂	H₂	CO₂	合计
摩尔分数/%	83.20	10.00	5.16	1.19	0.11	0.23	0.10	0.01	100.00

② 空气组成见表 8-25。

表 8-25 空气组成

组分	N₂	O₂	Ar	合计
体积分数/%	78	21	1	100

③ 进合成系统新鲜气组成见表 8-26。

表 8-26　进合成系统新鲜气组成

组分	CH_4	N_2	O_2	Ar	合计
摩尔分数/%	0.899	24.672	74.113	0.316	100.00

④ 取一段入口的水碳比为 3.5。

⑤ 设各种烷烃按下列各式反应全部转化为 CO_2 和 H_2。

$$CH_4 + 2H_2O \Longrightarrow CO_2 + 4H_2 \qquad ①$$
$$C_2H_6 + 4H_2O \Longrightarrow 2CO_2 + 7H_2 \qquad ②$$
$$C_3H_8 + 6H_2O \Longrightarrow 3CO_2 + 10H_2 \qquad ③$$
$$C_4H_{10} + 8H_2O \Longrightarrow 4CO_2 + 13H_2 \qquad ④$$
$$C_5H_{12} + 10H_2O \Longrightarrow 5CO_2 + 16H_2 \qquad ⑤$$

⑥ 设空气中的氧按下式全部反应生成 H_2O。

$$2H_2 + O_2 \Longrightarrow 2H_2O \qquad ⑥$$

⑦ 设 CO_2 吸收塔出口 CO_2 含量为 0.1%（干基），此 CO_2 在甲烷化炉中按下式反应生成 CH_4。

$$CO_2 + 4H_2 \Longrightarrow CH_4 + 2H_2O \qquad ⑦$$

⑧ 设生产 1t 氨所消耗新鲜气为 $2900m^3$（标准）。

（2）计算

① 生产 1t 氨需原料气、空气、水蒸气量及 CO_2 回收量

以 $100m^3$（标准）新鲜气为基准，设所需原料气量为 xm^3（标准），空气量为 ym^3（标准）。

N_2 平衡　　　　　　　　$0.0023x + 0.78y = 24.672$　　　　　　　　（A）

H_2 平衡　$1m^3$（标准）原料气中，潜在的 H_2 为：

$$4 \times 0.8320 + 7 \times 0.10 + 10 \times 0.0516 + 13 \times 0.0119 + 16 \times 0.0011 + 0.001$$
$$= 4.7173m^3 （标准） H_2/1m^3 （标准）天然气$$

由上反应式⑦知 1mol CH_4 需消耗 4mol H_2，同时在二段炉中，由上反应式⑥知 1mol O_2 消耗掉 2mol H_2，所以

$$4.7173x - 2 \times 0.21y = 74.113 + 0.899 \times 4$$

整理后得：　　　　　　$4.7173x - 0.42y = 77.709$　　　　　　　　（B）

式（A）+式（B）得：　　　$4.7196x + 0.36y = 102.381$

$$x = 21.6927 - 0.0763y$$

代入式（A）得：

$$0.0023(21.6927 - 0.0763y) + 0.78y = 24.672$$

解得：　　　　　　　　　$x = 19.2843$

　　　　　　　　　　　　$y = 31.5739$

每吨氨需原料气量

$$19.2843 \times 2900/100 = 559.2447m^3 （标准）天然气/t（NH_3）$$
$$= 24.9663kmol/t（NH_3）$$
$$= 1040.2625kmol/h$$

空气需要量

$$31.5739 \times 2900/100 = 915.6431m^3 （标准）/t（NH_3）$$
$$= 40.8769kmol/t（NH_3）$$

$$=1703.2052kmol/h$$

水蒸气需求量

天然气的总碳指数为：

$$\sum C = (1\times83.20+2\times10.00+3\times5.16+4\times1.19+5\times0.11)\div100$$
$$=1.2399$$

$$24.9663\times1.2399\times3.5 = 108.3450kmol/t（NH_3）$$
$$=1950.2101kg/t（NH_3）$$
$$=4514.3752kmol/h$$

即水蒸气需要量为 4514.3752kmol/h。

CO_2 回收量

$$559.2447\times(1.2399+0.0001)-2900\times0.00899$$
$$=667.3924m^3（标准）/t（NH_3）$$
$$=29.7943kmol/t（NH_3）$$
$$=1241.4294\ kmol/h$$

按日产千吨氨计每小时消耗试剂原料量见表 8-27。

表 8-27　按日产千吨氨计每小时消耗试剂原料量

物料	原料气	工艺空气	水蒸气	CO_2 回收
消耗/(kmol/h)	1040.2625	1703.2052	4514.3752	1241.4294

② 循环氢气量的计算　如图 8-5 所示。

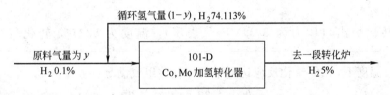

图 8-5　循环氢气量计算图

H_2 的平衡方程　　　　$0.001y+0.74113\times(1-y)=1.0\times0.05$

解得：　　　　　　　$y=0.9338$　　　$1-y=0.0662$

可知 0.9338 kmol 原料气加氢转化需要循环气为 0.0662kmol，则每吨 NH_3 需循环气量为：

$$24.9663\times0.0662\div0.9338 = 1.7699kmol/t（NH_3）$$
$$=73.7475kmol/h$$

出转化器气体量为：

$$1040.2625+73.7475=1114.0100kmol/h$$

出转化器气体总碳数为：

$$\sum C = (77.7517+2\times9.3380+3\times4.8184+4\times1.1112+5\times0.1027)\div100$$
$$=1.1584$$

而水碳比为 3.5

故水蒸气量为：　　　　$1114.0100\times1.1584\times3.5=4516.6421kmol/h$

加氢转化器气体流量及组成见表 8-28。

进一段转化炉气体总量为：

$$1114.0100+4516.6421=5630.6521kmol/h$$

表 8-28　　进出 Co，Mo 加氢转化器气体流量及组成

组分	进加氢转化器天然气量			进加氢转化器循环气量			出加氢转化器总气体量		
	摩尔分数/%	/(kmol/h)	/(kg/h)	摩尔分数/%	/(kmol/h)	/(kg/h)	摩尔分数/%	/(kmol/h)	/(kg/h)
CH_4	83.20	865.4984	13847.9744	0.899	0.6630	10.608	77.7517	866.1617	13858.5872
C_2H_6	10.00	104.0263	3120.7890				9.3380	104.0263	3120.7890
C_3H_8	5.16	53.6775	2361.8100				4.8184	53.6775	2361.8100
C_4H_{10}	1.19	12.3791	717.9878				1.1112	12.3791	717.9878
C_5H_{12}	0.11	1.1443	82.3896				0.1027	1.1443	82.3896
N_2	0.23	2.3926	66.9928	24.672	18.1950	509.460	1.8481	20.5880	576.4640
H_2	0.1	1.0403	2.0806	74.113	54.6565	109.313	4.9997	55.6972	111.3944
CO_2	0.01	0.1040	4.5760				0.0093	0.1040	4.5760
Ar				0.316	0.2330	9.320	0.0209	0.2328	9.3120
合计	100.00	1040.2625	20204.6002	100.000	73.7475	638.701	100.00	1114.0100	20843.3100

2. 一段转化炉物料衡算

（1）计算依据

① 进一段转化炉气体组成见表 8-29。

表 8-29　　进一段转化炉气体组成

组分	CH_4	C_2	C_3	C_4	C_5	N_2	H_2	CO_2	Ar	合计
摩尔分数/%	77.7517	9.3380	4.8184	1.1112	0.1027	1.8481	4.9997	0.0093	0.0209	100.00

② 进一段转化炉气体总量为 5630.6521kmol/h。

③ 水碳比为 3.5。

④ 一段转化炉出口压力为 3.09MPa（表压），温度为 822℃，转化气中 CH_4 含量为 9.7%。

⑤ 在出口温度下，CO 转化反应达到平衡即气体组成满足：

$$k_p = \frac{p_{CO_2} \cdot p_{H_2}}{p_{CO} \cdot p_{H_2O}} = \frac{n_{CO_2} \cdot n_{H_2}}{n_{CO} \cdot n_{H_2O}}$$

查设计参考资料 1 得知当 $t = 822℃$ 时，$k_p = 0.94135$。

（2）计算

① 一段转化炉出口气体量的计算

设 n_{CO}、n_{CO_2}、n_{H_2} 分别表示转化炉出口气中 CO、CO_2、H_2 的物质的量。n_{H_2O} 表示反应掉的蒸汽的物质的量，V 表示干气的物质的量。

C 平衡　　866.1617 + 2 × 104.0263 + 3 × 53.6775 + 4 × 12.3791 + 5 × 1.1443 + 0.1040

$$= n_{CO} + n_{CO_2} + 0.097V$$

整理得：　　　　　　　　$1290.5887 = n_{CO} + n_{CO_2} + 0.097V$ 　　　　　①

H_2 平衡　　2 × 866.1617 + 3 × 104.0263 + 4 × 53.6775 + 5 × 12.3791 +

6 × 1.1443 + 55.6972 + 4516.6421 $= n_{H_2} + 2 × 0.097V + (4516.6421 - n'_{H_2O})$

整理得：　　　　　　　　$2383.5708 = n_{H_2} + 0.194V - n'_{H_2O}$ 　　　　　②

O_2 平衡　　0.1040 + 0.5 × 4516.6421 $= 0.5 × 4516.6421 - 0.5n'_{H_2O} + 0.5n_{CO} + n_{CO_2}$

整理得：　　　　　　　　$0.2080 = n_{CO} + 2n_{CO_2} - n'_{H_2O}$ 　　　　　③

总干气量为：　　　　$V = n_{CO} + n_{CO_2} + 0.097V + n_{H_2} + n_{N_2} + n_{Ar}$

整理得：　　　　　　$V = n_{CO} + n_{CO_2} + 0.097V + n_{H_2} + 20.8208$ 　　　　　④

式④－式①得 $\qquad n_{H_2}=V-1311.4095$ ⑤

式⑤＋式②得 $\qquad n'_{H_2O}=1.194V-3694.9803$ ⑥

式①－式③得 $\qquad n'_{H_2O}-n_{CO_2}+0.097V=1290.3807$ ⑦

式⑥代入式⑦得 $\qquad n_{CO_2}=1.291V-4985.3610$ ⑧

式①×2－式③代入式⑥得 $\quad n_{CO}=6275.9497-1.388V$ ⑨

出一段转化炉工艺蒸汽量为

$$n_{H_2O}=4516.6421-n'_{H_2O}=8211.6224-1.194V \qquad ⑩$$

因为 $\qquad k_p=\dfrac{n_{CO_2}\cdot n_{H_2}}{n_{CO}\cdot n_{H_2O}}=0.94135$

所以 $\qquad \dfrac{(1.291V-4985.3610)\cdot(V-1311.4095)}{(6275.9497-1.388V)\cdot(8211.6224-1.194V)}=0.94135$

整理 $\qquad V^2-41360.3374V+155999707.4=0$

解得 $\qquad V=4209.2018kmol/h$

将 V 值分别代入式⑤、⑥、⑧、⑨、⑩解得

$$n_{H_2}=2897.7923kmol/h$$

$$n_{H_2O}=1330.8067kmol/h$$

$$n_{CO_2}=448.7186kmol/h$$

$$n'_{H_2O}=3185.8354kmol/h$$

$$n_{CH_4}=408.2926kmol/h$$

$$n_{CO}=433.5776kmol/h$$

$$\sum n_{湿}=3185.8354+4209.2018=7395.0372kmol/h$$

② 一段转化炉平衡温距的计算

$$k_{pCH_4}=\frac{p_{CO}\cdot p_{H_2}^3}{p_{CH_4}\cdot p_{H_2O}}=\frac{n_{CO}\cdot n_{H_2}^3}{n_{CH_4}\cdot n_{H_2O}}\left(\frac{p}{\sum n_{湿}}\right)^2$$

$$=\frac{433.5776\times2897.7923^3}{408.2926\times3185.8354}\left(\frac{30.8867}{7395.0372}\right)^2$$

$$=141.4934$$

查设计参考资料 1 得 $t=790.8℃$，故得平衡温距 $\Delta t=822-790.8=31.2℃$。

③ 一段转化炉理论氢空速的计算

一段转化炉进出物料平衡表见表 8-30。

取一段转化炉触媒填装量为 $15.2m^3$，以 100kPa、15.56℃ 为计算基准。

$$V_{SP}=\frac{n_{H_2}+n_{CO}+4n_{CH_4}}{V_R}\times\frac{T}{T_0}\times22.4$$

$$=\frac{2897.7923+433.5776+4\times408.2926}{15.2}\times\frac{273.15+15.56}{273.15}\times22.4$$

$$=7732.9302h^{-1}$$

3. 二段转化炉物料衡算

(1) 计算依据

出口 CH_4 含量为 0.33%，出口温度为 1003℃；出口压力为 3.06MPa（表）；补充蒸汽为空气量的 10%。

(2) 计算

① 二段转化炉出口气体量的计算

表 8-30　一段转化炉进出物料平衡

组分	进一段转化炉气体量			出一段转化炉气体量		
	摩尔分数(干)/%	/(kmol/h)	/(kg/h)	摩尔分数(干)/%	/(kmol/h)	/(kg/h)
CH_4	77.7517	866.1617	13858.5872	9.7000	408.2926	6532.6816
C_2	9.3380	104.0263	3120.7890			
C_3	4.8184	53.6775	2361.8100			
C_4	1.1112	12.3791	717.9878			
C_5	0.1027	1.1443	82.3896			
N_2	1.8481	20.5880	576.464	0.4891	20.5880	576.464
H_2	4.9997	55.6972	111.3944	68.8442	2897.7923	5795.5846
CO_2	0.0093	0.1040	4.5760	10.6604	448.7186	19743.6184
CO				10.3007	433.5776	12140.1728
Ar	0.0209	0.2328	9.3120	0.0056	0.2328	9.3120
Σ干气	100.0000	1114.0100	20843.3100	100.0000	4209.2018	44797.8334
H_2O		4516.6421	81299.5578		3185.8354	57345.0372
Σ湿气		5630.6521	102142.8678		7395.0372	102142.8706

由前计算知加入二段转化炉的空气量为：1703.2052kmol/h，补充蒸汽量为：170.3205kmol/h。

C 平衡　　　　　　　$1290.5887 = n_{CO_2} + n_{CO} + 0.0033V$ 　　　　　　　①

H_2 平衡　　$2897.7923 + 408.2926 \times 2 + 3185.8354 + 170.3205$

　　　　　　$= n_{H_2} + 2 \times 0.0033V + 3185.8354 + 170.3205 - n'_{H_2O}$

整理得：　　　　$3714.3775 = n_{H_2} + 0.0066V - n'_{H_2O}$ 　　　　　②

O_2 平衡　　$0.5 \times 433.5776 + 448.7186 + 0.5 \times (3185.8354 + 17.3205) +$

　　　　　　$0.21 \times 1703.2052 =$

　　　　$n_{CO_2} + 0.5n_{CO} + 0.5 \times (3185.8354 + 170.3205) - 0.5n'_{H_2O}$

整理得：　　　　$2046.3610 = n_{CO} + 2n_{CO_2} - n'_{H_2O}$ 　　　　　　③

出二段转化炉气体量　$V = n_{CO} + n_{CO_2} + n_{H_2} + n_{N_2} + n_{Ar} + n_{CH_4}$

　　　$V = n_{CO} + n_{CO_2} + n_{H_2} + 20.5880 + 0.2328 + 0.79 \times 1703.2052 + 0.0033V$

整理得：　　　$V = n_{CO} + n_{CO_2} + n_{H_2} + 0.0033V + 1366.3529$ 　　　④

设在出口条件下，CO 转化反应达平衡，查设计参考资料 1 得 $k_{pCO} = 0.566135$

$$k_{pCO} = \frac{p_{CO_2} \cdot p_{H_2}}{p_{CO} \cdot p_{H_2O}} = \frac{n_{CO_2} \cdot n_{H_2}}{n_{CO} \cdot n_{H_2O}} \qquad ⑤$$

式①-式④得　　　　　　$V = n_{H_2} + 2656.9416$ 　　　　　　　⑥

将式⑥代入式②整理得

　　　　　　　　$n'_{H_2O} = 1.0066n_{H_2} - 3696.8417$ 　　　　　　⑦

式③-式①得　　　　$755.7723 = n_{CO_2} - n'_{H_2O} - 0.0033V$ 　　　⑧

将式⑥、⑦代入式⑧整理得

　　　　　　　　$n_{CO_2} = 1.0099n_{H_2} - 2932.3015$ 　　　　　　⑨

将式⑦、式⑨代入式③整理得：

　　　　　　　　$n_{CO} = 4214.1223 - 1.0132n_{H_2}$ 　　　　　　⑩

出二段转化炉工艺蒸汽量为：

$$n_{H_2O} = 3185.8354 + 170.3205 - n'_{H_2O}$$
$$= 7052.9976 - 1.0066 n_{H_2} \qquad ⑪$$

将式⑨、⑩、⑪代入式⑤整理得

$$k_{pCO} = \frac{(1.0099 n_{H_2} - 2932.3015) \cdot n_{H_2}}{(4214.1223 - 1.0132 n_{H_2}) \cdot (7052.9976 - 1.0066 n_{H_2})} = 0.566135$$

整理得: $\qquad n_{H_2}^2 + 8126.7328 n_{H_2} - 38905278.95 = 0$

解得 $\qquad\qquad n_{H_2} = 3380.8411 \text{kmol/h}$,

将 n_{H_2} 值分别代入式⑦、⑨、⑩、⑪得:

$$n_{CO} = 788.6541 \text{kmol/h}$$
$$n_{CO_2} = 482.0099 \text{kmol/h}$$
$$n_{H_2O} = 3648.9429 \text{kmol/h}$$
$$n'_{H_2O} = -293.6870 \text{kmol/h}$$

空气所带入的各组分量为:

$$n_{O_2} = 0.21 \times 1703.2052 = 357.6731 \text{kmol/h}$$
$$n_{N_2} = 0.78 \times 1703.2052 = 1328.5001 \text{kmol/h}$$
$$n_{Ar} = 0.01 \times 1703.2052 = 17.0321 \text{ kmol/h}$$

二段转化炉出口干气总量

$$V = n_{H_2} + 2656.9416 = 3380.8411 + 2656.9416$$
$$= 6037.7827 \text{kmol/h}$$

甲烷含量为 $\qquad n_{CH_4} = 0.0033 \times 6037.7827 = 19.9247 \text{kmol/h}$

② 二段转化炉平衡温距的计算

二段炉出口压力(表)为 3.06MPa,当地大气压取 98.66kPa。

压力校正:

$$k_{pCH_4} = \frac{n_{CO} \cdot n_{H_2}^3}{n_{CH_4} \cdot n_{H_2O}} \left(\frac{p}{\sum n_{湿}}\right)^2$$
$$= \frac{788.6541 \times (3380.8411)^3}{19.9247 \times 3648.9429} \times \left(\frac{30.6}{9686.7256}\right)^2$$
$$= 4182.0172$$

查设计参考资料 1 得知 $k_{pCH_4} = 4182.0172$ 对应 $t = 954.04℃$,故平衡温差

$$\Delta t = 1003 - 954.04 = 48.96℃$$

③ 二段转化炉理论氢空速的计算

二段转化炉装填触媒体积 $V_R = 33.4 \text{m}^3$ 以 0.1MPa、60F°(15.56℃)为基准。

$$V_{SP} = \frac{n_{H_2} + n_{CO} + 4 n_{CH_4}}{V_R} \times \frac{T}{T_0} \times 22.4$$
$$= \frac{3380.8411 + 788.6541 + 4 \times 19.9247}{33.4} \times \frac{273.15 + 15.56}{273.15} \times 22.4$$
$$= 3012.0895 \text{h}^{-1}$$

二段转化炉进出物料衡算见表 8-31。

4. 高温变换炉物料衡算

(1) 计算依据

高温变换炉出口 CO 含量为 3%,出口干气量为 Vkmol/h,变换反应方程式为:

$$CO + H_2O =\!=\!= CO_2 + H_2$$

表 8-31　二段转化炉进出物料衡算

组分	进入二段转化炉气体量			出二段转化炉气体量		
	/(kmol/h)	/(kg/h)	摩尔分数(干)/%	/(kmol/h)	/(kg/h)	摩尔分数(干)/%
H_2	2897.7923	5795.5846	49.0121	3380.8411	6761.6822	55.9947
N_2	1349.0881	37774.4668	22.8179	1349.0881	37774.4668	22.3441
Ar	17.2649	690.5960	0.2920	17.2649	690.5960	0.2859
CO	433.5776	12140.1728	7.3333	788.6541	22082.3148	13.0620
CO_2	448.7186	19743.6184	7.5894	482.0099	21208.4356	7.9832
O_2	357.6731	11445.5392	6.0495			
CH_4	408.2926	6532.6816	6.9058	19.9247	318.7952	0.3300
H_2O	3356.1559	60410.8062		3648.9429	65680.9722	
合计	9268.5631	154533.4656				
Σ干气			100.00	6037.7827	88836.2906	100.00
Σ湿气				9686.7256	154517.2628	

（2）计算

$$V = 入口干气量 + 变换掉的 CO 量$$
$$= 6037.7827 + (788.6541 - 0.03V)$$
$$= 6627.6085 kmol/h$$

① 变换掉的 CO 量：
$$n'_{CO} = 788.6541 - 0.03 \times 6627.6085$$
$$= 589.8258 kmol/h$$
$$= 16515.1237 kg/h$$

② 在高温度换炉出口处 CO 量：
$$n_{CO} = 0.03V = 0.03 \times 6627.6085 = 198.8283 kmol/h$$

③ 高温变换炉出口处水蒸气量：

由变换反应知变换 1mol CO 需耗 1mol 水：

所以
$$n_{H_2O} = 3648.9429 - 589.8258$$
$$= 3059.1171 kmol/h$$
$$= 55064.1078 kg/h$$

④ 变换出口 CO_2，H_2 量：

变换 1mol CO 生成 1mol CO_2 和 H_2，故
$$n_{CO_2} = 482.0099 + 589.8258$$
$$= 1071.8357 kmol/h = 47160.7708 kg/h$$
$$n_{H_2} = 3380.8411 + 589.8258$$
$$= 3970.6669 kmol/h = 7941.3338 kg/h$$

高温变换炉出口气体量见表 8-32。

5. 低温变换炉物料衡算

（1）计算依据

设低温变换炉出口 CO 含量为 0.348%，出口干气为 Vkmol/h

（2）计算

① 变换掉的 CO 量为：
$$n'_{CO} = n_{CO} - 0.00348V = 198.8283 - 0.00348V$$
$$V = 入口干气 - n'_{CO}$$
$$= 6627.6085 + 198.8283 - 0.00348V$$

表 8-32　高温变换炉出口气体量

组　分	摩尔分数(干基)/%	摩尔流量/(kmol/h)	质量流量/(kg/h)
H_2	59.9110	3970.6669	7941.3338
N_2	20.3556	1349.0881	37774.4668
Ar	0.2605	17.2649	690.5960
CO	3.0000	198.8283	5567.1924
CO_2	16.1723	1071.8357	47160.7708
CH_4	0.3006	19.9247	318.7952
Σ 干气	100.0000	6627.6085	99453.1537
H_2O		3059.1171	55064.1078
Σ 湿气		9686.7256	154516.2628

解得：
$$V = 6802.7632 \text{kmol/h}$$
$$n'_{CO} = 198.8283 - 0.00348 \times 6802.7632$$
$$= 175.1547 \text{kmol/h}$$

② 低温变换炉出口处 CO、H_2、CO_2、H_2O 的量
$$n_{CO} = 0.00384V = 0.00384 \times 6802.7632$$
$$= 23.6736 \text{kmol/h}$$

由反应式 $CO + H_2O \rightleftharpoons CO_2 + H_2$ 知变换 1mol CO 需消耗 1mol H_2O，同时生成 1mol CO_2 和 1mol H_2，

故
$$n_{H_2O} = 3059.1171 - 175.1547 = 2883.9624 \text{kmol/h}$$
$$n_{CO_2} = 1071.8357 + 175.1547 = 1246.9904 \text{kmol/h}$$
$$n_{H_2} = 3970.6669 + 175.1547 = 4145.8216 \text{kmol/h}$$

低温变换炉出口气体量及组成见表 8-33。

表 8-33　低温变换炉出口气体量及组成

组　分	摩尔分数(干基)/%	摩尔流量/(kmol/h)	质量流量/(kg/h)
H_2	60.9432	4145.8216	8291.6432
N_2	19.8315	1349.0881	37774.4668
Ar	0.2538	17.2649	690.5960
CO	0.3480	23.6736	662.8608
CO_2	18.3306	1246.9904	54867.5776
CH_4	0.2929	19.9247	318.7925
Σ 干气	100.0000	6802.7632	102605.9396
H_2O		2883.9624	51911.3232
Σ 湿气		9686.7256	154516.2628

（二）部分热量衡算

1. 转化炉热量衡算

（1）一段转化炉热量衡算

① 一段转化炉辐射段热负荷

热量衡算以统一基准焓为计算基准，数据查自设计参考资料 2，基准温度取 25℃。

一段转化炉入口气、出口气、上升管出口气统一基准焓分别见表 8-34~表 8-36。

表 8-34　一段转化炉入口气统一基准焓（510℃）

组　分	摩尔流量/(kmol/h)	h_i/(kcal/kmol)[①]	H_i/($\times 10^{-6}$kcal/h)
CH_4	866.1617	−12218.6	−10.583283
C_2	104.0263	−10764.0	−1.119739
C_3	53.6775	−11192.2	−0.600769
C_4	12.3791	−12335.2	−0.152699
C_5	1.1443	−13051.6	−0.014935
N_2	20.5880	3469.2	0.071424
H_2	55.6972	3394.8	0.189081
CO_2	0.1040	−88804.2	−0.009236
Ar	0.2328	2409.6	0.000561
$\sum$干气	1114.0100		−12.219595
H_2O	4516.6421	−53633.0	−242.241066
$\sum$湿气	5630.6521		−254.460661

① 1cal＝4.1868J。

表 8-35　一段转化炉出口气统一基准焓（822℃）

组　分	摩尔流量/(kmol/h)	h_i/(kcal/kmol)	H_i/($\times 10^{-6}$kcal/h)
N_2	20.5880	5876.2	0.120979
H_2	2897.7923	5635.6	16.330798
CO	433.5776	−20476.1	−8.877978
CO_2	448.7186	−84812.2	−38.056812
CH_4	408.2926	−7054.2	−2.880178
Ar	0.2328	3959.6	0.000922
$\sum$干气	4209.2018		−33.362261
H_2O	3185.8354	−50610.8	−161.237678
$\sum$湿气	7395.0372		−194.599939

表 8-36　一段转化炉上升管出口气统一基准焓（856℃）

组　分	摩尔流量/(kmol/h)	h_i/(kcal/kmol)	H_i/($\times 10^{-6}$kcal/h)
N_2	20.5880	6145.9	0.126532
H_2	2897.7923	5884.2	17.051189
CO	433.5776	−20202.4	−8.759308
CO_2	448.7186	−84360.6	−37.854170
CH_4	408.2926	−6436.9	−2.628139
Ar	0.2328	4128.8	0.000961
$\sum$干气	4209.2018		−32.062935
H_2O	3185.8354	−50266.6	−160.141114
$\sum$湿气	7395.0372		−192.204049

ⅰ 一段炉转化管热负荷

$$Q_{转管} = \sum H_{出} - \sum H_{入}$$
$$= -194.599939 - (-254.460661)$$
$$= 59.860722 \times 10^6 \, \text{kcal/h}$$
$$= 2.5064 \times 10^8 \, \text{kJ/h}$$

ⅱ 一段炉上升管的热负荷

$$Q_{上升管} = \sum H_{出} - \sum H_{入}$$

$$= -192.204049 - (-194.599939)$$
$$= 2.395890 \times 10^6 \, \text{kcal/h}$$
$$= 1.0032 \times 10^7 \, \text{kJ/h}$$

ⅲ 一段炉辐射段总热负荷

$$Q_{辐射} = Q_{转管} + Q_{上升管}$$
$$= 59.860722 + 2.395890$$
$$= 62.256612 \times 10^6 \, \text{kcal/h}$$
$$= 2.6067 \times 10^8 \, \text{kJ/h}$$

② 一段炉辐射段混合燃料用量计算及热量平衡

ⅰ 计算依据

混合燃料气辐射段温度为 105℃，设辐射段混合燃料组成为天然气 60%，弛放气为 40%，均为体积分数（弛放气组成及混合燃料组成及低热值分别见表 8-37，表 8-38）。

表 8-37 弛放气组成

组　分	摩尔流量/(kmol/h)	质量分数/%	组　分	摩尔流量/(kmol/h)	质量分数/%
N_2	88.8	0.201133	NH_3	11.5	0.026047
H_2	266.2	0.602945	CH_4	58.4	0.132276
Ar	16.6	0.037599	合计	441.5	1.000000

表 8-38 混合燃料组成及低热值

组　分	y_i	混合气低热值		$y_i Q_i$(低) /kcal
		/(kcal/kg)	/(kcal/kmol)	
CH_4	0.55210	11970	192029.92	106021.64
C_2	0.06000	11300	339784.22	20387.05
C_3	0.030960	11050	487263.01	15085.66
C_4	0.007140	10900	633540.70	4523.48
C_5	0.000660	10850	782825.33	516.66
N_2	0.081833			
H_2	0.241778	28557	57565.20	13918.00
CO_2	0.000060			
Ar	0.015040			
NH_3	0.010419		75656.00	788.26
总计	1.000000			161240.75

ⅱ 混合物燃烧计算

燃烧反应：

$$CH_4 + 2O_2 \longrightarrow CO_2 + 2H_2O$$
$$C_2H_6 + 3\frac{1}{2}O_2 \longrightarrow 2CO_2 + 3H_2O$$
$$C_3H_8 + 5O_2 \longrightarrow 3CO_2 + 4H_2O$$
$$C_4H_{10} + 6\frac{1}{2}O_2 \longrightarrow 4CO_2 + 5H_2O$$
$$C_5H_{12} + 8O_2 \longrightarrow 5CO_2 + 6H_2O$$
$$H_2 + \frac{1}{2}O_2 \longrightarrow H_2O$$

$$NH_3 + \frac{3}{4}O_2 = 0.5N_2 + 1.5H_2O$$

混合燃料理化耗氧量计算，见表 8-39。

表 8-39 混合燃料理化耗氧量计算

组分	摩尔分数/%	理论耗 O_2 /kmol	燃烧产物/kmol		
			CO_2	H_2O	N_2
CH_4	0.552110	1.104220	0.552110	1.104220	
C_2	0.060000	0.210000	0.120000	0.180000	
C_3	0.030960	0.154800	0.092880	0.123840	
C_4	0.007140	0.046410	0.028560	0.035700	
C_5	0.000660	0.005280	0.003300	0.003960	
H_2	0.241778	0.120889		0.241778	
NH_3	0.010419	0.007814		0.015629	0.005210
合计		1.649413	0.796850	1.705127	0.005210

燃烧 1kmol 混合燃料空气耗量：

理论空气耗量
$$n_{理} = \frac{1.649413}{0.21}$$
$$= 7.854348 \text{kmol/kmol（混合物料）}$$

实际空气耗量取空气过剩系数为 1.15，所以
$$n_{实} = 7.854348 \times 1.15 = 9.032500 \text{kmol/kmol（混燃）}$$

干空气中各组分量：
$$n_{O_2} = 9.032500 \times 0.21 = 1.896825 \text{kmol/kmol（混燃）}$$
$$n_{N_2} = 9.032500 \times 0.78 = 7.045350 \text{kmol/kmol（混燃）}$$
$$n_{Ar} = 9.032500 \times 0.01 = 0.090325 \text{kmol/kmol（混燃）}$$

空气带入水蒸气量：

入口温度 30℃，空气的相对湿度 70%，大气压力 98.66kPa 的条件下，水蒸气饱和分压（绝）为 0.004325MPa
$$n_{H_2O} = \frac{0.7 \times 0.04325}{1.006 - 0.7 \times 0.04325} \times 9.0325$$
$$= 0.280262 \text{kmol/kmol（混燃）}$$

烟气组成见表 8-40。

表 8-40 烟气组成

组分	物质的量/[kmol/kmol（混燃）]	y_i	组分	物质的量/[kmol/kmol（混燃）]	y_i
O_2	0.247412	0.024097	Ar	0.105365	0.010262
CO_2	0.796910	0.077615	H_2O	1.985389	0.193367
N_2	7.132393	0.694659	合计	10.267469	1.000000

混合燃料燃烧气组成：
$$n_{O_2} = 1.896825 - 1.649413 = 0.247412 \text{kmol/kmol（混燃）}$$
$$n_{CO_2} = 0.000060 + 0.796850 = 0.796910 \text{kmol/kmol（混燃）}$$
$$n_{N_2} = 7.045350 + 0.00521 + 0.081833 = 7.132393 \text{kmol/kmol（混燃）}$$
$$n_{Ar} = 0.01504 + 0.090325 = 0.105365 \text{kmol/kmol（混燃）}$$

$$n_{H_2O} = 1.705127 + 0.280262 = 1.985389 \text{kmol/kmol（混燃）}$$

烟气平均比热容见表 8-41。

表 8-41 烟气平均比热容

组　分	y_i	$c_{pi}(0\sim1043℃)/[\text{kcal}/(\text{kmol}\cdot℃)]$	$c_{pv}(0\sim252℃)/[\text{kcal}/(\text{kmol}\cdot℃)]$
O_2	0.024297	7.8858	7.2272
CO_2	0.077615	11.8417	9.8464
N_2	0.694659	7.4915	6.9716
Ar	0.010262	4.9611	4.9851
H_2O	0.193367	9.2502	8.1480

$$
\begin{aligned}
c_{p\text{烟气}}(0\sim1043℃) &= \sum y_i c_{pi} \\
&= 0.024097\times7.8858 + 0.077615\times11.8417 + 0.694659\times7.4915 + \\
&\quad 0.010262\times4.9611 + 0.193367\times9.2502 \\
&= 8.152750 \text{kcal}/(\text{kmol}\cdot℃) \\
&= 34.1358 \text{kJ}/(\text{kmol}\cdot℃)
\end{aligned}
$$

$$
\begin{aligned}
c_{p\text{烟气}}(0\sim252℃) &= \sum y_i c_{pi} \\
&= 0.024097\times7.2272 + 0.077615\times9.8464 + 0.694659\times6.9716 + \\
&\quad 0.010262\times4.9851 + 0.193367\times8.1480 \\
&= 7.407978 \text{kcal}/(\text{kmol}\cdot℃) \\
&= 31.0172 \text{kJ}/(\text{kmol}\cdot℃)
\end{aligned}
$$

计算结果汇总见表 8-42。

表 8-42 计算结果汇总

温度/℃	$0\sim252$	$0\sim1043$
$c_p/[\text{kcal}/(\text{kmol}\cdot℃)]$	7.4080	8.1528
$c_p/[\text{kJ}/(\text{kmol}\cdot℃)]$	31.0172	34.1358

混合燃料平均比热容如表 8-43 所示。

表 8-43 混合燃料平均比热容（0～105℃）

组　分	y_i	$c_p/[\text{kcal}/(\text{kmol}\cdot℃)]$	$y_i c_{pi}$
CH_4	0.552110	8.8438	4.882750
C_2	0.060000	13.4445	0.806670
C_3	0.030960	18.8335	0.583085
C_4	0.007140	25.2805	0.180503
C_5	0.000660	34.0093	0.022446
H_2	0.241778	6.9210	1.673346
NH_3	0.010419	9.0004	0.093775
O_2	0.000000		
Ar	0.015040	4.9750	0.074824
N_2	0.081833	6.8540	0.560883
CO_2	0.000060	9.3665	0.000562
合计	1.000000		8.878844

一段炉辐射热平衡

辐射段收入热量：

$$\sum Q_入 = Q_1(燃烧热) + Q_2(混合燃料带入热) + Q_3(空气带入热)$$

辐射段支出热量：

$$\sum Q_出 = Q_1'(热负荷) + Q_2'(烟气带走热量) + Q_3'(热损失)$$

设混合燃料消耗量为 x kmol/h，则：

$$Q_1 = Q_{低热值}x = 161240.75x$$

$$Q_2 = c_p(105℃) \times \Delta t \times x$$
$$= 8.87884 \times 105x = 932.278200x$$

$$Q_3 = Q_{空气带入热} + Q_{空气中水蒸气带入量}$$
$$= 9.0325 \times c_{p,30℃空气} \times 30 + 0.280262x \times c_{p,30℃ H_2O} \times 30$$
$$= 9.0325x \times 6.844 \times 30 + 0.280262x \times 7.798 \times 30$$
$$= 1920.117392x$$

$$Q_1' = 62256612 \text{ kcal/h}（由前计算知）$$
$$= 2.6067 \times 10^8 \text{ kJ/h}$$

$$Q_2' = 10.267469x \times c_{p,1043℃} \times 1043$$
$$= 10.267469x \times 8.152750 \times 1043$$
$$= 87307.55653x$$

$$Q_3' = 总进入热的 2\%$$

$$\sum Q_入 = Q_1 + Q_2 + Q_3 = 161240.75 + 932.27862x + 1920.117392x$$
$$= 164093.1456x$$

$$\sum Q_出 = Q_1' + Q_2' + Q_3' = 62256612 + 90589.41945x$$

$$\sum Q_入 = \sum Q_出$$

所以　　　　$$164093.1456x = 62256612 + 90589.41945x$$

解得　　　　$$x = 846.9858 \text{kmol/h}$$

其中天然气　　　$846.9858 \times 0.6 = 508.1915$kmol/h

弛放气　　　$846.9858 \times 0.4 = 338.7943$kmol/h

辐射段热量平衡见表 8-44。

表 8-44　辐射段热量平衡

输入			输出		
项目	/(×10⁶kcal/h)	/(kJ/h)	项目	/(×10⁶kcal/h)	/(kJ/h)
燃烧热	136.5686	5.7181×10⁸	炉管热负荷	62.2566	2.6067×10⁸
燃料带入热	0.7896	3.3062×10⁶	烟气带出热	73.9483	3.0962×10⁸
空气带入热	1.6263	6.8094×10⁶	热损失	2.7796	1.1639×10⁷
总计	138.9845	5.8193×10⁸	总计	138.9846	5.8193×10⁸

（2）二段转化炉热量衡算

① 计算依据

进口温度 822℃，出口温度 1003℃；822℃一段转化气统一基准焓，由前计算知，$H = -194.599939 \times 10^6$ kcal/h。

② 计算

Ⅰ 482℃空气统一基准焓见表 8-45。

Ⅱ 二段炉出口气统一基准焓（1003℃）见表 8-46。

表 8-45　482℃空气统一基准焓

组　分	摩尔流量/(kmol/h)	h_i/(kcal/kmol)	H_i/($\times 10^6$ kcal/h)
O_2	357.6731	3425.72	1.225288
N_2	1328.5001	3259.72	4.330538
Ar	17.0321	2269.72	0.038658
H_2O	170.3205	−53891.24	−9.178783
合计	1873.5258		−3.584299

表 8-46　二段炉出口气统一基准焓（1003℃）

组　分	摩尔流量/(kmol/h)	h_i/(kcal/kmol)	H_i/($\times 10^6$ kcal/h)
N_2	1349.0881	7329.48	9.888114
H_2	3380.8411	6973.50	23.576295
CO	788.6541	−19002.22	−14.986179
CO_2	482.0099	−92373.90	−44.525134
CH_4	19.9247	−3655.20	−0.072829
Ar	17.2649	4858.88	0.083888
H_2O	3648.9429	−48741.20	−177.853856
合计	9686.7256		−203.889701

ⅲ 由二段炉热平衡求得热损失

$$Q_{损失} = \sum H_入 - \sum H_出$$
$$= (-194.599939 - 3.584299) - (-203.889701)$$
$$= 5.705463 \times 10^6 \, \text{kcal/h}$$
$$= 2.3889 \times 10^7 \, \text{kJ/h}$$

热损失为入口焓的百分比：

$$\frac{5.705463}{198.184238} = 2.9\%$$

2. 废热锅炉 101-C（A/B），102-C 热负荷计算

（1）废热锅炉 101-C（A/B）的热负荷计算

① 由前计算得知，第一废热锅炉 101-C（A/B）入口气统一基准焓为：$H(1003℃) = -203.889701 \times 10^6 \, \text{kcal/h}$

② 101-C（A/B）出口气统一基准焓（482℃）见表 8-47。

表 8-47　101-C（A/B）出口气统一基准焓（482℃）

组　分	摩尔流量/(kmol/h)	h_i/(kcal/kmol)	H_i/($\times 10^6$ kcal/h)
N_2	1349.0881	3259.72	4.397649
H_2	3380.8411	3197.28	10.809496
CO	788.6541	−23130.08	−18.241632
CO_2	482.0099	−89143.72	−42.968156
CH_4	19.9247	−12628.92	−0.251627
Ar	17.2649	2269.72	0.039186
$\sum$干气	6037.7827		−46.215084
H_2O	3648.9429	−53891.24	−196.646058
$\sum$湿气	9686.7256		−242.861142

101-C（A/B）热负荷　　　　$Q = H_{482℃} - H_{1003℃}$

$$= -242.861142 - (-203.889701)$$
$$= -38.971441 \times 10^6 \, kcal/h$$
$$= -1.6317 \times 10^8 \, kJ/h$$

（2）102-C 热负荷的计算　　102-C 出口气统一基准焓（371℃）见表 8-48。

表 8-48　102-C 出口气统一基准焓（371℃）

组　　分	摩尔流量/(kmol/h)	h_i/(kcal/kmol)	H_i/($\times 10^6$kcal/h)
N_2	1349.0881	2440.30	3.292180
H_2	3380.8411	2416.42	8.169532
CO	788.6541	-23959.60	-18.895837
CO_2	482.0099	-90454.66	-43.600042
CH_4	19.9247	-14165.80	-0.282249
Ar	17.2649	1719.16	0.029681
Σ干气	6037.7827		-51.286735
H_2O	3648.9429	-54893.52	-200.303320
Σ湿气	9686.7256		-251.590055

102-C 热负荷　　　　$Q = H_{371℃} - H_{482℃}$

$$= -251.590055 - (-242.861142)$$
$$= -8.728913 \times 10^6 \, kcal/h$$
$$= -3.6548 \times 10^7 \, kJ/h$$

3. 变换炉热量衡算

（1）高温变换炉热量衡算

高变炉入口统一基准焓，由前计算知：

$$H_{371℃} = -251.590055 \times 10^6 \, kcal/h$$

高变炉出口气统一基准焓（432℃）见表 8-49。

表 8-49　高变炉出口气统一基准焓（432℃）

组　　分	摩尔流量/(kmol/h)	h_i/(kcal/kmol)	H_i/($\times 10^6$kcal/h)
N_2	1349.0881	2888.16	3.896382
H_2	3970.6669	2845.28	11.297659
CO	198.8283	-23506.28	-4.673714
CO_2	1071.8357	-89741.76	-96.406647
CH_4	19.9247	-13340.12	-0.265798
Ar	17.2649	2021.72	0.034905
Σ干气	6627.6085		-86.117213
H_2O	3059.1171	-54347.36	-166.254938
Σ湿气	9686.7256		-252.372151

高变炉热损失取平均温度下的反应热的 10%。

平均温度　　　　$t = \dfrac{371 + 432}{2} = 401.5℃ = 674.65K$

查设计参考资料 1 得知该温度下反应热效应为：

$$-\Delta H = 9115.0935 \, kcal/h$$

高变炉反应热　$Q_{反}=-\Delta H \cdot n'_{CO}=9115.0935 \times 589.8258=5376317.316 \text{kcal/h}$

$$=2.2511 \times 10^7 \text{kJ/h}$$

$$Q_{损}=5376317.316 \times 0.1=537631.7316 \text{kcal/h}=2.2511 \times 10^6 \text{kJ/h}$$

高变炉热平衡

$$\sum H_{入}=-251.590055 \times 10^6 \text{kcal/h}=-1.0534 \times 10^9 \text{kJ/h}$$

$$\sum H_{出}=H_{出}+Q_{损}=-252.372151+0.537632$$

$$=-251.834519 \times 10^6 \text{kcal/h}$$

$$=-1.0544 \times 10^9 \text{kJ/h}$$

$$相对误差=\frac{H_{入}-H_{出}}{H_{入}} \times 100\%$$

$$=\frac{-251.590055-(-251.834519)}{-251.590055} \times 100\%$$

$$=0.0097\%$$

(2) 低温变换炉热量衡算

低变炉入口统一基准焓（241℃）见表 8-50。

表 8-50　低变炉入口统一基准焓（241℃）

组　分	摩尔流量/(kmol/h)	h_i/(kcal/kmol)	H_i/(×10^{6}kcal/h)
N_2	1349.0881	1504.1	2.029163
H_2	3970.6669	1508.2	5.988560
CO	198.8283	−24906.3	−4.952077
CO_2	1071.8357	−91904.6	−98.506631
CH_4	19.9247	−15763.6	−0.314085
Ar	17.2649	1072.4	0.018515
∑干气	6627.6085		−95.736555
H_2O	3059.1171	−56024.1	−171.384282
∑湿气	9686.7256		−267.120837

热平衡：

热损失取平均温度下反应热的10%计算

平均温度　　　　$t=\dfrac{241+254}{2}=247.5℃=520.65\text{K}$

反应热效应为：

$$-\Delta H=9475.1018 \text{kcal/h}$$

低变炉出口气统一基准焓（254℃）见表 8-51。

$$Q_{反}=-\Delta H \cdot n'_{CO}=9475.1018 \times 175.1547=1659608.613 \text{kcal/h}$$

$$=6.9489 \times 10^6 \text{kJ/h}$$

$$Q_{损}=1.659609 \times 0.1=0.165961 \times 10^6 \text{kcal/h}$$

高温变换炉热平衡：

$$\sum H_{入}=-267.120837 \times 10^6 \text{kcal/h}$$

$$=-1.1184 \times 10^9 \text{kJ/h}$$

$$\sum H_{出}=H_{出}+Q_{损}=-267.779053+0.165961$$

$$=-267.613092 \times 10^6 \text{kcal/h}=-1.1219 \times 10^9 \text{kJ/h}$$

表 8-51　低变炉出口气统一基准焓（254℃）

组　分	摩尔流量/(kmol/h)	h_i/(kcal/kmol)	H_i/($\times 10^6$kcal/h)
N_2	1349.0881	1596.64	2.154008
H_2	4145.8216	1598.92	6.628837
CO	23.6736	$-$24813.04	$-$0.587414
CO_2	1246.9904	$-$91765.16	$-$114.430274
CH_4	19.9247	$-$15615.56	$-$0.311135
Ar	17.2649	1137.84	0.019645
Σ干气	6802.7632		$-$106.526333
H_2O	2883.9624	$-$55913.60	$-$161.252720
Σ湿气	9686.7256		$-$267.779053

$$相对误差 = \frac{H_入 - H_出}{H_入} \times 100\%$$

$$= \frac{-267.120837 - (-267.613092)}{-267.120837} \times 100\%$$

$$= 0.1843\%$$

三、设计图纸

工艺流程图（略）

设备布置图（略）

典型设备图（略）

四、设计参考资料

1　石油化学工业设计院. 氮肥工艺设计手册. 北京：石油化学工业出版社，1977.

2　陈五平. 无机化工工艺学. 北京：化学工业出版社，1979.

3　西德工程师协会. 水和水蒸汽热力学性质图表. 西安热工研究所译. 北京：水利电力出版社，1974.

4　天津大学化工原理教研室编. 化工原理. 第 2 版. 天津：天津科学技术出版社，1990.

5　大连工学院编. 合成氨生产工艺. 北京：石油化学工业出版社，1978.

6　上海市化学工业局设计室. 3000 吨型合成氨厂工艺和设备计算. 北京：化学工业出版社，1979.

7　于遵宏，朱炳辰. 大型合成氨厂工艺过程分析. 北京：中国石化出版社，1993.

参 考 文 献

［1］ 侯文顺，张柏钦主编．化工工艺设计概论．北京：化学工业出版社，1995.

［2］ 张洋主编．高聚物合成工艺设计基础．北京：化学工业出版社，1983.

［3］ 中央广播电视大学《化工（含轻工）类毕业设计指导书》编写组编．化工（含轻工）类毕业设计指导书．北京：中央广播电视大学出版社，1986.

［4］ 华东化工学院机械制图教研组编．化工制图．北京：高等教育出版社，1986.

［5］ 丁洁等编．化工工艺设计．上海：上海科学技术出版社，1989.

［6］ 赵国方主编．化工工艺设计概论．北京：原子能出版社，1990.

［7］ 国家医药管理局上海医药设计院编．化工工艺设计手册（上、下册）．北京：化学工业出版社，1989.

［8］ 国家医药管理局上海医药设计院编．化工工艺设计手册（上、下册）．修订版．北京：化学工业出版社，1996.

［9］ 侯文顺主编．高聚物生产技术．北京：化学工业出版社，2003.

［10］ 胡建生等编．AutoCAD2004 中文版绘图及应用教程．北京：机械工业出版社，2004.

［11］ 侯文顺主编．化工设计概论．第 2 版．北京：化学工业出版社，2005.

［12］ 侯文顺，陈炳和编著．高分子材料分析、选择与改性项目化教学实施案例．北京：化学工业出版社，2009.

［13］ 侯文顺编著．高分子物理（项目化教学用书）．北京：化学工业出版社，2010.